多孔介质非线性渗流及试井分析

Nonlinear Flow and Well Test Analysis in Porous Media

傅礼兵　王进财　陈　礼　郝峰军　赵　伦　编著

科 学 出 版 社

北　京

内 容 简 介

本书基于多孔介质中流体渗流影响因素分析，系统归纳总结多孔介质中低速非线性渗流和高速非线性渗流的渗流特征及表达式，并给出一套判断方法。基于指数式、启动压力梯度式及二项式运动方程，针对稳定渗流和不稳定渗流，详细对比分析了非线性渗流与达西线性渗流时的产量、地层压力及无因次井底压力等指标的不同及相关规律，并绘制了相应的曲线图版。基于启动压力梯度式运动方程，建立了单重介质、双重介质及三重介质非线性渗流数学模型，并给出近似解析解，同时绘制了相应的试井曲线图版。基于指数式高速非线性渗流运动方程建立了试井数学模型，得到了无因次井底压力及压力导数的典型试井曲线，同时讨论了储层及流体性质等参数对非线性渗流试井曲线的影响。研究内容可以为长期注水开发高含水老油田的水流优势通道识别和调剖堵水及碳酸盐岩油藏产能评价和地层参数求取等提供理论基础。

本书可供从事油气田开发、流体力学、水力学等专业领域的科技工作者及油气田开发现场工作人员参考使用。

图书在版编目(CIP)数据

多孔介质非线性渗流及试井分析=Nonlinear Flow and Well Test Analysis in Porous Media /傅礼兵等编著. —北京：科学出版社，2022.9

ISBN 978-7-03-069677-9

Ⅰ. ①多… Ⅱ. ①傅… Ⅲ. ①多孔介质－非线性－渗流－研究②多孔介质－非线性－试井－研究 Ⅳ. ①TE312

中国版本图书馆CIP数据核字(2021)第178156号

责任编辑：万群霞 崔元春 / 责任校对：王萌萌
责任印制：吴兆东 / 封面设计：无极书装

科学出版社 出版
北京东黄城根北街 16 号
邮政编码：100717
http://www.sciencep.com
北京厚诚则铭印刷科技有限公司 印刷
科学出版社发行 各地新华书店经销
*
2022 年 9 月第 一 版 开本：720 × 1000 1/16
2023 年 2 月第二次印刷 印张：12 3/4
字数：257 000

定价：158.00 元

(如有印装质量问题，我社负责调换)

前　　言

任何事物的发展变化都不只受某个因素的影响，而受与其相关的各个因素的综合影响，且不同时间节点或者不同位置每个因素的影响程度也不是一成不变的，而是随时空变化而变化。此外，多个因素之间的影响并不都是线性的，多数情况下是非线性的。例如，物体从空中落下的速度在时间和空间上都是非线性的，向空中抛物的运行轨迹也是随时空呈非线性变化；声波和压力波的传播都是非线性的。当然多孔介质中流体的流动也不例外，流体在多孔介质中流动时，不同时间和位置上的流速、流态都不同，其影响因素及各影响因素的影响程度也不同。随着技术的不断进步和发展，特别是建模方法及模拟技术的发展，很多复杂的渗流及试井问题得到了较好的解决，但目前很多教材仍停留在传统的经典理论上，对于非线性渗流内容的介绍不够细致，很难满足广大科研人员及现场生产人员的需要。为此，笔者基于近年来从事渗流理论及试井分析的研究，同时吸收国内外许多学者的研究成果，完成了本书的撰写。一方面是希望尽可能详细地向读者介绍多孔介质中流体非线性渗流的机理和规律，以及相关的试井模型，而对于试井解释的基本原理、方法及一些常见的定解本书不再作阐述，因为这方面的书籍文献已有很多；另一方面是希望能够引起读者更多的思考，期待真诚的交流能碰撞出更多的火花，能更加科学合理地去解释和描述我们研究工作或者生产生活中遇到的非线性现象，或者解决一些用常规线性方法无法解决的问题。

尽管国内外对于多孔介质非线性渗流(尤其是低速非线性渗流方面)的研究已有大量成果，但是鲜有对多孔介质中非线性渗流的系统研究。本书基于多孔介质中流体渗流影响因素分析，系统归纳总结多孔介质中低速非线性渗流和高速非线性渗流的渗流特征及表达式，并给出一套判断方法。基于指数式、启动压力梯度式及二项式运动方程，针对稳定渗流和不稳定渗流，详细对比分析了非线性渗流与达西线性渗流时的产量、地层压力及无因次井底压力等指标的不同及相关规律，并绘制了相应的曲线图版。基于启动压力梯度式运动方程，建立了单重介质、双重介质及三重介质非线性渗流数学模型，并给出近似解析解，同时绘制了相应的试井曲线图版，可供相关人员参考应用。

书中很多内容都是笔者十多年学习工作的一些成果，其中的公式和图件都是亲自编写和绘制，公式推导过程尽可能详尽表述，花费了大量的心血，希望本书能够成为读者朋友的有力助手。

本书得到了中国石油勘探开发研究院的郑俊章、许安著、倪军、罗二辉、张玉丰和李轩然等领导同事，以及中国地质大学(北京)的李治平教授和中国石油大学(北京)的姚约东教授的支持和帮助，在此表示感谢；同时也向本书编写过程中所引用资料的作者表示感谢，你们的研究成果给予了笔者启发和灵感。在本书的撰写过程中，虽竭尽所能地参考了国内外诸多书籍文献，同时尽可能将笔者的学习研究成果及思考认识表述清楚，特别是在模型建立及求解过程中尽可能详尽地叙述，但由于水平有限，可能仍然有很多不足之处，恳请各位读者批评指正，不吝赐教。

作　者

2022 年 1 月

目　录

第一章　非线性渗流机理及特征分析

本章在分析多孔介质中流体渗流影响因素的基础上介绍了非线性渗流特征，并系统总结了描述非线性渗流特征的表达式。低速非线性渗流有启动压力梯度式和指数式两大类，而高速非线性渗流有指数式和二项式两大类。

第一节　多孔介质中流体渗流影响因素分析

多孔介质中的渗流流体包括体相流体和边界流体两部分：体相流体是指流体性质不受界面现象影响的流体，其主要分布在多孔介质孔道的中轴部位；边界流体是指流体性质受界面现象影响的流体，其紧靠在孔道壁上形成一个边界层，如图 1.1 所示[1]。渗流流体的性质取决于体相流体和边界流体的性质、多孔介质的特征及流动条件。边界流体的性质变化规律为：在多孔介质的孔隙系统中充满了流体，流体的某些成分可能与孔道表面的分子产生相互作用，从而导致在孔道表面处流体的浓度比远离孔道表面处流体的浓度要高；流体成分的浓度随孔道表面距离的大小而变化，将导致流体的物理化学性质发生变化，从而使渗流流体的性质有特殊的变化规律。虽然体相流体的性质

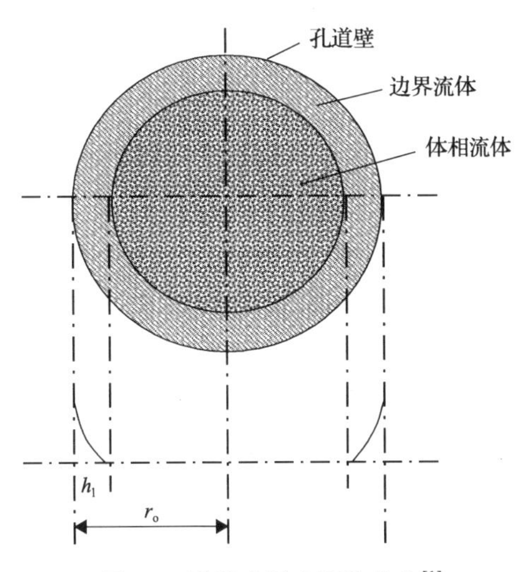

图 1.1　孔隙介质中流体分布[1]

不受界面现象影响，但是从整体来看，渗流流体的性质受界面现象影响。

黏滞性是流体的一种重要的物理性质。在流动过程中，由于流体各质点的运动速度不同，在两个相互接触的层面之间，有一对大小相等而方向相反的黏滞力和剪切应力。这对作用力的存在将导致速度大的流层减速，速度小的流层加速，这样将影响流体的流动。

多孔介质的孔隙大小、孔道几何结构及其分布都会影响介质中流体的渗流速度。岩层的孔道大小、连通性、渗透性是影响非达西渗流产生的重要因素。阎庆来等[2]利用低浓度盐水对相同渗透率的天然岩心和人工岩心做单相渗流实验，发现不同多孔介质中同一液体表现出不同的渗流特征，说明多孔介质孔隙结构特征对渗流规律起着重要作用。

渗透率是介质中各种不同半径孔道的孔隙系统允许流体通过的平均性能参数。不同渗透率的多孔介质具有不同的孔隙结构，当流体在系统中流动时，就会出现不同程度的界面现象，对渗流流体的流动性质将产生不同程度的影响。

孔道几何结构也影响着流体通过孔隙介质系统的难易程度。孔道半径越大，流体越容易通过；孔道迂曲度越小，流体越容易通过。因此，岩石孔道等参数的大小，可以用来表征流体通过孔隙介质系统的难易程度。

比表面积体现了岩石的分散程度，与孔隙孔道半径的分布及大小有关。而渗透率与平均孔道半径成正比，因此，比表面积与渗透率的平方根成反比，比表面积越小，渗透率越大，流体与固体表面之间的分子力作用越弱，这将影响孔隙介质系统中流体的分布及渗流特征。由吸附理论可知，比表面积越小，吸附力越弱，流动阻力越小，此时多孔介质中的流体越容易流动。

从以上分析中可知：孔道壁处界面原油的黏度最高，朝着孔道中轴的方向，原油的黏度逐步降低，因为孔道的大小及分布与渗透率有关，所以渗透率的变化对流体的黏度有显著影响。而黏滞力及剪切应力都与流体的黏度成正比，与渗透率成反比，即渗透率越大，黏滞力及剪切应力越小，越利于流体的流动。当渗透率达到一定值之后，流体的流动将不遵循传统的渗流理论，而出现偏离达西规律的某种变化。由此可见，多孔介质的性质对渗流规律有实质性的影响。

此外，由于岩石中多含有黏土矿物，不同的黏土矿物表现出不同程度的水敏特性，即遇水膨胀变形，如图 1.2 所示。同时黏土矿物还可以在吸水后分裂为碎粒或在流体流动剪切力的影响下把黏附在岩石颗粒上的黏土分解成更为细小的颗粒。无论是体积增大的矿物颗粒，还是分裂的细小黏土矿物碎粒，都会对流体流通孔道产生影响[3,4]。

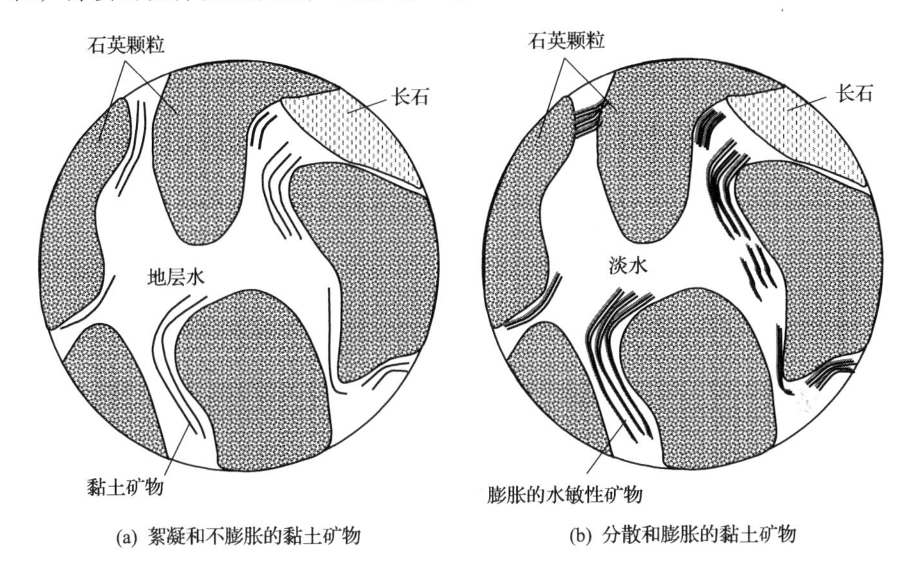

(a) 絮凝和不膨胀的黏土矿物　　(b) 分散和膨胀的黏土矿物

图 1.2　淡水引起黏土膨胀[1]

界面张力是影响流体界面形状的关键因素，控制着渗流的形变特性。界面张力源于分子间的相互作用力且导致界面两相性质的差异。由于孔隙系统中孔喉作用明显，微观孔隙结构复杂，比表面积大，流体与固体之间的界面张力影响显著，对孔隙介质中流体的流动有不可忽视的影响。

第二节　低渗透油藏非线性渗流机理

低渗透油藏储层孔喉狭小，使储层渗透率很低、油气水赖以流动的通道很细微、渗流阻力很大、液–固界面及液–液界面的相互作用力显著；同时，低渗透多孔介质的物性参数受上覆有效应力的影响较大，导致渗流规律产生某种程度的变化而偏离达西定律，呈现低速非线性渗流现象。低渗透油藏原油边界层不可忽略，当流体流动时，除了要克服黏滞阻力外，还必须要克服边界层内液–固界面的相互作用力。所以只有当驱替压力梯度大于一定值时，流体才能流动。此时的驱替压力梯度称为启动压力梯度。低渗透储层由于岩性致密、脆性强，在成岩过程和后期构造运动中，在非构造作用力和构造作用力影响下可产生各种微断裂和裂隙，形成低渗透裂缝型储层。同时，天然微裂缝的存在使低渗透油藏更容易发生介质变形，应力敏感性更加严重。低渗透油田开发过程中出现了一系列有别于中高渗透油田开发的特殊问题：①油井单井日产量小，甚至不经压裂就无自然产能，稳产状况差，产量下降快，见水后含水急剧上升，产液指数和产油指数下降快。②水井注入压力较高，油藏能量难以及时补充，油井见效不明显，最终导致油藏难以建立有效的驱替压力系统，采油速度和采收率都比较低。③低渗透油藏中的裂缝分布及发育规律复杂，定量识别裂缝及预测裂缝频率、裂缝发育规模和空间分布的难度极大，需要多学科结合，发展新的裂缝识别及描述技术。④低渗透裂缝型油藏存在两种不同的介质系统，即高孔低渗基岩系统和低孔高渗裂缝系统，整个油藏呈现出严重的各向异性和非均质性。⑤对裂缝发育的低渗透油田采用常规(连续)注水开发，注入水沿裂缝水窜和暴性水淹严重，稳产时间短，波及效率低，采出程度低，开发效果差。

一、低渗透油藏非线性渗流特征

在低渗透油藏中，达西定律的作用受到限制。黄延章[5]在前人研究的基础上，总结了低渗透油藏非线性渗流的基本特征，如图 1.3 所示：①当压力梯度小于 G_a(a 点对应的压力梯度)，流体不发生流动；②当压力梯度介于 G_a 和 G_c(c 点对应的压力梯度)之间时，渗流曲线呈上凹形曲线；③当压力梯度大于 G_c时，流体渗流速度随驱替压力梯度呈直线增加，并且其反向延长线不经过原点，而交于图中的 b 点，该点的压力梯度为 G_b，称作拟启动压力梯度，或平均启动压力梯度。

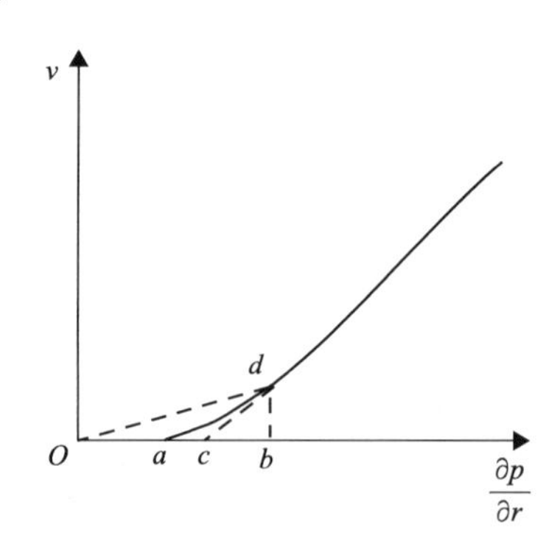

图 1.3　低渗透油藏非线性渗流特征曲线

$\frac{\partial p}{\partial r}$-压力梯度

在这个基础上，黄延章[5]总结了三种模型来描述低渗透油藏单相流体非线性渗流的特征。经过比较分析，黄延章认为第三种方案，即拟启动压力梯度模型，能反映低渗透油藏非线性渗流的基本特征，而且简单实用。

$$v=\begin{cases}0, & \left(\dfrac{\partial p}{\partial r}\leqslant G_{\mathrm{b}}\right)\\ \dfrac{k}{\mu}\left(\dfrac{\partial p}{\partial r}-G_b\right) & \left(\dfrac{\partial p}{\partial r}>G_{\mathrm{b}}\right)\end{cases} \tag{1.1}$$

式中，μ 为黏度。

但是，拟启动压力梯度模型忽略了小压力梯度时的弯曲段，认为压力梯度小于拟启动压力梯度时油藏没有动用，缩小了流动范围，无法体现低渗透油藏非线性渗流的真正流态。因此，后人提出了多个复杂模型，试图采用分段函数或者特殊的数学公式，考虑渗流特征曲线中凹形过渡段的影响，并研究了相关的判据，建立了更加完整的低渗透油藏非线性渗流模型[6-9]。

杨清立等[10]分析了大量的低渗透岩心渗流特征曲线，得到了一个反映低渗透油藏非线性渗流规律的连续模型。姜瑞忠等[11]基于边界层理论和毛细管模型，对两参数模型进行了理论推导，论证其合理性，其模型如下：

$$v=\frac{k}{\mu}\frac{\partial p}{\partial r}\left(1-\frac{1}{a+b\left|\dfrac{\partial p}{\partial r}\right|}\right) \tag{1.2}$$

式(1.2)中，右端括号外的部分与括号内第 1 项的乘积反映了黏滞阻力的作用，与流体渗流速度成正比；括号外部分与括号内第 2 项的乘积为非线性部分，反映了岩石与流体的相互作用。该模型不仅可以反映出流体在低渗透介质中渗流时的启动压力梯度的现象，而且能很好地描述曲线的非线性凹形过渡段[9]。

二、低渗透油藏非线性渗流模型

对于低渗透油藏，根据边界层理论和毛细管模型作如下假设：①流体在毛细管中做层流运动；②流体流动需克服屈服应力 τ_0；③将具有屈服应力的流体在不同半径的毛细管中的流动看作稳定渗流。

当流体在毛细管中稳定渗流时，黏滞阻力与驱动力等效，即

$$2\pi rL\tau_{\mathrm{p}}=\Delta p\pi r^2 \tag{1.3}$$

由于流体具有屈服应力，其本构方程为

$$\tau_{\mathrm{p}} = \tau_0 - \mu \frac{\mathrm{d}v}{\mathrm{d}r} \tag{1.4}$$

将式(1.4)代入式(1.3)，得

$$\frac{\mathrm{d}v}{\mathrm{d}r} = -\frac{\Delta p}{2\mu L} r + \frac{\tau_0}{\mu} \tag{1.5}$$

对式(1.5)积分得

$$\int_0^v \mathrm{d}v = \int_{r_\mathrm{o}-\delta}^{r} \left(-\frac{\Delta p}{2\mu L} r + \frac{\tau_0}{\mu} \right) \mathrm{d}r \tag{1.6}$$

整理式(1.6)得

$$v = \frac{\Delta p}{4\mu L}\left[\left(r_\mathrm{o} - \delta\right)^2 - r^2 \right] + \frac{\tau_0}{\mu}\left[r - \left(r_\mathrm{o} - \delta\right) \right] \tag{1.7}$$

因此，单根毛细管的流量 q 为

$$q = \frac{\pi {r_\mathrm{o}}^4}{8\mu} \mathrm{grad}p \left(1 - \frac{\delta}{r_\mathrm{o}}\right)^4 \left[1 - \frac{8\tau_0}{3r_\mathrm{o}\left(1 - \dfrac{\delta}{r_\mathrm{o}}\right)\mathrm{grad}p} \right] \tag{1.8}$$

假设单位面积的地层岩石上有 n' 根孔道半径为 r_o 的毛细管，则垂直通过渗流截面积为 A' 的岩石的流体的流量 $Q_{n'}$ 为

$$Q_{n'} = n'A' \frac{\pi {r_\mathrm{o}}^4}{8\mu} \mathrm{grad}p \left(1 - \frac{\delta}{r_\mathrm{o}}\right)^4 \left[1 - \frac{8\tau_0}{3r_\mathrm{o}\left(1 - \dfrac{\delta}{r_\mathrm{o}}\right)\mathrm{grad}p} \right] \tag{1.9}$$

由于

$$\phi = n' \pi {r_\mathrm{o}}^2 \tag{1.10}$$

$$k = \frac{\phi {r_\mathrm{o}}^2}{8} \tag{1.11}$$

则有

$$Q_{n'}=\frac{kA'}{\mu}\mathrm{grad}p\left(1-\frac{\delta}{r_o}\right)^4\left[1-\frac{8\tau_0}{3r_o\left(1-\frac{\delta}{r_o}\right)\mathrm{grad}p}\right] \tag{1.12}$$

研究表明[9]，边界层厚度与驱动压力梯度有关，随着驱动压力梯度的增大，边界层厚度变小。假定 $\delta/r_o=a_1/\mathrm{grad}p$，$8\tau_0/3r_o=b_1$，则式(1.12)变为

$$\begin{aligned}Q_{n'}=\frac{kA'}{\mu}\mathrm{grad}p\Bigg[&1-\frac{4a_1+b}{\mathrm{grad}p-a_1}+\frac{10a_1^2+4a_1b_1}{\mathrm{grad}p(\mathrm{grad}p-a_1)}-\frac{4a_1^3}{(\mathrm{grad}p)^3}-\frac{6a_1^2b_1+6a_1^3}{(\mathrm{grad}p)^2(\mathrm{grad}p-a_1)}\\&+\frac{a_1^4}{(\mathrm{grad}p)^4}+\frac{4a_1^3b_1}{(\mathrm{grad}p)^3(\mathrm{grad}p-a_1)}-\frac{a_1^4b_1}{(\mathrm{grad}p)^4(\mathrm{grad}p-a_1)}\Bigg]\end{aligned} \tag{1.13}$$

由于

$$\frac{a_1}{\mathrm{grad}p}=\frac{\delta}{r_o}<1$$

$$\frac{b_1}{\mathrm{grad}p-a}=\frac{8\tau_0}{3r_o\left(1-\frac{\delta}{r_o}\right)\mathrm{grad}p}<1$$

忽略式(1.13)中的高阶小项，得

$$Q_{n'}=\frac{kA'}{\mu}\mathrm{grad}p\left[1-\frac{4a_1+b_1}{\mathrm{grad}p-a_1}+\frac{10a_1^2+4a_1b_1}{\mathrm{grad}p(\mathrm{grad}p-a_1)}\right] \tag{1.14}$$

式中，a_1、$4a_1+b_1$、$10a_1^2+4a_1b_1$ 需要通过实验得到。因此，推导得出低渗透油藏非线性渗流模型为

$$v=\frac{k}{\mu}\mathrm{grad}p\left[1-\frac{c_1}{\mathrm{grad}p-c_2}+\frac{c_3}{\mathrm{grad}p(\mathrm{grad}p-c_2)}\right] \tag{1.15}$$

当 $\mathrm{grad}p=0$ 时，$v=0$，则 $c_3=0$。因此，启动压力梯度式低速非线性渗流模型为

$$v=\frac{k}{\mu}\mathrm{grad}p\left(1-\frac{c_1}{\mathrm{grad}p-c_2}\right) \tag{1.16}$$

式中，c_1 和 c_2 为反映启动压力梯度现象和非线渗流现象的常数，可通过实验拟合得到，c_1 相当于式(1.2)中 b_1 的倒数，并且 $a_1=-c_2/c_1$。

由于流体在低渗透储层中渗流时受边界层效应和屈服应力的影响，渗流特征曲线上存在最小启动压力梯度和非线性凹形的过渡段。当 $c_1=0$ 时，该模型为达西模型；当 $c_2=0$ 时，该模型则简化为启动压力梯度模型。图 1.4 是低渗透油藏非线性模型与室内实验数据拟合关系曲线，相关系数达 0.99，表明该模型可以很好地描述低渗透油藏的渗流规律[9]。

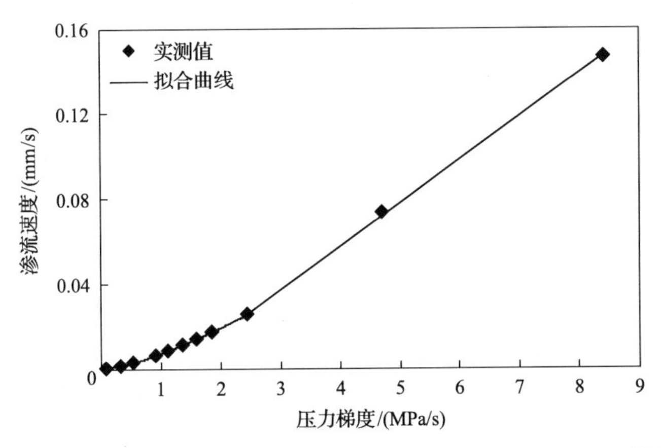

图 1.4　低渗透油藏非线性模型与室内实验数据拟合关系曲线[10]

此外，姚约东等[7]基于大量岩心实验数据进行分析和研究提出了低速非线性渗流的指数式模型，其表达式如下：

$$\frac{\mathrm{d}p}{\mathrm{d}r}=cv^n \tag{1.17}$$

式(1.17)为半经验统计公式，目前尚未见到理论推导，式中渗流指数 n 介于 0～1，渗流指数越小，非线性渗流程度越高，常数 c 与渗流指数 n 有关，取决于储层流体及岩石性质。

第三节　低渗透油藏应力敏感机理

一、低渗透油藏应力敏感特征

在开发过程中，随着地层压力的下降，储层的孔隙度、渗透率等物性参数出现不同程度的下降，产生应力敏感现象。对于低渗透油藏，由于初始渗透率和孔隙度低，其相对变化幅度大，则应力敏感现象更严重。从微观机理上看，储层产生应力敏感现象的根本原因是其所受到的应力状态发生了变化，多孔介质发生变形。

根据岩石力学理论，多孔介质发生变形是其受力失去平衡导致的，其变形可分为三类：①弹性变形，指岩石由于应力状态变化而产生变形，但地层压力恢复后岩石也能恢复到原始状态的变形；②塑性变形，指岩石由于应力状态变化而产生变形，但地层压力恢复后岩石却不能恢复到原始状态的变形，发生的是永久变形；③弹–塑性变形，是介于以上两种变形之间的过渡变形，压力恢复后岩石一部分能恢复到原始状态，而另一部分则发生永久变形。

Terzaghi[12]首先提出了有效应力的基本原理，认为有效应力σ_{eff}等于上覆岩层压力δ_{p}和地层压力p之差，为定量分析储层多孔介质的变形提供了理论依据：

$$\sigma_{\mathrm{eff}} = \delta_{\mathrm{p}} - p \tag{1.18}$$

Biot 和 Willis[13]基于线弹性理论，引入了一个有效应力系数α_{p}对有效应力理论进行了修正：

$$\sigma_{\mathrm{eff}} = \delta_{\mathrm{p}} - \alpha_{\mathrm{p}} p \tag{1.19}$$

李传亮[14]将有效应力分为两类：①本体有效应力，指作用于岩石骨架颗粒，导致颗粒发生形变的有效应力；②结构有效应力，指导致骨架颗粒产生相对位移的有效应力，并提出了相应的表征方法。

罗瑞兰[15]对李传亮的双重有效应力原理进行了总结，认为尽管微观机理和含义并不相同，但式(1.19)仍能表征多孔介质的有效应力。

研究人员采用不同方法，得出了许多关于α_{p}的关系式和经验值，普遍认为其范围为$\phi < \alpha_{\mathrm{p}} < 1$，其中$\phi$为孔隙度。Warpinski 和 Teufel[16]研究了不同类型岩心的有效应力系数，认为α_{p}的范围在 0.65～0.98，其中砂岩为 0.92～0.98，碳酸盐岩为 0.8，裂缝发育储层α_{p}趋近于 1。

对于地下储层而言，其上覆岩层压力δ_{p}基本恒定，随着生产的进行，地层压力发生变化是储层多孔介质产生变形的主要原因，因此，储层有效应力的变化量可以表示为

$$\Delta\sigma_{\mathrm{eff}} = \alpha_{\mathrm{p}}(p_{\mathrm{i}} - p) \tag{1.20}$$

对于低渗透储层，普遍发育微裂缝，微裂缝对压力的变化十分敏感，有

效应力系数可取 1，因此，其储层有效应力的变化量可表示为

$$\Delta\sigma_{\mathrm{eff}} = p_{\mathrm{i}} - p \tag{1.21}$$

二、低渗透油藏应力敏感模型

为了表征地层参数与有效应力或地层压力的关系，许多学者开展了大量的实验研究[9]。

1. 渗透率的表征方法

Jones 和 Owens[17]选取低渗透砂岩岩心进行实验研究，得到了一个渗透率与净围压之间的经验关系式：

$$k = k_{\mathrm{i}}\left(1 - S\lg\frac{p}{1000}\right)^3 \tag{1.22}$$

应力敏感系数 S 与岩心初始渗透率有关：

$$S = 0.27 - 0.19\lg k_{\mathrm{i}} \tag{1.23}$$

为方便处理考虑应力敏感后带来的非线性问题，引入了渗透率模量的概念[18]：

$$\gamma = \frac{1}{k}\frac{\mathrm{d}k}{\mathrm{d}p} \tag{1.24}$$

将式(1.24)变形，可以获得渗透率与地层压力的指数式关系：

$$k = k_{\mathrm{i}}\mathrm{e}^{-\gamma(p_{\mathrm{i}} - p)} \tag{1.25}$$

Pedrosa[19]认为该模型可以很好地反映渗透率与有效应力的关系，如图 1.5 所示。该模型由于便于进行线性处理，得到广泛使用。

罗瑞兰等[20]用 51 块低渗透岩心开展应力敏感实验研究，发现在渗透率和有效应力的拟合关系中，乘幂式的相关性最高，并提出了一种新的应力敏感系数：

$$S = \lg\frac{k}{k_{\mathrm{i}}}\bigg/\lg\frac{\delta_{\mathrm{eff}}}{\delta_{\mathrm{effi}}} \tag{1.26}$$

并且，实验还发现，该应力敏感系数与初始渗透率呈指数关系：

$$S = ck_{\mathrm{i}}^{-n_{\mathrm{s}}} \tag{1.27}$$

该模型可以方便地计算地层中任意一点的渗透率变化规律，也可以方便地将实验室测得的岩心渗透率转换成地层覆压条件下的渗透率，取得了较大的进展。

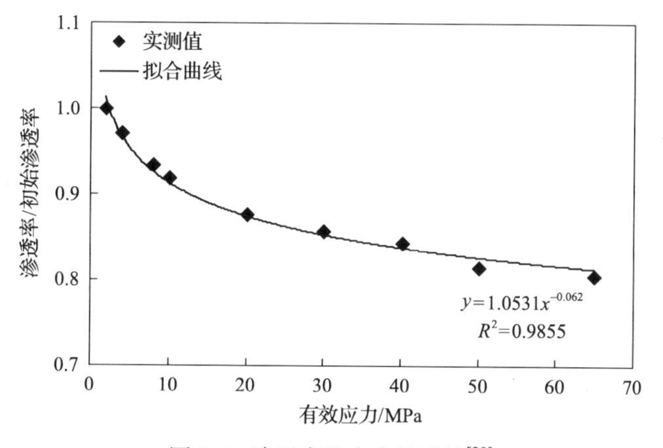

图 1.5　渗透率的应力敏感性[20]

2. 孔隙度的表征方法

Fatt 和 Davis[21]用砂岩岩心进行室内实验，发现围压增加到 34MPa 时，孔隙度仅仅下降了 5%，因此，其认为孔隙度的应力敏感性可以忽略。罗瑞兰等[20]的实验表明，有效应力增加到 65MPa 时，孔隙度残余值为初始值的 84.7%～95.1%，并且其初始值越低，下降程度越大。王厉强[22]总结了孔隙度随有效应力变化的 4 种经验关系式：线性关系、指数关系、对数关系、乘幂关系，其表达式分别如下：

$$\phi = -a\delta_{\mathrm{eff}} + b \tag{1.28}$$

$$\phi = \phi_{\mathrm{i}} \mathrm{e}^{-b\delta_{\mathrm{eff}}} \tag{1.29}$$

$$\phi = -a\ln\delta_{\mathrm{eff}} + b \tag{1.30}$$

$$\phi = a\delta_{\mathrm{eff}}^{-b} \tag{1.31}$$

王厉强[22]开展的实验研究表明，乘幂式的相关系数最高，对数式次之，但如果采用乘幂式和对数式，当有效应力趋于无穷小时渗透率趋于无穷大，不符合实际情况。因此建议使用指数式，如图 1.6 所示，可以看出，孔隙度的变化幅度与渗透率相比较小。

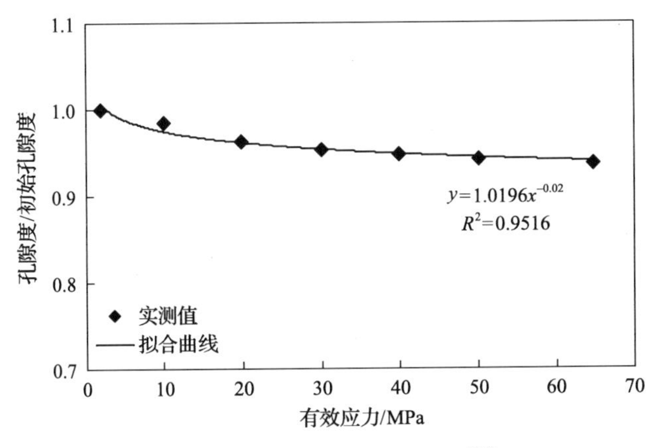

图 1.6　孔隙度的应力敏感性[22]

3. 孔隙压缩系数的表征方法

目前，孔隙压缩系数有多种定义，广泛使用的定义如下：

$$C_{\phi}=\frac{1}{V_{\mathrm{p}}}\frac{\mathrm{d}V_{\mathrm{p}}}{\mathrm{d}p}=\frac{\mathrm{d}\phi}{\mathrm{d}p} \tag{1.32}$$

虽然有效应力刚开始下降时，孔隙度随之下降，但其应力敏感性较弱，具有不可持续性。如图 1.7 所示，曲线的斜率越来越小，其后果是导致孔隙压缩系数大幅度下降，其应力敏感性比渗透率更强。Jones[23]通过实验发现随着有效应力的增加，孔隙压缩系数不断下降。罗瑞兰等[20]发现低渗透岩心孔隙压缩系数与有效应力之间呈良好的指数关系，如图 1.7 所示。其研究表明，受压后孔隙压缩系数的损失率与有效应力相关，但与初始孔隙压缩系数和初始渗透率无关。高旺来[24]通过用迪那 2 气藏的岩心进行实验，建立了不同孔隙度的岩心其孔隙压缩系数与有效应力的关系表达式。

孔隙度小于 9%时：

$$C_{\phi}/C_{\phi\mathrm{i}}=1.2687\mathrm{e}^{-0.0246(\delta_{\mathrm{eff}}-p)} \tag{1.33}$$

孔隙度大于 9%时：

$$C_{\phi} / C_{\phi i} = 1.1472 e^{-0.0319(\delta_{eff} - p)} \tag{1.34}$$

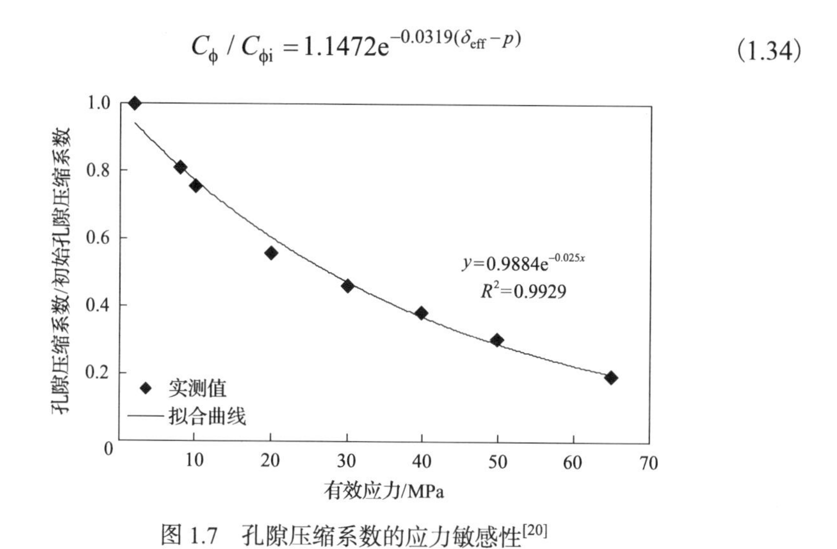

图 1.7　孔隙压缩系数的应力敏感性[20]

第四节　高速非线性渗流机理

一、高速非线性渗流简介

自 1856 年法国水利工程师达西揭示多孔介质渗流规律以来，多孔介质渗流理论不断应用于各个相关领域。目前，在油气藏的开采过程中通常采用线性达西定律来描述地层流体的流动，即认为流体渗流速度与压力梯度之间为线性关系，表达式为

$$\frac{\partial p}{\partial r} = \frac{\mu}{k} v \tag{1.35}$$

在油藏条件下，流体一般都服从达西线性渗流规律，但当油藏物性较好、生产压差较大时，渗流速度 v 与生产压差 Δp 就会偏离直线关系，此时渗流已经不服从达西线性渗流规律了。这是因为黏滞阻力与惯性阻力的比值决定了渗流过程中生产压差与渗流速度是否服从线性关系。当渗流速度较低时，黏滞阻力占主导地位，惯性阻力很小，可忽略，此时生产压差与渗流速度呈线性关系；当渗流速度增加时，惯性阻力不断增加，此时惯性阻力不可忽略，流动阻力由黏滞阻力和惯性阻力两部分组成，生产压差与流量逐渐偏离直线

关系，为非线性渗流。在高产量生产或开发后期大量注水过程中，井筒周围由于注入水的冲刷产生大孔道，流体渗流速度很大，惯性效应变得十分显著，因而增加了总的压降，表现为高速非线性渗流特征。

针对达西定律不能准确描述高速非线性渗流问题，许多学者得出了描述非线性渗流的经验公式，主要可以分为多项式和指数式两大类，如表 1.1 所示，其中比较具有代表性的为 Izbash 指数式方程和 Forchheimer 二项式方程[25]。

表 1.1　描述非线性渗流的经验公式[26]

类别	方程式	作者	参数解释	备注
多项式	$\partial p/\partial r=av+bv^2$	Forchheimer[27]（1901 年）	a、b 为常数	经验公式
	$\partial p/\partial r=av+bv^n$	Muskat[28]（1939 年）	a、b 为常数	经验公式
	$\partial p/\partial r=av+bv^{1.5}+cv^2$	Rose[29]（1951 年）	a、b、c 为常数	经验公式
	$\partial p/\partial r=av+bv^2+c(\partial v/\partial t)$	Polubarinova-Kochina[30]（1963 年）	a、b、c 为常数	经验公式
指数式	$V=M\partial p/\partial r^n\ (1/2<n<1)$	Izbash[31]（1931 年）	M 为常数	经验公式
	$V=(b\partial p/\partial r)^n\ (n=1/2)$	Escande[32]（1953 年）	b 为常数	经验公式
	$V=32.9d^{1/2}\partial p/\partial r^{0.54}$	Wilkinson[33]（1956 年）	d 为粒径	半经验公式
	$V=a(\mu/\phi)^{n-1}(k\partial p/\partial r)^n$	Slepicka[34]（1961 年）	a 为常数	半经验公式
	$\partial p/\partial r=cv^n\ (1<n\leqslant 2)$	姚约东等[7]（2001 年）	c 为常数	半经验公式

指数式方程用渗流速度与压力梯度关系表示为

$$\frac{\partial p}{\partial r}=cv^n \tag{1.36}$$

式中，渗流指数 n 介于 1～2，与流态有关；与渗流指数 n 有关的常数 c 取决于流体及岩石性质[35]。此方程可用来描述流体高速流动下的渗流规律，模型中的渗流指数 n 是随流态变化而变化的，对于整个渗流过程，由于阻力的组成不同，渗流指数也会发生相应的变化。

Forchheimer 二项式方程为

$$\frac{\partial p}{\partial r}=\frac{\mu}{k}v+\rho\beta v^2 \tag{1.37}$$

式(1.37)是 1901 年 Forchheimer 针对达西定律的不足提出的修正方法，

即所谓的二项式渗流定律。从二项式方程可以看出，方程的右端添加了一个由非线性渗流系数 β、流体密度和渗流速度的平方组成的非线性项；当渗流速度很小时，平方项可以忽略不计，二次项就转化为达西线性渗流公式。式(1.37)右端第一项表示由黏滞阻力引起的压力损失，第二项表示由惯性阻力引起的压力损失。当渗流速度很小时，第一项占优势；当渗流速度很大时，第二项占优势。

Izbash 方程是纯经验公式，Forchheimer 方程虽然最初是建立在实验数据的基础上的，但随后 Ahmed[36]、Whitaker[37]、Irmay[38]、Sorek 等[39]证明了其在理论上是成立的，并且物理意义较为明确。Sorek 等[39]通过对 Navier-Stokes 方程进行积分获得到了 Forchheimer 方程的解析关系，近年来 Innocentini 等[40]、Sidiropoulou 等[41]的相关研究也进一步论证了 Forchheimer 方程能较好地描述非线性渗流。

二、高速非线性渗流特征

当渗流速度超过一定值以后，渗流速度与压力梯度之间不再保持线性关系，开始偏离直线。渗流速度越大，偏离越多，如图 1.8 所示，a 点表示流体发生高速非线性渗流的起始点。

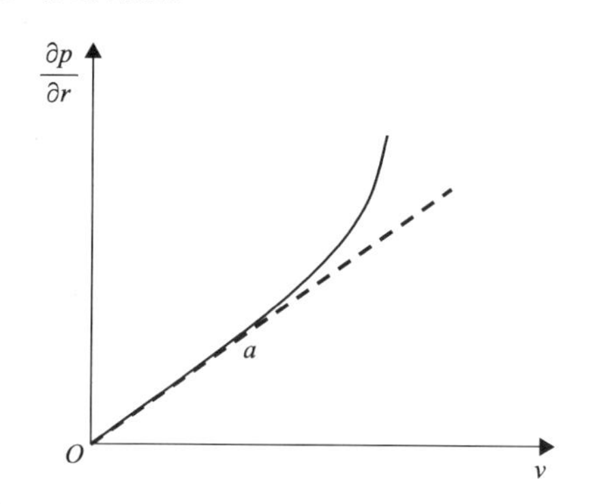

图 1.8　非线性渗流压力梯度与渗流速度的关系

关于高速非线性渗流产生的具体原因有两种截然不同的观点，并且至今仍存在争议。一些学者认为由达西线性渗流到高速非线性渗流的转变与管流中由层流到紊流的转变具有相似性，因此可以用管流中区分层流和紊流的方法来区分达西线性渗流和高速非线性渗流。然而许多研究人员如 Bear[42]、Zekai[43]、Ma 和 Ruth[44]并不同意这种观点，他们认为高速非线性渗流的非线性并不是由紊流造成的，而是由于惯性阻力的影响。Bear[42]为了说明高速非线性渗流不是由紊流造成，系统地给出了以下三个原因。

(1) 对于管道中的紊流流动，方程 $\frac{\partial p}{\partial r}=\frac{\mu}{k}v+\rho\beta v^2$ 中的线性项并不存在。

(2) 管道中的流动，从层流到紊流不是逐步过渡的，而是突变的。

(3) 过渡流的雷诺数 Re 比高速非线性渗流开始的雷诺数高出几个数量级。

对于以上三个原因，Ma 和 Ruth[44]给出了一个例子来说明高速非线性渗流不一定意味着高的微观雷诺数。他们提出，在直线管道中，只有当紊流起点在 Re=2000 时，高速非线性渗流才会变得很明显；而在弯曲管道中，当 Re=1 时，微观的惯性效应将变得非常重要，因此认为高速非线性渗流的产生是因为微观的惯性效应改变了速度场和压力场。

综上所述，流体在多孔介质中发生高速非线性渗流的基本特征如下。

(1) 当压力梯度在比较低的范围时，渗流速度和压力梯度之间的非线性关系并不明显，而是表现为达西线性关系，如图 1.8 所示。

(2) 当压力梯度增大到一定的值时，渗流速度和压力梯度之间开始偏离达西线性渗流关系，并且压力梯度越大，偏离程度就越大。

(3) 多孔介质中的非线性渗流是流体和固体介质之间作用的黏滞阻力和惯性阻力共同作用的结果，与管流中的湍流有本质区别。

(4) 渗流特征和储层孔隙度、渗透率及流体性质有关，渗透率越大或是原油的黏度越小，非线性段出现得越早，并且程度越严重。

总之，储层岩石中流体流动表现出非线性渗流特征，除了受多孔介质的孔隙结构影响，还受多孔介质与流体相互影响，因而使渗流特征发生变化。在多孔介质渗流的应用中，应全面分析非线性渗流的影响因素及其所起的作用大小，抓住主要因素，建立简便适用的渗流运动方程。

三、高速非线性渗流判定方法

高速非线性现象对于描述多孔介质中高速流体的流动很重要，因此判断高速非线性渗流发生的标准也很必要。目前判别高速非线性渗流偏离达西渗流的方法主要包括雷诺数 Re 和 Forchheimer 数。

1. 雷诺数 Re

雷诺数可以用来判别渗流是否偏离了达西渗流而产生了高速非线性渗流。当渗流中的雷诺数大于临界值时，介质中的流动为高速非线性渗流。最早由 Chilton 和 Colburn 提出用雷诺数 Re 来判断多孔介质中的非线性渗流[27]，

并用多孔介质中的流动类比管道流动，定义 Re 为

$$Re = \rho dv/\mu \tag{1.38}$$

前期的研究者认为多孔介质中的高速非线性渗流和导管中的湍流相似，将判断导管中湍流的 Re 用来描述多孔介质中的高速非线性渗流，并对填砂管进行了流体流动实验，其结果表明非线性渗流变得明显的雷诺数的临界值在40～80[26]。

Fancher 和 Lewis 利用 Chilton 和 Colburn 关于 Re 的定义分析疏松砂岩和矿场砂岩中的高速非线性渗流，结果表明在疏松砂岩中当 Re=10～1000 时发生高速非线性渗流，在矿场砂岩中 Re=0.4～3 时发生高速非线性渗流[26]。

Ergun 引进孔隙度和真实渗流速度 v 修正了 Chilton 和 Colburn 的定义[26]，得到

$$Re = \rho dv/[\mu(1-\phi)] \tag{1.39}$$

Ergun 从气体流过填砂管中的实验中发现雷诺数的临界值为 3～10。

基于前人研究，Scheidegger 建议雷诺数的临界值为 0.4～3，Hassanizadeh 和 Gray 认为雷诺数的临界值为 1～15，并且建议将 10 作为高速非线性渗流发生的雷诺数的临界值[26]。

20 世纪 80 年代后期数值模型的发展大大推动了高速非线性渗流的研究。Blick 和 Civan[45]使用一个毛细管–孔模型来模拟多孔介质中液体的流动，基于这个模型，利用式(1.38)定义的高速非线性渗流得到雷诺数的临界值为100，雷诺数低于 100 为达西线性渗流。

Du Plessis 和 Masliyah[46]使用典型单元体模型来模拟多孔介质中的液体流动，得到了孔隙度和迂曲度之间的一个关系式，并进一步得到了 Re 和迂曲度间的关系，其结果表明雷诺数的临界值为 3～17。

Ma 和 Ruth[44]对高速非线性渗流进行了数值模拟研究，根据 Chilton 和 Colburn 提出的判断高速非线性渗流的 Re 的定义，他们认为雷诺数的临界值为 3～10。

Thauvin 和 Mohanty[47]使用一个网络模型来模拟多孔介质，并定义雷诺数 $Re=\rho r_o v/\mu$，其结果表明雷诺数的临界值为 0.11。

张建国等[48]提出目前较通用的计算雷诺数的公式：

$$Re = \frac{\rho v\sqrt{k}}{17.5\mu\phi^{1.5}} \tag{1.40}$$

渗流中雷诺数的临界值为 0.2～0.3，即当 $Re \leqslant 0.3$ 时，渗流为达西线性渗流，当 $Re > 0.3$ 时渗流为高速非线性渗流。

2. Forchheimer 数

从前面的论述中可以看出，雷诺数的本质和导管中的湍流判别准则相似，它们之间的逻辑结果是在定义中包含了多孔介质的特征长度，如式(1.38)。该特征长度和管流中湍流时导管的粗糙度相似。然而，由于多孔介质结构的复杂性，特征长度并不好确定。在填砂管中，一个典型的直径可以作为特征长度。在疏松或松散的砂岩中，典型的直径可以通过筛选的样本中分析颗粒大小的分布来确定，然而，这个准则临界值的分布范围太大，要求我们能够更好地去定义颗粒的典型直径。相对管流而言，颗粒直径的物理意义能更好地定义。对于相对致密的岩石，雷诺数计算式中的特征长度比较难以确定。意识到确定微粒半径大小的困难，Ma 和 Ruth[44]提出了一种新的判别达西渗流与非线性渗流的临界参数，即 Forchheimer 数 F_{o}：

$$F_{\mathrm{o}} = \frac{k\beta\rho v}{\mu} \tag{1.41}$$

在 Forchheimer 二项式方程［式(1.37)］中，等式左边为总的压力梯度，等式右边第一项可以看成是由于克服黏滞阻力产生的压力梯度，第二项可以看作是克服流体惯性作用而产生的额外压力梯度。流体惯性作用而产生的压力梯度与黏滞阻力产生的压力梯度之比即式(1.41)定义的 Forchheimer 数。因此，Forchheimer 数为惯性阻力和黏滞阻力的比值。与雷诺数 Re 相比，Forchheimer 数的物理意义清晰，计算也较简便，通过对介质进行渗透实验便能确定流体在相应介质渗流过程中发生非线性渗流时的 Forchheimer 数的临界值，从而可判断非线性渗流发生时的临界参数。

定义高速非线性效应因子 D，其物理意义为流体惯性作用所消耗的压力梯度与总压力梯度的比值，由 Forchheimer 二项式方程得到

$$D = \frac{\beta\rho v^2}{\dfrac{\partial p}{\partial r}} \tag{1.42}$$

联立式(1.37)、式(1.41)和式(1.42)得到

$$D = \frac{F_{\mathrm{o}}}{1 + F_{\mathrm{o}}} \tag{1.43}$$

从式(1.43)中可以看出 Forchheimer 数直接和非线性误差联系在一起，这样的联结对于模拟多孔介质液体流动时是否要将非线性效应考虑到模型中很重要。如果一个 Forchheimer 数的临界值给定了，将有利于我们决定何时将非线性渗流考虑到多孔介质中的液体流动中。令 D_c 作为高速非线性效应因子临界值，从式(1.43)可以得到 Forchheimer 数临界值为

$$F_{oc}=\frac{D_c}{1-D_c} \tag{1.44}$$

式(1.44)提供了 Forchheimer 数临界值的计算方法。例如，如果高速非线性效应因子临界值为 10%，则方程(1.44)给出的 Forchheimer 数临界值为 0.11。

综上所述可以发现，对于多孔介质中高速非线性渗流有两种判别标准[41]：式(1.38)代表的类型Ⅰ和式(1.41)代表的类型Ⅱ。类型Ⅰ主要应用到填砂管中，填砂管中的特征长度(一般是指颗粒直径)是可以得到的，然而类型Ⅱ除了主要应用到人工多孔金属样本中外，还被用到数值模型中。但是同一类的雷诺数也有不同的定义，而且根据各自定义得到的雷诺数的临界值也有很大的跨度。为了给出一个统一的判定标准，雷诺数的标准化定义把原来都称为雷诺数的 Re 和 F_o 分别称为第一类雷诺数 Re 和第二类 Forchheimer 数 F_o。相关研究发现第一类雷诺数 Re 为3～10时，第二类 Forchheimer 数 F_o 为0.005～0.02。

四、高速非线性渗流描述方程

1. Forchheimer 二项式非线性渗流方程

早在 20 世纪人们就对非线性渗流机理和 β 因子进行了不同的研究。在 20 世纪 50 年代，Cornell 和 Katz[49]把非线性渗流归因于湍流，并把 β 因子定义为湍流系数。但是，到了 20 世纪 70 年代，大部分学者普遍认为非线性渗流不是由湍流导致的，而是由于惯性作用导致的。同时，Forchheimer 二项式方程中的 β 项也有了许多不同的定义，如湍流项、惯性项系数、速度项系数、非线性渗流系数、Forchheimer 流动系数、非线性系数和 β 因子等[50]。

Cooke 认为，地层水、油、气在支撑性裂缝的多孔介质中的渗流符合式(1.45)[51]：

$$\beta=\frac{b}{k^a} \tag{1.45}$$

Pascal 等[52]通过对低渗透水力压裂井进行多种渗流速度的实验确定了 a 和 b 的值，并提出：

$$\beta = \frac{4.8 \times 10^{12}}{k^{1.176}} \tag{1.46}$$

Jones[53]通过对石灰岩、水晶石灰岩和有细密纹理的砂岩进行研究，得出了式(1.47)：

$$\beta = \frac{4.8 \times 10^{9}}{k^{1.55}} \tag{1.47}$$

在某些情况下，单独运用渗透率并不能精确估计 β 值的大小。通过对具有相同渗透率的两个岩心进行研究，发现尽管渗透率相同，但两者的非线性渗流系数 β 的值却明显不同。因此，认为在确定 β 值的过程中必须考虑岩石的其他性质。为了确定与渗透率和孔隙度有关的非线性渗流系数，假定渗透率仍然和非线性渗流系数是负相关的。

Irmay[38]从 Navier-Stokes 方程中获得了达西方程和 Forchheimer 方程，并将两者进行了对比，得出非线性渗流系数为

$$\beta = \frac{c}{k^{0.5}\phi^{1.5}} \tag{1.48}$$

通过一系列的试验测试，Ergun 通过渗透率和孔隙度估计了非线性渗流系数 β 如下[54]：

$$\beta = \frac{1}{\phi}\sqrt{\frac{1.8 \times 10^{9}}{k\phi}} \tag{1.49}$$

针对不同大小的岩石颗粒，Macdonald 等[55]对式(1.49)进行了修正，提出了下面的公式：

$$\beta = \frac{1}{\phi}\sqrt{\frac{245 \times 10^{8}}{12k\phi}} \tag{1.50}$$

Janicek 和 Katz[56]用天然多孔介质作为研究对象，把式(1.50)修改为

$$\beta = \frac{1.82 \times 10^{8}}{k^{1.25}\phi^{0.75}} \tag{1.51}$$

为应用于砂岩、石灰岩、白云岩，Geertsma[57]对式(1.51)进行了修正，得到了下面的公式：

$$\beta = \frac{1.59 \times 10^3}{k^{0.5}\phi^{5.5}} \tag{1.52}$$

为了确定非线性渗流系数 β，Li 等[58]将氮气在不同方向以不同的流动速度通过薄饼形状的白云岩样品，从而得到式(1.53)：

$$\beta = \frac{1.15 \times 10^7}{k\phi} \tag{1.53}$$

Tek 等[59]通过一些试验数据推算出 β 的计算公式，这个公式能适用于多孔介质，表达式如下：

$$\beta = \frac{5.5 \times 10^9}{k^{1.25}\phi^{0.75}} \tag{1.54}$$

许多学者认为非线性渗流系数公式中除了渗透率和孔隙度之外，应该还包括迂曲度 τ。Geertsma[57]经过一系列推算，得到了下述方程：

$$\beta = \frac{c'\tau}{k\phi} \tag{1.55}$$

基于 Geertsma 的研究，Liu 等[60]认为迂曲度 τ 对非线性渗流系数是很重要的，并提出：

$$\beta = \frac{2.92 \times 10^7 \tau}{k\phi} \tag{1.56}$$

为描述多孔介质模型中高速流动的流体，Thauvin 和 Mohanty[47]提出了用孔隙度、渗透率和迂曲度来表示非线性渗流系数，提出了式(1.57)：

$$\beta = \frac{17.8 \times \tau^{3.35}}{k^{0.98}\phi^{0.29}} \tag{1.57}$$

Cooper 等[61]通过对实验结果的分析认为只有渗透率和迂曲度对非线性渗流系数 β 的确定是重要的，并提出了式(1.58)：

$$\beta = \frac{3.1\times 10^{-15}\tau^{1.943}}{k^{1.023}} \tag{1.58}$$

从以上分析中可以看出，人们试图通过各种试验或者理论的方法对非线性渗流系数的值进行求解，关于高速非线性渗流系数β的主要表达式如表1.2所示。

表1.2　高速非线性渗流系数β的主要表达式

表达式	研究者	β的单位	k的单位
$\beta=4.8\times10^{12}/k^{1.176}$	Pascal 等[52]	cm^{-1}	mD
$\beta=4.8\times10^{9}/k^{1.55}$	Jones[53]	ft^{-1}	mD
$\beta=1.82\times10^{8}/(k^{5/4}\phi^{3/4})$	Janicek 和 Katz[56]	cm^{-1}	mD
$\beta=1.59\times10^{3}/(k^{0.5}\phi^{5.5})$	Geertsma[57]	cm^{-1}	cm^2
$\beta=2.92\times10^{7}\tau/(k\phi)$	Liu 等[60]	ft^{-1}	mD
$\beta=17.8\times\tau^{3.35}/(k^{0.98}\phi^{0.29})$	Thauvin 和 Mohanty[47]	cm^{-1}	D
$\beta=3.1\times10^{-15}k^{-1.023}\tau^{1.943}$	Cooper 等[61]	cm^{-1}	cm^2
$\beta=2.49\times10^{11}k^{-1.88}\phi^{0.537}$	Coles 和 Hartman[62]	ft^{-1}	mD

注：$1ft=3.048\times10^{-1}m$。

基于以上论述，确定非线性渗流系数β的主要步骤和原则如下。

(1) 通过实验或者其他测试数据，确定生产压差和渗流速度的关系。根据已知数据，以$\dfrac{\partial p}{\partial r\mu v}$为纵坐标，$\rho v/\mu$为横坐标，在相应坐标系中绘制直线，由关系式$\dfrac{\partial p}{\partial r\mu v}=\dfrac{1}{k}+\beta\dfrac{\rho v}{\mu}$可知，直线的斜率即为$\beta$的值；如果不能确定生产压差和渗流速度的关系，则选用表1.2中的表达式求解β的值，转到步骤(2)。

(2) 确定地层的岩石物性。根据测井或其他方法测试到的数据可以得到地层岩石物性。

(3) 确定需要或可以得到的地层参数，如渗透率、孔隙度和迂曲度等。

(4) 利用表达式求解β的值。如果渗透率、孔隙度和迂曲度都已知，就用含有三个参数的表达式，否则就用含有更少参数的表达式。

(5) 确定地层孔隙的几何形状和流体相对孔隙通道的相对方向。如果流体流动方向和孔隙通道的主要方向平行，则用类似于方程$\beta=c'k^{-a}\phi^{-b}$的表达式

求解 β 的值；如果流体流动方向和孔隙通道的主要方向垂直，则用类似于方程 $\beta = c'\tau k^{-a}\phi^{-b}$ 的表达式求解 β 的值。如果流体流动方向既不和孔隙通道平行也不和孔隙通道垂直，则根据已知条件选择合理的公式。

非线性渗流系数 β 求取的流程图如图 1.9 所示。

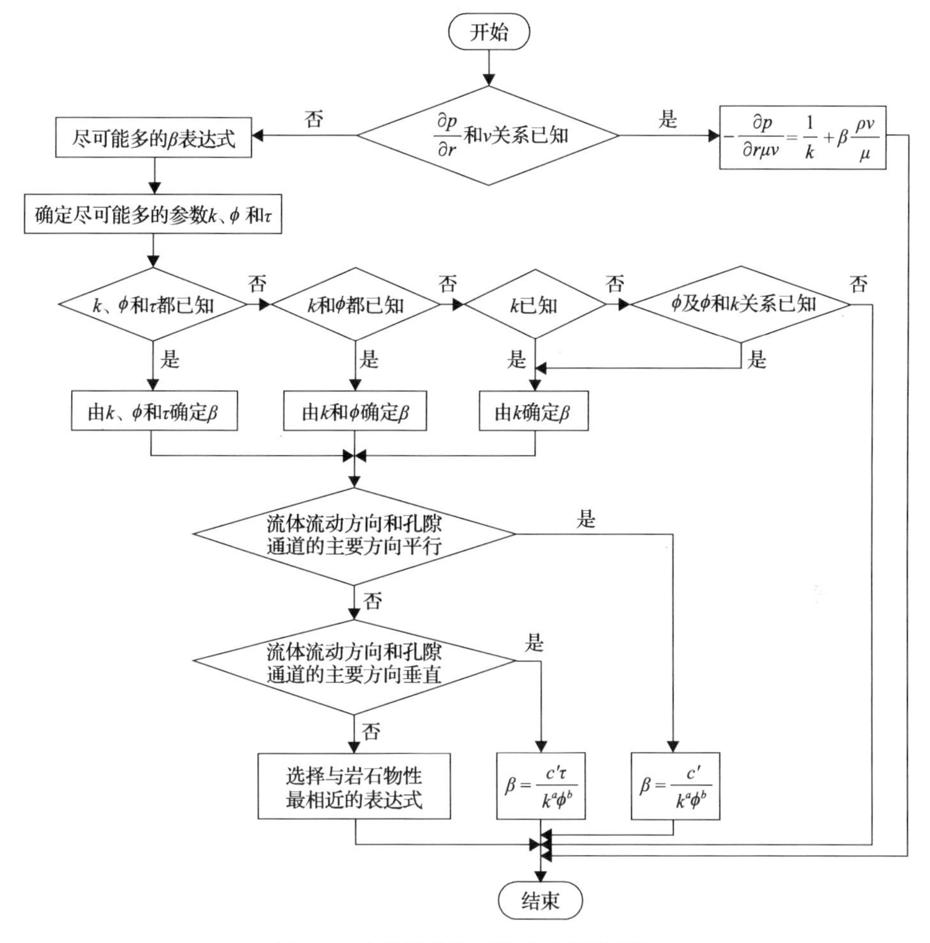

图 1.9　非线性渗流系数求取的流程图

2. 指数式非线性渗流方程

姚约东和葛家理[63]通过对岩心实验数据的研究和分析提出在双对数坐标系中，以无因次阻力系数 f 的对数为横轴，无因次判据系数 R_{eD} 的对数为纵轴，可以得到如图 1.10 所示曲线。

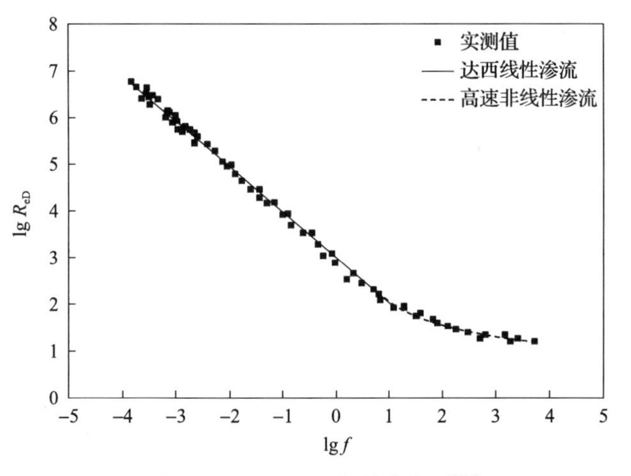

图 1.10　lg f-lg R_{eD} 相关曲线图[45]

从图 1.10 中可以看出：当渗流速度比较大时，lg f 和 lg R_{eD} 不呈线性关系(图中虚线段曲线)，假定关系式为

$$\lg f = \lg b - m \lg R_{eD} \tag{1.59}$$

无因次阻力系数 f 可表示为

$$f = \delta_{\phi} \frac{\Delta p}{\rho \Delta l} \left(\frac{\phi A'}{Q} \right)^2 \tag{1.60}$$

无因次判据系数 R_{eD} 可表示为

$$R_{eD} = \frac{Q \rho \delta_{\phi}}{\mu A' \phi} \tag{1.61}$$

从式(1.59)可以得到

$$b = f R_{eD}^m \tag{1.62}$$

将式(1.60)和式(1.61)代入式(1.62)得到

$$b = \frac{\delta_{\phi}}{\rho} \frac{\Delta p}{\Delta l} \phi^2 \left(\frac{\rho \delta_{\phi}}{\mu \phi} \right)^m v^{m-2} \tag{1.63}$$

由式(1.63)得到

$$\frac{\Delta p}{\Delta l}=b\rho^{1-m}\mu^{m}\phi^{m-2}\delta_{\phi}^{-m-1}v^{2-m} \tag{1.64}$$

假定非线性渗流运动方程为

$$\frac{\Delta p}{\Delta l}=c'v^{n}\quad(1<n\leqslant 2) \tag{1.65}$$

联立式(1.64)和式(1.65)有

$$\begin{cases}c'=b\rho^{1-m}\mu^{m}\phi^{m-2}\delta_{\phi}^{-m-1}\\ m+n=2\end{cases} \tag{1.66}$$

式中，δ_{ϕ}为多孔介质的特征尺度，其表达式为

$$\delta_{\phi}=\sqrt{\frac{kb'}{\phi}} \tag{1.67}$$

式中，b'为线性段最右端无因次阻力系数f所对应的值。

将式(1.67)代入式(1.66)可得指数式非线性系数：

$$c'=b\rho^{1-m}\mu^{m}\phi^{3(m-1)/2}k^{-(m+1)/2}b'^{-(m+1)/2} \tag{1.68}$$

第二章　单重介质低速非线性渗流模型

本章主要论述单重介质中流体低速非线性稳定及不稳定渗流模型，其中模型的运动方程考虑启动压力梯度式和指数式两种[64,65]。设有一水平均质等厚的圆形地层，其中心有一口井，地层边缘上有充足的流体供给，流体微可压缩，不考虑重力和毛细管压力的影响。已知地层及流体物性等参数：地层半径为 r_e，油井半径为 r_w，边界压力为 p_e，油井的井底压力为 p_w，油井的井产量为 Q，储层厚度为 h，渗透率为 k，流体黏度为 μ，流体密度为 ρ。

第一节　启动压力梯度式低速非线性渗流模型

本节将基于物理条件假设，考察地层流体运动方程为启动压力梯度式的数学模型，获取稳定和不稳定条件下的地层压力分布及井底压力的表达式，为了方便研究一般性规律，引入无因次化，建立启动压力梯度式低速非线性不稳定渗流数学模型，运用拉普拉斯(Laplace)变换及贝塞尔(Bessel)方程性质推导出模型的解[66,67]，绘制分析相应的试井曲线，并对参数做敏感性分析。假定流体动边界条件下符合启动压力梯度式低速非线性渗流，启动压力梯度为 G[68-72]。

一、稳定渗流模型

流体运动方程满足启动压力梯度式方程：

$$v = -\frac{k}{\mu}\left(\frac{\mathrm{d}p}{\mathrm{d}r} - G\right) \tag{2.1}$$

连续性方程为

$$\frac{\mathrm{d}v}{\mathrm{d}r} + \frac{v}{r} = 0 \tag{2.2}$$

内外边界条件：

$$r = r_w, p = p_w；\quad r = r_e, p = p_e \tag{2.3}$$

联立式(2.1)和式(2.2)，采用变量替换方法求解微分方程，并结合内外边界条件式(2.3)，得到定井底压力时启动压力梯度式低速非线性稳定渗流的压力分布方程：

$$
\begin{aligned}
p &= p_{\mathrm{w}} + \frac{p_{\mathrm{e}} - p_{\mathrm{w}} - G\left(r_{\mathrm{e}} - r_{\mathrm{w}}\right)}{\ln \dfrac{r_{\mathrm{e}}}{r_{\mathrm{w}}}} \ln \frac{r}{r_{\mathrm{w}}} + G\left(r - r_{\mathrm{w}}\right) \\
&= p_{\mathrm{e}} - \frac{p_{\mathrm{e}} - p_{\mathrm{w}} - G\left(r_{\mathrm{e}} - r_{\mathrm{w}}\right)}{\ln \dfrac{r_{\mathrm{e}}}{r_{\mathrm{w}}}} \ln \frac{r_{\mathrm{e}}}{r} - G\left(r_{\mathrm{e}} - r\right)
\end{aligned} \tag{2.4}
$$

将式(2.4)对半径 r 求导并导入式(2.1)，得到井产量方程为

$$
Q = \frac{2\pi kh}{\mu B_{\mathrm{o}}} \frac{\left(p_{\mathrm{e}} - p_{\mathrm{w}}\right) - G\left(r_{\mathrm{e}} - r_{\mathrm{w}}\right)}{\ln \dfrac{r_{\mathrm{e}}}{r_{\mathrm{w}}}} \tag{2.5}
$$

同样地，可以得到定井产量 Q 时启动压力梯度式低速非线性稳定渗流的井底压力和地层压力分布表达式：

$$
p_{\mathrm{w}} = p_{\mathrm{e}} - \frac{Q\mu}{2\pi kh} \ln \frac{r_{\mathrm{e}}}{r_{\mathrm{w}}} - G\left(r_{\mathrm{e}} - r_{\mathrm{w}}\right) \tag{2.6}
$$

$$
\begin{aligned}
p &= p_{\mathrm{w}} + \frac{Q\mu}{2\pi kh} \ln \frac{r}{r_{\mathrm{w}}} - G\left(r - r_{\mathrm{w}}\right) \\
&= p_{\mathrm{e}} - \frac{Q\mu}{2\pi kh} \ln \frac{r_{\mathrm{e}}}{r} - G\left(r_{\mathrm{e}} - r\right)
\end{aligned} \tag{2.7}
$$

二、不稳定渗流模型

根据物理条件假设，渗流控制方程、初始条件及边界条件分别为

$$
\frac{\partial^2 p}{\partial r^2} + \frac{1}{r}\left(\frac{\partial p}{\partial r} - G\right) = \frac{1}{æ} \frac{\partial p}{\partial t} \tag{2.8}
$$

$$
p\left(r, 0\right) = p_{\mathrm{e}} \tag{2.9}
$$

$$
\left.\left(\frac{\partial p}{\partial r} - G\right)\right|_{r=r_{\mathrm{w}}} = \frac{Q\mu B_{\mathrm{o}}}{2\pi khr_{\mathrm{w}}} \tag{2.10}
$$

$$\left.\left(\frac{\partial p}{\partial r}-G\right)\right|_{r=r_{\mathrm{f}}}=0 \tag{2.11}$$

$$p=p_{\mathrm{e}} \quad (r \geqslant r_{\mathrm{f}}) \tag{2.12}$$

式中，$\text{æ}=\dfrac{k}{\phi\mu C_{\mathrm{t}}}$，为导压系数。

令$\psi=p-G\left(r-r_{\mathrm{w}}\right)$，式(2.8)可以变形为

$$\frac{\partial^2\psi}{\partial r^2}+\frac{1}{r}\frac{\partial\psi}{\partial r}=\frac{1}{\text{æ}}\frac{\partial\psi}{\partial t} \tag{2.13}$$

引入中间函数ξ，令$\xi=\dfrac{r^2}{\text{æ}t}$，式(2.13)可变为

$$\frac{\partial^2\psi}{\partial\xi^2}+\left(\frac{1}{4}+\frac{1}{\xi}\right)\frac{\partial\psi}{\partial\xi}=0 \tag{2.14}$$

方程(2.14)的解为

$$\xi\frac{\partial\psi}{\partial\xi}=c_1\mathrm{e}^{-\frac{1}{4}\xi} \tag{2.15}$$

将引入的参数ψ和ξ代入式(2.11)，同时联立式(2.15)，可以确定待定系数为

$$c_1=\frac{Q\mu B_{\mathrm{o}}}{4\pi kh}\mathrm{e}^{\frac{r_{\mathrm{w}}^2}{4\text{æ}t}} \tag{2.16}$$

将式(2.16)代入式(2.15)，可以得到

$$\frac{\partial\psi}{\partial\xi}=\frac{Q\mu B_{\mathrm{o}}}{4\pi kh}\mathrm{e}^{\frac{r_{\mathrm{w}}^2}{\text{æ}t}}\frac{\mathrm{e}^{-\frac{1}{4}\xi}}{\xi} \tag{2.17}$$

由内外边界条件可得：当$r<r_{\mathrm{f}}$时，$\psi=p-G\left(r-r_{\mathrm{w}}\right)$，$\xi=\dfrac{r^2}{\text{æ}t}$；当$r=r_{\mathrm{f}}$

时，$\psi = p_e - G(r_f - r_w)$，$\xi = \dfrac{r_f^2}{\varkappa t}$。

将参数ψ和ξ的表达式代入式(2.17)，并在$[r,r_f]$区间积分：

$$\int_{p-G(r-r_w)}^{p_e-G(r_f^2-r_w)} \mathrm{d}\psi = \int_{\frac{r^2}{\varkappa t}}^{\frac{r_f^2}{\varkappa t}} \frac{Q\mu B_o}{4\pi kh} \mathrm{e}^{\frac{r_w^2}{4\varkappa t}} \frac{\mathrm{e}^{-\frac{1}{4}\xi}}{\xi} \mathrm{d}\xi \tag{2.18}$$

注意到式(2.18)右边为幂积分函数形式，其定义形式如下：

$$\mathrm{Ei}(-x) = -\int_x^{\infty} \frac{\mathrm{e}^{-u}}{u} \mathrm{d}u \tag{2.19}$$

因此，由式(2.18)和式(2.19)可以得到无穷大地层任一时刻地层压力分布表达式：

$$\begin{aligned} p &= p_e - \frac{Q\mu B_o}{4\pi kh} \mathrm{e}^{\frac{r_w^2}{\varkappa t}} \left[-\mathrm{Ei}\left(-\frac{r^2}{4\varkappa t}\right) + \mathrm{Ei}\left(-\frac{r_f^2}{4\varkappa t}\right) \right] - G\left(r_f^2 - r\right) \\ &\approx p_e - \frac{Q\mu B_o}{4\pi kh} \left[-\mathrm{Ei}\left(-\frac{r^2}{4\varkappa t}\right) + \mathrm{Ei}\left(-\frac{r_f^2}{4\varkappa t}\right) \right] - G\left(r_f^2 - r\right) \end{aligned} \tag{2.20}$$

将$-\mathrm{Ei}(-x)$进行多项式展开，并代入式(2.20)，同时考虑压力波传播到的位置的压力梯度等于启动压力梯度，根据物质平衡可以确定动边界随时间的变化关系式：

$$Qt = \pi\left(r_f^2 - r_w^2\right)\phi h C_t \overline{Y} \tag{2.21}$$

式中，

$$\begin{aligned} \overline{Y} = \frac{Q\mu B_o}{2\pi kh r_f^2} \int_{r_w}^{r_f} \Bigg[& a_0 + a_1 \frac{r^2}{4\varkappa t} + a_2\left(\frac{r^2}{4\varkappa t}\right)^2 + a_3\left(\frac{r^2}{4\varkappa t}\right)^3 + a_4\left(\frac{r^2}{4\varkappa t}\right)^4 \\ & + a_5\left(\frac{r^2}{4\varkappa t}\right)^5 + a_6 \ln\left(\frac{r^2}{4\varkappa t}\right) \Bigg] r\mathrm{d}r \\ & - \frac{Q\mu B_o}{2\pi kh} \Bigg[a_0' + a_1' \frac{r_f^2}{4\varkappa t} + a_2'\left(\frac{r_f^2}{4\varkappa t}\right)^2 + a_3'\left(\frac{r_f^2}{4\varkappa t}\right)^3 + a_4'\left(\frac{r_f^2}{4\varkappa t}\right)^4 \end{aligned}$$

$$+a_5'\left(\frac{r_{\mathrm{f}}^2}{4\varpi t}\right)^5+a_6'\ln\left(\frac{r_{\mathrm{f}}^2}{4\varpi t}\right)\Bigg]+\frac{1}{3}r_{\mathrm{f}}G$$

式中，参数 $a_0 \sim a_6$、$a_0' \sim a_6'$ 分别为与 $x=\frac{r^2}{4\varpi t}$ 和 $\frac{r_{\mathrm{f}}^2}{4\varpi t}$ 有关的系数。

三、不稳定渗流无因次化试井模型

根据前述基本物理条件假设，同时为了考察内外边界影响，增加以下两个条件：①油井定产量生产；②外边界分别为无限大、封闭、定压三种类型。

1. 数学模型建立及无因次化

根据连续性方程、运动方程和状态方程，启动压力梯度式低速非线性渗流数学模型表述如下。

控制方程为

$$\frac{1}{r}\frac{\partial}{\partial r}\left[r\left(\frac{\partial p}{\partial r}-G\right)\right]=\frac{\phi\mu C_{\mathrm{t}}}{k}\frac{\partial p}{\partial t}\quad [r_{\mathrm{w}}\leqslant r\leqslant r_{\mathrm{f}}(t),0\leqslant t<\infty] \tag{2.22}$$

初始条件:

$$p(r,0)=p_{\mathrm{i}}\,,\quad r_{\mathrm{f}}(0)=r_{\mathrm{w}} \tag{2.23}$$

内边界条件:

$$\left[r\left(\frac{\partial p}{\partial r}-G\right)\right]_{r=r_{\mathrm{w}}}=\frac{q\mu B_{\mathrm{o}}}{2\pi kh} \tag{2.24}$$

无限大外边界条件:

$$\begin{aligned}&\frac{\partial p(r_{\mathrm{f}},t)}{\partial r}=G,\ p(r_{\mathrm{f}},t)=p_{\mathrm{i}}\quad (r_{\mathrm{f}}<\infty)\\&\lim_{r\to\infty}p(r,t)=p_{\mathrm{i}}\end{aligned} \tag{2.25}$$

封闭外边界条件:

$$\begin{aligned}
&\frac{\partial p(r_\mathrm{f},t)}{\partial r}=G,\ p(r_\mathrm{f},t)=p_\mathrm{i}\quad(r_\mathrm{f}<r_\mathrm{e})\\
&\lim_{r\to r_\mathrm{e}}\frac{\partial p}{\partial r}=G
\end{aligned}\tag{2.26}$$

定压外边界条件：

$$\begin{aligned}
&\frac{\partial p(r_\mathrm{f},t)}{\partial r}=G,\ p(r_\mathrm{f},t)=p_\mathrm{i}\quad(r_\mathrm{f}<r_\mathrm{e})\\
&p(r,t)=p_\mathrm{i}\quad(r_\mathrm{f}<r\leqslant r_\mathrm{e})
\end{aligned}\tag{2.27}$$

分别引入如下无量纲定义。

无因次压力：

$$p_\mathrm{D}=\frac{2\pi kh\left(p_\mathrm{i}-p+rG-r_\mathrm{w}G\right)}{q\mu B_\mathrm{o}}$$

无因次井底压力：

$$p_\mathrm{wD}=\frac{2\pi kh(p_\mathrm{i}-p_\mathrm{w})}{q\mu B_\mathrm{o}}$$

无因次时间：

$$t_\mathrm{D}=\frac{kt}{\phi\mu C_\mathrm{t}r_\mathrm{w}^2}$$

无因次半径：

$$r_\mathrm{D}=\frac{r}{r_\mathrm{w}}$$

无因次压力移动半径：

$$r_\mathrm{fD}=\frac{r_\mathrm{f}(t)}{r_\mathrm{w}}$$

无因次启动压力梯度：

$$G_\mathrm{D}=\frac{2\pi khr_\mathrm{w}G}{q\mu B_\mathrm{o}}$$

将无因次量纲代入数学模型中得到无因次化模型，如下所述。

控制方程：

$$\frac{1}{r_D}\frac{\partial}{\partial r_D}\left[r_D\left(\frac{\partial p_D}{\partial r_D}\right)\right]=\frac{\partial p_D}{\partial t_D}\qquad (1\leqslant r_D\leqslant r_{fD}) \tag{2.28}$$

初始条件:

$$p_D(r_D,0)=G_D(r_D-1)\,,\quad r_{fD}(0)=1 \tag{2.29}$$

内边界条件:

$$\left[r_D\left(\frac{\partial p_D}{\partial r_D}\right)\right]_{r_D=1}=-1 \tag{2.30}$$

无限大外边界条件：

$$\begin{aligned}&\frac{\partial p_D(r_{fD},t_D)}{\partial r_D}=0,\ p_D(r_{fD},t_D)=G_D(r_{fD}-1)\quad (r_{fD}<\infty)\\&\lim_{r_D\to\infty}p_D(r_D,t_D)=G_D(r_D-1)\end{aligned} \tag{2.31}$$

封闭外边界条件：

$$\begin{aligned}&\frac{\partial p_D(r_{fD},t_D)}{\partial r_D}=0,\ p_D(r_{fD},t_D)=G_D(r_{fD}-1)\quad (r_{fD}<r_{eD})\\&\frac{\partial p_D(r_{eD},t_D)}{\partial r_D}=0\quad (r_{fD}=r_{eD})\end{aligned} \tag{2.32}$$

定压外边界条件：

$$\begin{aligned}&\frac{\partial p_D(r_{fD},t_D)}{\partial r_D}=0,\ p_D(r_{fD},t_D)=G_D(r_{fD}-1)\quad (r_{fD}<r_{eD})\\&p_D(r_{eD},t_D)=G_D(r_{eD}-1)\quad (r_{fD}=r_{eD})\end{aligned} \tag{2.33}$$

2. 模型求解及试井图版分析

对无因次化数学模型进行拉普拉斯变换得到如下方程。

控制方程：

$$\frac{\partial^2 \tilde{p}_{\mathrm{D}}\left(r_{\mathrm{D}},u\right)}{\partial r_{\mathrm{D}}^2}+\frac{\partial \tilde{p}_{\mathrm{D}}\left(r_{\mathrm{D}},u\right)}{r_{\mathrm{D}}\partial r_{\mathrm{D}}}=u\tilde{p}_{\mathrm{D}}\left(r_{\mathrm{D}},u\right) \tag{2.34}$$

初始条件:

$$\tilde{p}_{\mathrm{D}}(r_{\mathrm{D}},0)=\frac{1}{u}G_{\mathrm{D}}\left(r_{\mathrm{D}}-1\right),\quad \tilde{r}_{\mathrm{fD}}(0)=\frac{1}{u} \tag{2.35}$$

内边界条件:

$$\left(\frac{\partial \tilde{p}_{\mathrm{D}}}{\partial r_{\mathrm{D}}}\right)_{r_{\mathrm{D}}=1}=-\frac{1}{u} \tag{2.36}$$

无限大外边界条件:

$$\begin{aligned}&\frac{\partial \tilde{p}_{\mathrm{D}}(r_{\mathrm{fD}},t_{\mathrm{D}})}{\partial r_{\mathrm{D}}}=0,\tilde{p}_{\mathrm{D}}(r_{\mathrm{fD}},t_{\mathrm{D}})=\frac{1}{u}G_{\mathrm{D}}(u\tilde{r}_{\mathrm{fD}}-1)\quad (r_{\mathrm{fD}}<\infty)\\&\lim_{r_{\mathrm{D}}\to\infty}\tilde{p}_{\mathrm{D}}(r_{\mathrm{D}},t_{\mathrm{D}})=\frac{1}{u}G_{\mathrm{D}}(r_{\mathrm{D}}-1)\end{aligned} \tag{2.37}$$

封闭外边界条件:

$$\begin{aligned}&\frac{\partial \tilde{p}_{\mathrm{D}}(r_{\mathrm{fD}},t_{\mathrm{D}})}{\partial r_{\mathrm{D}}}=0,\tilde{p}_{\mathrm{D}}(r_{\mathrm{fD}},t_{\mathrm{D}})=\frac{1}{u}G_{\mathrm{D}}(u\tilde{r}_{\mathrm{fD}}-1)\quad (r_{\mathrm{fD}}<r_{\mathrm{eD}})\\&\frac{\partial \tilde{p}_{\mathrm{D}}(r_{\mathrm{eD}},t_{\mathrm{D}})}{\partial r_{\mathrm{D}}}=0\quad (r_{\mathrm{fD}}=r_{\mathrm{eD}})\end{aligned} \tag{2.38}$$

定压外边界条件:

$$\begin{aligned}&\frac{\partial \tilde{p}_{\mathrm{D}}(r_{\mathrm{fD}},t_{\mathrm{D}})}{\partial r_{\mathrm{D}}}=0,\tilde{p}_{\mathrm{D}}(r_{\mathrm{fD}},t_{\mathrm{D}})=\frac{1}{u}G_{\mathrm{D}}(u\tilde{r}_{\mathrm{fD}}-1)\quad (r_{\mathrm{fD}}<r_{\mathrm{eD}})\\&\tilde{p}_{\mathrm{D}}(r_{\mathrm{eD}},t_{\mathrm{D}})=\lambda_{\mathrm{D}}(r_{\mathrm{eD}}-1)\quad (r_{\mathrm{fD}}=r_{\mathrm{eD}})\end{aligned} \tag{2.39}$$

通过移项变形，控制方程可以转化成贝塞尔方程形式:

$$r_{\mathrm{D}}^2\frac{\partial^2 \tilde{p}_{\mathrm{D}}\left(r_{\mathrm{D}},u\right)}{\partial r_{\mathrm{D}}^2}+r_{\mathrm{D}}\frac{\partial \tilde{p}_{\mathrm{D}}\left(r_{\mathrm{D}},u\right)}{\partial r_{\mathrm{D}}}-ur_{\mathrm{D}}^2\tilde{p}_{\mathrm{D}}\left(r_{\mathrm{D}},u\right)=0 \tag{2.40}$$

根据 Bessel 方程性质，式(2.40)的通解为

$$\tilde{p}_{\mathrm{D}}\left(r_{\mathrm{D}},u\right)=A\mathrm{I}_0\left(r_{\mathrm{D}}\sqrt{u}\right)+B\mathrm{K}_0\left(r_{\mathrm{D}}\sqrt{u}\right) \tag{2.41}$$

式中，I_0 和 K_0 分别为虚宗量第一类和第二类整数阶的 Bessel 函数，具体求解见附录。

将式(2.41)对无因次半径求偏导数得

$$\frac{\partial \tilde{p}_{\rm D}\left(r_{\rm D},u\right)}{\partial r_{\rm D}}=A\sqrt{u}{\rm I}_1\left(r_{\rm D}\sqrt{u}\right)-B\sqrt{u}{\rm K}_1\left(r_{\rm D}\sqrt{u}\right) \tag{2.42}$$

将式(2.42)代入内边界条件式(2.36)得

$$\frac{\partial \tilde{p}_{\rm D}\left(r_{\rm D},u\right)}{\partial r_{\rm D}}\Big|_{r_{\rm D}=1}=A\sqrt{u}{\rm I}_1\left(\sqrt{u}\right)-B\sqrt{u}{\rm K}_1\left(\sqrt{u}\right)=-\frac{1}{u} \tag{2.43}$$

对动边界进行 Laplace 变换得

$$\tilde{r}_{\rm fD}=\int_0^{\infty} r_{\rm fD}{\rm e}^{-ut}{\rm d}t=\frac{r_{\rm fD}}{u} \tag{2.44}$$

将式(2.41)代入无限大外边界条件式(2.37)的第一式并联合式(2.44)得

$$\frac{\partial \tilde{p}_{\rm D}(r_{\rm fD},t_{\rm D})}{\partial r_{\rm D}}=A\sqrt{u}{\rm I}_1\left(u\tilde{r}_{\rm fD}\sqrt{u}\right)-B\sqrt{u}{\rm K}_1\left(u\tilde{r}_{\rm fD}\sqrt{u}\right)=0 \tag{2.45}$$

联立式(2.43)和式(2.45)可以求解系数 A 和 B，因此可以得到无限大外边界条件 Laplace 空间中无因次地层压力关于无因次半径的表达式：

$$\tilde{p}_{\rm D}\left(r_{\rm D},u\right)=\frac{{\rm K}_1\left(ur_{\rm fD}\sqrt{u}\right){\rm I}_0\left(r_{\rm D}\sqrt{u}\right)+{\rm I}_1\left(ur_{\rm fD}\sqrt{u}\right){\rm K}_0\left(r_{\rm D}\sqrt{u}\right)}{u\sqrt{u}\left[{\rm K}_1\left(\sqrt{u}\right){\rm I}_1\left(ur_{\rm fD}\sqrt{u}\right)-{\rm K}_1\left(ur_{\rm fD}\sqrt{u}\right){\rm I}_1\left(\sqrt{u}\right)\right]} \tag{2.46}$$

将式(2.46)代入式(2.37)第二式中，并根据由 Bessel 方程变形的 Wronkians 公式得[73]

$$\frac{1}{ur_{\rm fD}\left[{\rm K}_1\left(\sqrt{u}\right){\rm I}_1\left(ur_{\rm fD}\sqrt{u}\right)-{\rm K}_1\left(ur_{\rm fD}\sqrt{u}\right){\rm I}_1\left(\sqrt{u}\right)\right]}=uG_{\rm D}\left(ur_{\rm fD}-1\right) \tag{2.47}$$

式(2.47)为关于无因次压力移动半径 $r_{\rm fD}$ 的非线性方程，通过牛顿迭代法可求解 Laplace 空间移动边界的变化，再利用 Stehfest 数值反演可以得到实空间无因次压力移动半径的变化规律，从而由式(2.46)及 Stehfest 数值反演可以得到实空间下的无因次地层压力或者无因次井底压力。

图 2.1 为不同无因次启动压力梯度下无因次压力移动半径的变化规律。

从图 2.1 中可以看出，在双对数坐标系中，无因次启动压力梯度越大，相同无因次时间下无因次压力移动半径越小。当无因次时间达到一定值时，无因次压力移动半径与无因次时间呈线性关系，并且无因次启动压力梯度越小，出现线性关系的无因次时间越短。

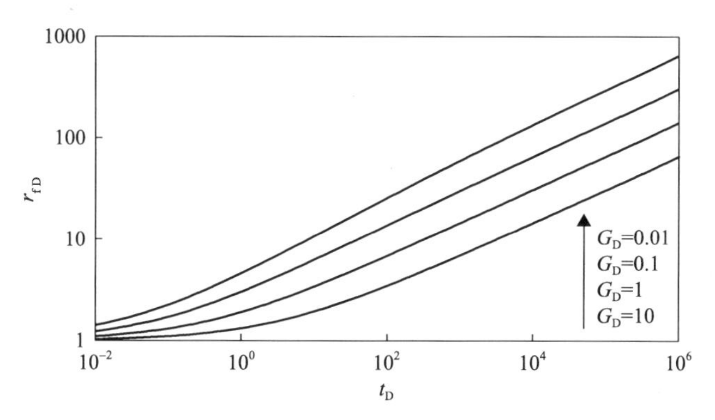

图 2.1　不同无因次启动压力梯度下无因次压力移动半径对比

图 2.2 为达西线性渗流情况下与启动压力梯度式非线性渗流情况下无因次井底压力及无因次井底压力导数在双对数坐标系统中的对比图，可以看出启动压力梯度式非线性渗流情况下的无因次井底压力和无因次井底压力导数都比达西线性渗流情况下的要大，并且随着无因次时间的增加，启动压力梯度式非线性渗流情况下的无因次井底压力和无因次井底压力导数与达西线性渗流情况下的无因次井底压力和无因次井底压力导数的差值变大，即两者间

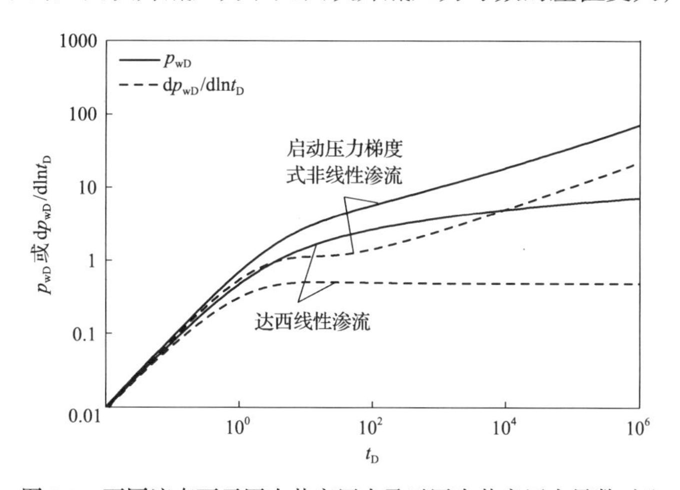

图 2.2　不同流态下无因次井底压力及无因次井底压力导数对比

的剪刀差变宽。无因次时间达到一定值后，达西线性渗流情况下的无因次井底压力导数为 0.5，即为一水平线，而启动压力梯度式非线性渗流情况下的无因次井底压力导数为上翘曲线；达西线性渗流情况下的无因次井底压力随无因次时间的增长平缓上升，而启动压力梯度式非线性渗流情况下的无因次井底压力曲线的上升要更陡峭，即斜率更大，变化更快。

图 2.3 为不同无因次启动压力梯度下无因次井底压力及无因次井底压力导数在双对数坐标系统中的对比图，可以看出在双对数坐标系中，无因次启动压力梯度越大，无因次井底压力和无因次井底压力导数上翘幅度越大。

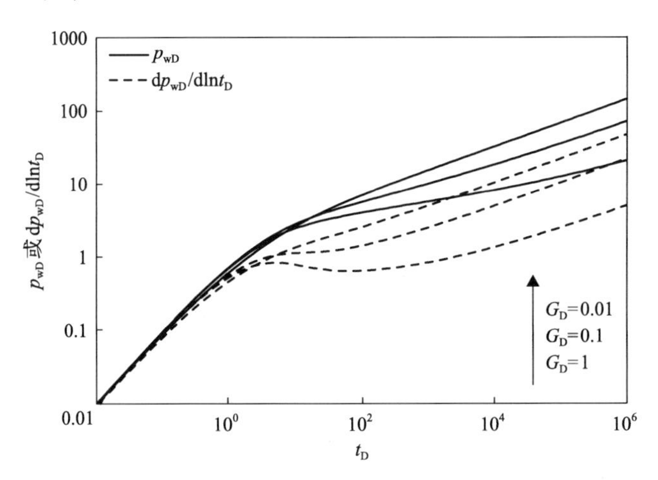

图 2.3　不同无因次启动压力梯度下无因次井底压力及无因次井底压力导数对比

如果考虑井筒存储和表皮效应，根据叠加原理，可以得到相应的无限大外边界条件 Laplace 空间中无因次压力关于无因次压力移动半径的表达式：

$$\tilde{p}_D(r_D,u)=\frac{K_1\left(ur_{fD}\sqrt{u/C_De^{2Skin}}\right)I_0\left(r_D\sqrt{u/C_De^{2Skin}}\right)+I_1\left(ur_{fD}\sqrt{u/C_De^{2Skin}}\right)K_0\left(r_D\sqrt{u/C_De^{2Skin}}\right)}{u\sqrt{u/C_De^{2Skin}}\left[K_1\left(\sqrt{u/C_De^{2Skin}}\right)I_1\left(ur_{fD}\sqrt{u/C_De^{2Skin}}\right)-K_1\left(ur_{fD}\sqrt{u/C_De^{2Skin}}\right)I_1\left(\sqrt{u/C_De^{2Skin}}\right)\right]} \tag{2.48}$$

无因次压力移动半径满足如下方程式：

$$\frac{1}{K_1\left(\sqrt{u/C_De^{2Skin}}\right)I_1\left(ur_{fD}\sqrt{u/C_De^{2Skin}}\right)-K_1\left(ur_{fD}\sqrt{u/C_De^{2Skin}}\right)I_1\left(\sqrt{u/C_De^{2Skin}}\right)}$$
$$=u^2r_{fD}G_D\left(ur_{fD}-1\right)/C_De^{2Skin} \tag{2.49}$$

同样，式(2.49)为关于无因次压力移动半径 r_{fD} 的非线性方程，通过牛顿迭代法可求解 Laplace 空间移动边界的变化，再利用 Stehfest 数值反演可以得到实空间无因次压力移动半径的变化规律，从而由式(2.48)及 Stehfest 数值反演可以得到实空间下的无因次压力或者无因次井底压力。

同理，封闭边界和定压外边界可以按照同样的方法得到相应的系数 A 和 B 的表达式，利用相同的方法求解得到实空间下无因次压力或者无因次井底压力。由于封闭边界和定压外边界只是影响压力波传播到边界之后无因次压力或者无因次井底压力的情况，边界影响的研究分析在已有的很多相关资料中都有详细介绍，本书就不再赘述。值得一提的是压力波传播到边界之前，无因次压力移动半径的变化规律和无限大边界情况相同，只是时间大小的问题，而压力波传播到边界之后，就不存在无因次压力移动半径这一说法，或者说无因次压力移动半径为定值，等于边界半径。

第二节　指数式低速非线性渗流模型

本节将基于物理条件假设，考察地层流体运动方程为指数式的数学模型，获取稳定和不稳定条件下的地层压力分布及井底压力的表达式，为了方便研究一般性规律，引入无因次化，建立指数式低速非线性不稳定渗流数学模型，运用玻尔兹曼(Boltzmann)变换及 Bessel 方程性质推导出模型的解[26]，绘制分析相应的试井曲线，并对参数做敏感性分析，假定流体移动边界条件下符合指数式低速非线性渗流。

一、稳定渗流模型

本节基于指数式方程描述低速非线性渗流，求出单井不同生产条件下产量与压力的关系式，并分析相应参数的影响。

1. 油井定产量生产

指数式低速非线性渗流方程为

$$\frac{\mathrm{d}p}{\mathrm{d}r} = cv^n \tag{2.50}$$

由质量守恒可知，通过距离生产井半径为 r 处的渗流截面的渗流速度可表示为

$$v = \frac{Q}{2\pi hr} \tag{2.51}$$

联合式(2.50)和式(2.51)，并利用内边界条件积分得到地层中任意一点的地层压力为

$$p = p_{\mathrm{e}} - \frac{c}{n-1}\left(\frac{Q}{2\pi h}\right)^n \left(r^{1-n} - r_{\mathrm{e}}^{1-n}\right) \tag{2.52}$$

因此可以得到井底压力与井产量的表达式为

$$p_{\mathrm{w}} = p_{\mathrm{e}} - \frac{c}{n-1}\left(\frac{Q}{2\pi h}\right)^n \left(r_{\mathrm{w}}^{1-n} - r_{\mathrm{e}}^{1-n}\right) \tag{2.53}$$

将式(2.52)关于距离求导得到地层中任意一点的压力梯度为

$$\frac{\mathrm{d}p}{\mathrm{d}r} = c\left(\frac{Q}{2\pi hr}\right)^n \tag{2.54}$$

当油井定产量 Q 生产时，由式(2.51)可知，地层中各点的达西线性渗流速度和指数式低速非线性渗流速度相等，此时比较达西线性渗流和指数式低速非线性渗流时地层压力的不同。图 2.4 为达西线性渗流和渗流指数分别取 0.5、0.7 和 0.9 时指数式低速非线性渗流地层压力分布图，从图中可以看出，相同产量和边界压力情况下，达西线性渗流时的地层压力比指数式低速非线性渗流时的地层压力要高，并且渗流指数越小，地层压力越低，即消耗的能量越多。

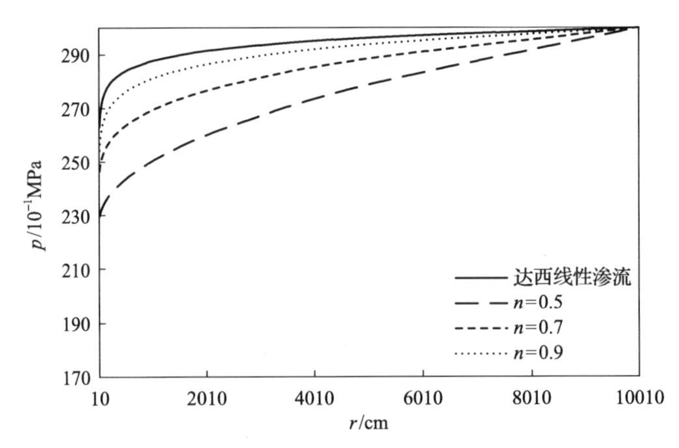

图 2.4　油井定产量生产时达西线性渗流和指数式低速非线性渗流地层压力分布对比图

2. 油井定井底压力生产

当油井定井底压力 p_w 生产时，由式(2.53)可得井产量为

$$Q = 2\pi h\left[\frac{n-1}{c\left(r_w^{1-n} - r_e^{1-n}\right)}\left(p_e - p_w\right)\right]^{1/n} \tag{2.55}$$

因此由式(2.51)可得地层中任意一点的渗流速度为

$$v = \frac{1}{r}\left[\frac{n-1}{c\left(r_w^{1-n} - r_e^{1-n}\right)}\left(p_e - p_w\right)\right]^{1/n} \tag{2.56}$$

由式(2.51)可得地层中任意一点的压力梯度为

$$\frac{dp}{dr} = \frac{1}{r^n}\left[\frac{n-1}{r_w^{1-n} - r_e^{1-n}}\left(p_e - p_w\right)\right] \tag{2.57}$$

结合外边界定压条件对式(2.57)积分可得达西线性渗流时地层中任意一点的压力为

$$p = p_e - \frac{p_e - p_w}{r_w^{1-n} - r_e^{1-n}}\left(r^{1-n} - r_e^{1-n}\right) \tag{2.58}$$

当油井定井底压力 p_w 生产，比较达西线性渗流和指数式低速非线性渗流时地层压力和渗流速度的不同。图 2.5 和图 2.6 分别为达西线性渗流和渗流指

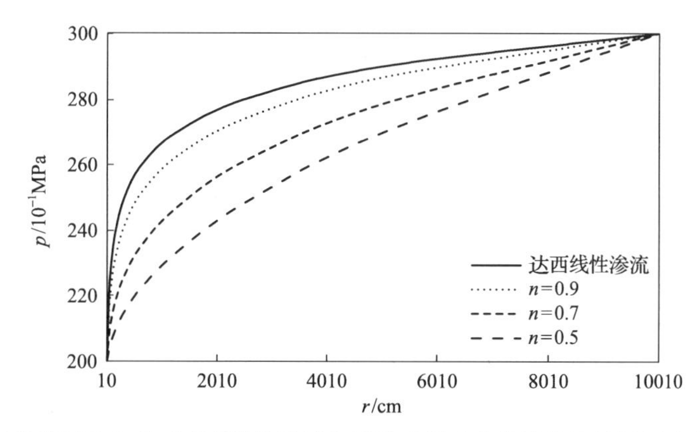

图 2.5 定井底压力生产时达西线性渗流和指数式低速非线性渗流地层压力分布对比图

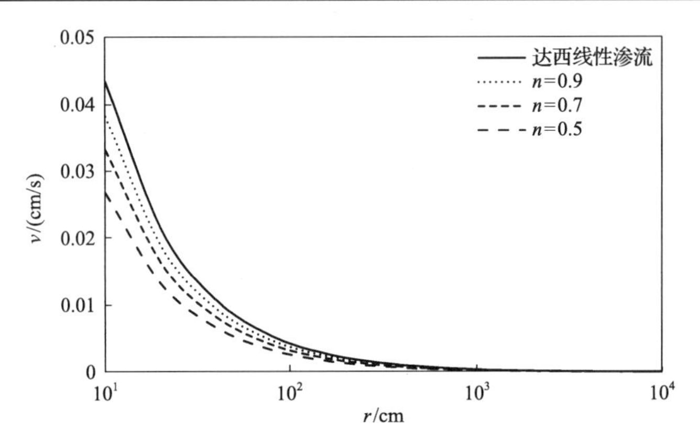

图 2.6　定井底压力生产时达西线性渗流和指数式非线性渗流地层渗流速度分布对比图

数分别取 0.5、0.7 和 0.9 时指数式低速非线性渗流的地层压力和渗流速度分布图，从图中可以看出，相同井底压力和边界压力情况下，达西线性渗流的地层压力比指数式低速非线性渗流的地层压力要高，并且渗流指数越小，地层压力越低；同时，渗流指数越小，地层中的渗流速度越小，反映出消耗的能量越多，非线性越强。

二、不稳定渗流模型

假定生产井位置为地层中心，生产井以定井产量 Q 生产，地下流体向生产井径向水平流动，如图 2.7 所示。根据微分法原理，在生产井开始生产后的任一微小时段 Δt 内，在 $[r,r+\Delta r]$ 区域内，油层中距生产井中心半径为 r 的圆柱侧表面上，由质量守恒可得

$$\Delta t\left[q(r+\Delta r,t)-q(r,t)\right]=2\pi r\Delta rC_{\mathrm{t}}h\phi\left[p(r,t+\Delta t)-p(r,t)\right] \tag{2.59}$$

式中，$q(r,t)$、$q(r+\Delta r,t)$ 分别为在 t 时刻通过半径为 r 与 $(r+\Delta r)$ 两圆柱体侧表面的流量；$p(r,t)$、$p(r,t+\Delta t)$ 分别为在半径 r 处时间 t 与 $t+\Delta t$ 时的地层压力值。当 $\Delta t\to 0$、$\Delta r\to 0$ 时，式(2.59)用微分形式表示为

$$\frac{\partial q(r,t)}{\partial r}=2\pi C_{\mathrm{t}}hr\frac{\partial p(r,t)}{\partial t} \tag{2.60}$$

在半径为 r 的圆柱体侧表面上，通过的流量表示为

$$q(r,t)=2\pi hrv(r,t) \tag{2.61}$$

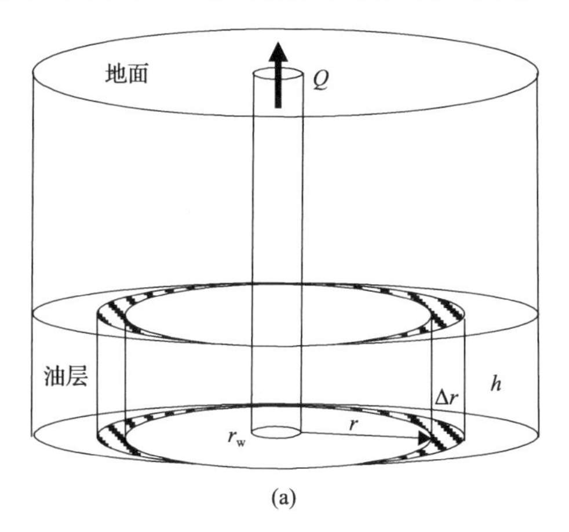

(a)

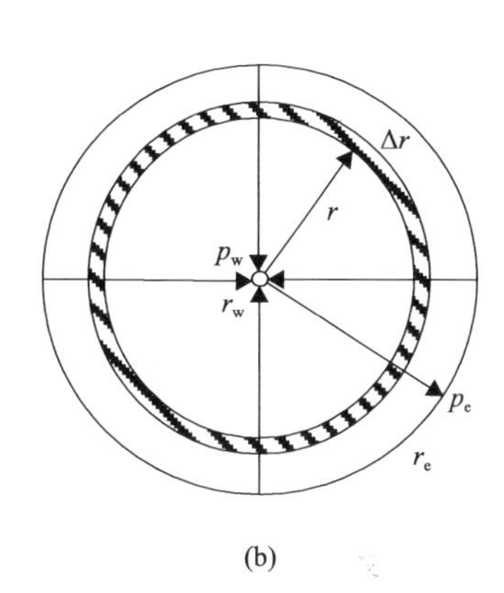

(b)

图 2.7　渗流示意图

将式(2.60)代入式(2.61)可得连续性方程为

$$\frac{\partial v(r,t)}{\partial r}+\frac{1}{r}v(r,t)=C_{\mathrm{t}}\frac{\partial p(r,t)}{\partial t} \tag{2.62}$$

运动方程为非线性指数形式，地层压力导数写为

$$\frac{\partial p(r,t)}{\partial r}=cv^{n}(r,t)\quad(0<n<1) \tag{2.63}$$

引入 Boltzmann 变换：

$$\eta=\frac{r}{2t^{1/2}} \tag{2.64}$$

将式(2.64)分别代入式(2.62)和式(2.63)得到

$$\frac{\mathrm{d}v(\eta)}{\mathrm{d}\eta}+\frac{1}{\eta}v(\eta)=-C_{\mathrm{t}}\frac{\eta}{t^{1/2}}\frac{\mathrm{d}p(\eta)}{\mathrm{d}\eta} \tag{2.65}$$

$$\frac{\mathrm{d}p(\eta)}{\mathrm{d}\eta}=2t^{1/2}cv^{n}(\eta) \tag{2.66}$$

将式(2.66)代入式(2.65)消去$\frac{\mathrm{d}p(\eta)}{\mathrm{d}\eta}$，可以得到非线性渗流数学模型：

$$\frac{\mathrm{d}v(\eta)}{\mathrm{d}\eta}+\frac{1}{\eta}v(\eta)+2cC_{\mathrm{t}}v^{n}(\eta)\eta=0 \tag{2.67}$$

微分方程(2.67)为一个伯努利(Bernoulli)方程，进行如下变量代换：

$$z=v^{1-n}(\eta) \tag{2.68}$$

则式(2.67)变为

$$\frac{\mathrm{d}z}{\mathrm{d}\eta}=-\frac{1}{\eta}(1-n)z-2cC_{\mathrm{t}}\eta(1-n) \tag{2.69}$$

式(2.69)为以 z 为函数、η 为自变量的一阶线性非齐次方程，其通解为

$$z=\eta^{n-1}\left(c_1+2cC_{\mathrm{t}}\frac{n-1}{3-n}\eta^{3-n}\right) \tag{2.70}$$

式中，c_1 为积分常数。将式(2.68)代入式(2.70)可得

$$v(\eta)=\frac{1}{\eta}\left(c_1+2cC_{\mathrm{t}}\frac{n-1}{3-n}\eta^{3-n}\right)^{\frac{1}{1-n}} \tag{2.71}$$

考虑式(2.64)，即利用原始变量 r、t 表示式(2.71)中的变量 η，则有

$$v(r,t)=\frac{2t^{1/2}}{r}\left[c_1+2cC_{\mathrm{t}}\frac{n-1}{3-n}\left(\frac{r}{2t^{1/2}}\right)^{3-n}\right]^{\frac{1}{1-n}} \tag{2.72}$$

由模型内边界条件可得

$$c_1=\left(\frac{Q}{4\pi ht^{1/2}}\right)^{1-n}-2cC_{\mathrm{t}}\frac{n-1}{3-n}\left(\frac{r_{\mathrm{w}}}{2t^{1/2}}\right)^{3-n} \tag{2.73}$$

将式(2.73)代入式(2.72)，得到坐标 r 处渗流速度 $v(r,t)$ 的表达式：

$$v(r,t)=\frac{2t^{1/2}}{r}\left[\left(\frac{Q}{4\pi ht^{1/2}}\right)^{1-n}-2cC_{\mathrm{t}}\frac{n-1}{3-n}\left(\frac{r_{\mathrm{w}}}{2t^{1/2}}\right)^{3-n}+2cC_{\mathrm{t}}\frac{n-1}{3-n}\left(\frac{r}{2t^{1/2}}\right)^{3-n}\right]^{\frac{1}{1-n}} \tag{2.74}$$

由式(2.74)可以得到$v(r,t)$关于r的偏导数为

$$\frac{\partial v(r,t)}{\partial r}=-\frac{2t^{1/2}}{r^2}\left[\left(\frac{Q}{4\pi h t^{1/2}}\right)^{1-n}-2cC_{\mathrm{t}}\frac{n-1}{3-n}\left(\frac{r_{\mathrm{w}}}{2t^{1/2}}\right)^{3-n}+2cC_{\mathrm{t}}\frac{n-1}{3-n}\left(\frac{r}{2t^{1/2}}\right)^{3-n}\right]^{\frac{1}{1-n}}$$
$$-\frac{cC_{\mathrm{t}}}{t^{1/2}}\left(\frac{r}{2t^{1/2}}\right)^{1-n}\left[\left(\frac{Q}{4\pi h t^{1/2}}\right)^{1-n}-2cC_{\mathrm{t}}\frac{n-1}{3-n}\left(\frac{r_{\mathrm{w}}}{2t^{1/2}}\right)^{3-n}\right.$$
$$\left.+2cC_{\mathrm{t}}\frac{n-1}{3-n}\left(\frac{r}{2t^{1/2}}\right)^{3-n}\right]^{\frac{n}{1-n}} \tag{2.75}$$

将式(2.74)和式(2.75)代入式(2.62)得到

$$\frac{\partial p(r,t)}{\partial t}=-\frac{c}{2t}r^{1-n}\left[\left(\frac{Q}{2\pi h}\right)^{1-n}+cC_{\mathrm{t}}\frac{n-1}{2t(3-n)}\left(r^{3-n}-r_{\mathrm{w}}{}^{3-n}\right)\right]^{\frac{n}{1-n}} \tag{2.76}$$

当r取井半径时，即得井底压力导数随时间的变化关系式：

$$\frac{\partial p(r_{\mathrm{w}},t)}{\partial t}=-\frac{cr_{\mathrm{w}}}{2t}\left(\frac{Q}{4\pi h r_{\mathrm{w}}}\right)^{n} \tag{2.77}$$

将速度方程式(2.74)代入指数式低速非线性渗流运动方程式(2.63)可得压力梯度为

$$\frac{\partial p(r,t)}{\partial r}=cr^{-n}\left[\left(\frac{Q}{2\pi h}\right)^{1-n}+cC_{\mathrm{t}}\frac{n-1}{3-n}\frac{1}{2t}\left(r^{3-n}-r_{\mathrm{w}}{}^{3-n}\right)\right]^{\frac{n}{1-n}} \tag{2.78}$$

将式(2.78)两边积分得到压力分布函数：

$$p(r,t)=p_{\mathrm{e}}-\int_r^{\infty}cr^{-n}\left[\left(\frac{Q}{2\pi h}\right)^{1-n}+cC_{\mathrm{t}}\frac{n-1}{3-n}\frac{1}{2t}\left(r^{3-n}-r_{\mathrm{w}}^{3-n}\right)\right]^{\frac{n}{1-n}}\mathrm{d}r \tag{2.79}$$

将式(2.79)关于t求偏导数得

$$\frac{\partial p(r,t)}{\partial t}=-\frac{c^2C_t}{3-n}\frac{1}{2t^2}\int_r^{\infty}\frac{1}{r^n}\left(r^{3-n}-r_w^{3-n}\right)\left[\left(\frac{Q}{2\pi h}\right)^{1-n}+cC_t\frac{n-1}{3-n}\frac{1}{2t}\left(r^{3-n}-r_w^{3-n}\right)\right]^{\frac{2n-1}{1-n}}dr \tag{2.80}$$

当 r 取井半径时即得井底压力导数：

$$\frac{\partial p(r_w,t)}{\partial t}=-\frac{c^2C_t}{3-n}\frac{1}{2t^2}\int_{r_w}^{\infty}\frac{1}{r^n}\left(r^{3-n}-r_w^{3-n}\right)\left[\left(\frac{Q}{2\pi h}\right)^{1-n}+cC_t\frac{n-1}{3-n}\frac{1}{2t}\left(r^{3-n}-r_w^{3-n}\right)\right]^{\frac{2n-1}{1-n}}dr \tag{2.81}$$

将油田参数及渗流指数代入式(2.79)和式(2.80)可以分别得到相应的地层压力、井底压力及压力导数随时间和距离的变化规律。

三、不稳定渗流无因次化试井模型

为了便于分析指数式低速非线性渗流试井曲线特征，需要对模型进行无因次化，首先根据本节前述物理模型假设，将不稳定模型整理如下。

连续性方程为

$$\frac{\partial v(r,t)}{\partial r}+\frac{1}{r}v(r,t)=C_t\frac{\partial p(r,t)}{\partial t} \tag{2.82}$$

运动方程为

$$\frac{\partial p(r,t)}{\partial r}=cv^n(r,t)\quad(0<n<1) \tag{2.83}$$

初始条件为

$$p(r,t=0)=p_i \tag{2.84}$$

内边界条件为

$$v(r=r_w,t)=Q/2\pi hr_w \tag{2.85}$$

无限大外边界条件为

$$p(r=\infty,t)=p_i \tag{2.86}$$

有限大定压边界条件为

$$p\left(r=r_{\mathrm{e}},t\right)=p_{\mathrm{i}} \tag{2.87}$$

有限大封闭边界条件为

$$\left.\frac{\partial p\left(r,t\right)}{\partial r}\right|_{r=r_{\mathrm{e}}}=0 \tag{2.88}$$

引入的无因次化公式如下：

$$p_{\mathrm{D}}=\frac{k}{r_{\mathrm{w}}v_{\mathrm{w}}\mu}\left(p_{\mathrm{i}}-p\right)$$

$$t_{\mathrm{D}}=\frac{kt}{\mu C_{\mathrm{t}}r_{\mathrm{w}}^{2}}$$

$$r_{\mathrm{D}}=\frac{r}{r_{\mathrm{w}}}$$

$$v_{\mathrm{D}}=\frac{v}{v_{\mathrm{w}}}$$

则无因次化数学模型如下所述。

连续性方程为

$$\frac{\partial v_{\mathrm{D}}\left(r_{\mathrm{D}},t_{\mathrm{D}}\right)}{\partial r_{\mathrm{D}}}+\frac{1}{r_{\mathrm{D}}}v_{\mathrm{D}}\left(r_{\mathrm{D}},t_{\mathrm{D}}\right)=-\frac{\partial p_{\mathrm{D}}\left(r_{\mathrm{D}},t_{\mathrm{D}}\right)}{\partial t_{\mathrm{D}}} \tag{2.89}$$

运动方程为

$$\frac{\partial p_{\mathrm{D}}\left(r_{\mathrm{D}},t_{\mathrm{D}}\right)}{\partial r_{\mathrm{D}}}=-\frac{kv_{\mathrm{w}}^{n-1}c}{\mu}v_{\mathrm{D}}^{n}\left(r_{\mathrm{D}},t_{\mathrm{D}}\right)\quad\left(0<n<1\right) \tag{2.90}$$

初始条件为

$$p_{\mathrm{D}}\left(r_{\mathrm{D}},t_{\mathrm{D}}=0\right)=0 \tag{2.91}$$

内边界条件为

$$v_{\mathrm{D}}\left(r_{\mathrm{D}}=1,t_{\mathrm{D}}\right)=1 \tag{2.92}$$

无限大外边界条件为

$$p_{\mathrm{D}}\left(r_{\mathrm{D}}=\infty,t_{\mathrm{D}}\right)=0 \tag{2.93}$$

有限大定压边界条件为

$$p_{\mathrm{D}}\left(r_{\mathrm{D}}=r_{\mathrm{eD}},t_{\mathrm{D}}\right)=0 \tag{2.94}$$

有限大封闭边界条件为

$$\left.\frac{\partial p_{\mathrm{D}}(r_{\mathrm{D}},t_{\mathrm{D}})}{\partial r_{\mathrm{D}}}\right|_{r_{\mathrm{D}}=r_{\mathrm{eD}}}=0 \tag{2.95}$$

引入 Boltzmann 变换：

$$\eta=\frac{r_{\mathrm{D}}}{2t_{\mathrm{D}}^{1/2}} \tag{2.96}$$

将式(2.96)分别代入连续性方程(2.89)和运动方程(2.90)中得

$$\frac{\mathrm{d}v_{\mathrm{D}}(\eta)}{\mathrm{d}\eta}+\frac{1}{\eta}v_{\mathrm{D}}(\eta)=\frac{\eta}{t_{\mathrm{D}}^{1/2}}\frac{\mathrm{d}p_{\mathrm{D}}(\eta)}{\mathrm{d}\eta} \tag{2.97}$$

$$\frac{\mathrm{d}p_{\mathrm{D}}(\eta)}{\mathrm{d}\eta}=-\frac{2kv_{\mathrm{w}}^{n-1}ct_{\mathrm{D}}^{1/2}}{\mu}v_{\mathrm{D}}^{n}(\eta) \tag{2.98}$$

将式(2.98)代入式(2.97)，消去$\dfrac{\mathrm{d}p_{\mathrm{D}}(\eta)}{\mathrm{d}\eta}$，可得指数式低速非线性渗流控制方程为

$$\frac{\mathrm{d}v_{\mathrm{D}}(\eta)}{\mathrm{d}\eta}+\frac{1}{\eta}v_{\mathrm{D}}(\eta)=-\frac{2kv_{\mathrm{w}}^{n-1}c\eta}{\mu}v_{\mathrm{D}}^{n}(\eta) \tag{2.99}$$

微分方程(2.99)为一个 Bernoulli 方程，进行如下变量代换：

$$z=v_{\mathrm{D}}^{1-n}(\eta) \tag{2.100}$$

则式(2.99)变为

$$\frac{\mathrm{d}z}{\mathrm{d}\eta}=-\frac{1}{\eta}(1-n)z-\frac{2kv_{\mathrm{w}}^{n-1}c\eta}{\mu}(1-n) \tag{2.101}$$

式(2.101)为以z为函数、η为自变量的一阶线性非齐次方程，其通解为

$$z=\eta^{n-1}\left(c_1+\frac{2kv_{\mathrm{w}}^{n-1}c}{\mu}\frac{n-1}{3-n}\eta^{3-n}\right) \tag{2.102}$$

式中，c_1为积分常数。将式(2.100)代入式(2.102)可得

$$v_{\mathrm{D}}(\eta)=\frac{1}{\eta}\left(c_1+\frac{2kv_{\mathrm{w}}^{n-1}c}{\mu}\frac{n-1}{3-n}\eta^{3-n}\right)^{\frac{1}{1-n}} \tag{2.103}$$

考虑Boltzmann逆变换，即用原始变量r_{D}和t_{D}表示式(2.103)中的变量η，则有

$$v_{\mathrm{D}}(r_{\mathrm{D}},t_{\mathrm{D}})=\frac{2t_{\mathrm{D}}^{1/2}}{r_{\mathrm{D}}}\left[c_1+\frac{2kv_{\mathrm{w}}^{n-1}c}{\mu}\frac{n-1}{3-n}\left(\frac{r_{\mathrm{D}}}{2t_{\mathrm{D}}^{1/2}}\right)^{3-n}\right]^{\frac{1}{1-n}} \tag{2.104}$$

由渗流模型内边界条件$v_{\mathrm{D}}(r_{\mathrm{D}}=1,t_{\mathrm{D}})=1$得

$$1=2t_{\mathrm{D}}^{1/2}\left[c_1+\frac{2kv_{\mathrm{w}}^{n-1}c}{\mu}\frac{n-1}{3-n}\left(\frac{1}{2t_{\mathrm{D}}^{1/2}}\right)^{3-n}\right]^{\frac{1}{1-n}} \tag{2.105}$$

解得

$$c_1=\left(2t_{\mathrm{D}}^{1/2}\right)^{n-1}-\frac{2kv_{\mathrm{w}}^{n-1}c}{\mu}\frac{n-1}{3-n}\left(\frac{1}{2t_{\mathrm{D}}^{1/2}}\right)^{3-n} \tag{2.106}$$

将式(2.106)代入式(2.105)，得到地层中r_{D}处t_{D}时刻无因次渗流速度v_{D}的表达式：

$$v_{\mathrm{D}}(r_{\mathrm{D}},t_{\mathrm{D}})=\frac{1}{r_{\mathrm{D}}}\left[1+\frac{2kv_{\mathrm{w}}^{n-1}c}{\mu}\frac{n-1}{3-n}\frac{1}{4t_{\mathrm{D}}}\left(r_{\mathrm{D}}^{3-n}-1\right)\right]^{\frac{1}{1-n}} \tag{2.107}$$

将式(2.107)代入运动方程(2.90)得到无因次压力梯度为

$$\frac{\partial p_{\mathrm{D}}\left(r_{\mathrm{D}},t_{\mathrm{D}}\right)}{\partial r_{\mathrm{D}}}=-\frac{kv_{\mathrm{w}}^{n-1}c}{\mu}\frac{1}{r_{\mathrm{D}}^{n}}\left[1+\frac{kv_{\mathrm{w}}^{n-1}c}{\mu}\frac{n-1}{3-n}\frac{1}{2t_{\mathrm{D}}}\left(r_{\mathrm{D}}^{3-n}-1\right)\right]^{\frac{n}{1-n}} \tag{2.108}$$

将式(2.108)两边积分，加上外边界条件得到无因次地层压力分布函数：

$$p_{\mathrm{D}}(r_{\mathrm{D}},t_{\mathrm{D}})=\int_{r_{\mathrm{D}}}^{r_{\mathrm{eD}}}\frac{kv_{\mathrm{w}}^{n-1}c}{\mu}\frac{1}{r_{\mathrm{D}}^{n}}\left[1+\frac{kv_{\mathrm{w}}^{n-1}c}{\mu}\frac{n-1}{3-n}\frac{1}{2t_{\mathrm{D}}}\left(r_{\mathrm{D}}^{3-n}-1\right)\right]^{\frac{n}{1-n}}\mathrm{d}r_{\mathrm{D}} \tag{2.109}$$

将式(2.109)对无因次时间求偏导数得

$$\frac{\partial p_{\mathrm{D}}\left(r_{\mathrm{D}},t_{\mathrm{D}}\right)}{\partial t_{\mathrm{D}}}=\left(\frac{kv_{\mathrm{w}}^{n-1}c}{\mu}\right)^{2}\frac{n}{3-n}\frac{1}{2t_{\mathrm{D}}^{2}}\int_{r_{\mathrm{D}}}^{r_{\mathrm{eD}}}\frac{1}{r_{\mathrm{D}}^{n}}\left(r_{\mathrm{D}}^{3-n}-1\right)\left[1+\frac{kv_{\mathrm{w}}^{n-1}c}{\mu}\frac{n-1}{3-n}\frac{1}{2t_{\mathrm{D}}}\left(r_{\mathrm{D}}^{3-n}-1\right)\right]^{\frac{2n-1}{1-n}}\mathrm{d}r_{\mathrm{D}} \tag{2.110}$$

由式(2.107)可以得到无因次渗流速度关于无因次半径的偏导数为

$$\frac{\partial v_{\mathrm{D}}\left(r_{\mathrm{D}},t_{\mathrm{D}}\right)}{\partial r_{\mathrm{D}}}=-\frac{2t_{\mathrm{D}}^{1/2}}{r_{\mathrm{D}}^{2}}Y-XY^{n}\frac{kv_{\mathrm{w}}^{n-1}c}{\mu t_{\mathrm{D}}^{1/2}}\left(\frac{r_{\mathrm{D}}}{2t_{\mathrm{D}}^{1/2}}\right)^{2-n} \tag{2.111}$$

式中，

$$X=\frac{2t_{\mathrm{D}}^{1/2}}{r_{\mathrm{D}}} \tag{2.112}$$

$$Y=\left[\left(2t_{\mathrm{D}}^{1/2}\right)^{n-1}-\frac{2kv_{\mathrm{w}}^{n-1}c}{\mu}\frac{n-1}{3-n}\left(\frac{1}{2t_{\mathrm{D}}^{1/2}}\right)^{3-n}+\frac{2kv_{\mathrm{w}}^{n-1}c}{\mu}\frac{n-1}{3-n}\left(\frac{r_{\mathrm{D}}}{2t_{\mathrm{D}}^{1/2}}\right)^{3-n}\right]^{\frac{1}{1-n}} \tag{2.113}$$

由连续性方程式(2.89)得到无因次压力关于无因次时间的偏导数为

$$\frac{\partial p_{\mathrm{D}}\left(r_{\mathrm{D}},t_{\mathrm{D}}\right)}{\partial t_{\mathrm{D}}}=\frac{2t_{\mathrm{D}}^{1/2}}{r_{\mathrm{D}}^{2}}Y+XY^{n}\frac{kv_{\mathrm{w}}^{n-1}c}{\mu t_{\mathrm{D}}^{1/2}}\left(\frac{r_{\mathrm{D}}}{2t_{\mathrm{D}}^{1/2}}\right)^{2-n}-XY \tag{2.114}$$

由式(2.109)和式(2.114)可以求得无因次井底压力和无因次井底压力导

数随无因次时间的变化规律。图 2.8 为不同渗流指数 n 所对应的无因次井底压力和无因次井底压力导数随无因次时间变化的对比曲线图。

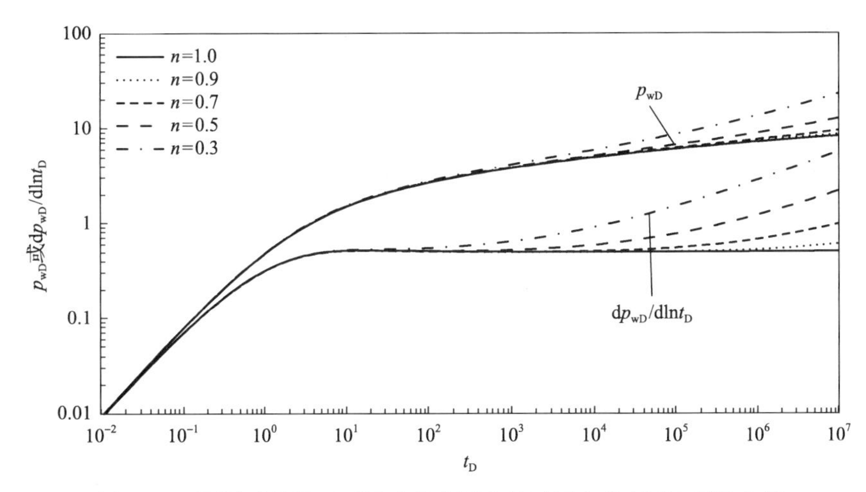

图 2.8　不同渗流指数下无因次井底压力及无因次井底压力导数曲线

从图 2.8 中可以看出，渗流指数 n 影响曲线的后半部分，渗流指数 n 越小，无因次井底压力及无因次井底压力导数越大，曲线上翘得越厉害，说明非线性程度越严重。

第三章　多重介质低速非线性渗流试井理论

地层中除了孔隙型储层外还存在另外一种裂缝–孔隙型储层，该储层中的岩石往往发育有很多错综复杂、大小不一的裂缝，这些裂缝把岩石分成许多小块，称为基岩岩块，如图 3.1(a)所示。该类储层的特点：基岩岩块是孔隙型储层，其孔隙空间是主要的流体储集空间，但其孔隙空间的渗透性较差。在储层长期成岩过程中，由于复杂的构造运动、重结晶作用、地下水的侵蚀作用等，基岩岩块内部产生裂缝，这些裂缝空间一方面可能被沉积颗粒填充，另一方面仍具有一定的孔隙空间和较高的渗透性能。这种具有裂缝和孔隙双重储集空间与流动通道的介质称为双重介质，如裂缝型碳酸盐岩地层、变质岩地层和火成岩地层等[74]。

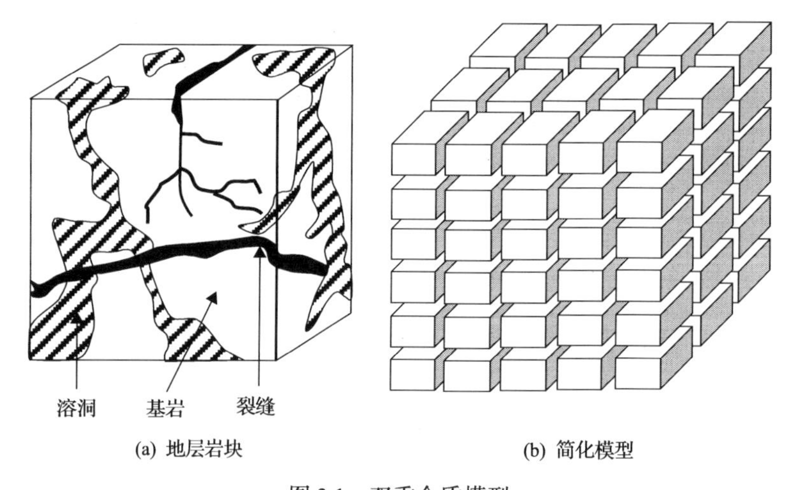

(a) 地层岩块　　(b) 简化模型

图 3.1　双重介质模型

通过对碳酸盐岩油气田的开发发现，碳酸盐岩(灰岩、白云岩)除了具有明显可见的裂缝外，还发育各种孔洞和洞穴，有些大的溶洞直径甚至达到几米以上。这类特殊的储层结构不仅造成了井的高产、不稳定、跃变等开采特征，而且也造成形状各异的油气井压力降落或压力恢复特征曲线。这类油气藏裂缝一般具备多重储渗结构，基岩岩块、裂缝和溶洞之间大多是连通的，各有一套特征参数，且不同介质之间的孔渗等特征参数相差甚大，因此，为了更精确地描述这类油气藏，引入三重介质数学模型。

第一节　双重介质低速非线性渗流数学模型

双重介质实际上是由两个连续介质系统组成的，这两个连续介质系统不是孤立的，而是相互交织在一起的，且两个连续介质系统间存在流体交换，这两种介质组成了一个复杂的连续介质系统。而流体和介质的参数是定义在各自几何点上的，也就是说在一个物理点上对应着两组参数，一组描述基岩的性质和流动，而另一组描述裂缝的性质和流动。

在建立双重介质渗流的基本微分方程式时，为了把所研究的问题典型化，可以先把实际的单元体简化为具有互相垂直裂缝及被垂直裂缝所切割的孔隙岩块这样两个独立的系统[图 3.1(b)]，然后再考虑两种介质间的窜流现象。流体一般是从孔隙介质向裂缝介质窜流，然后汇集于裂缝中的流体再向井底流动。流体在两种介质中的流动分别满足各自的运动方程、状态方程和连续性方程，而两种连续介质间的窜流可通过连续性方程中的源和汇函数来表示。

一、运动方程

假设裂缝和基岩中流体的流动为低速非线性渗流，则有如下渗流速度公式。

裂缝系统：

$$v_{\mathrm{f}} = -\frac{k_{\mathrm{f}}}{\mu}\left(\mathrm{grad}p_{\mathrm{f}} - G\right) \tag{3.1}$$

基岩系统：

$$v_{\mathrm{m}} = -\frac{k_{\mathrm{m}}}{\mu}\left(\mathrm{grad}p_{\mathrm{m}} - G\right) \tag{3.2}$$

二、窜流方程

基岩系统与裂缝系统之间存在的压力差异导致流体交换，但这种流体交换进行得较缓慢，可将其视为稳定过程。单位时间内从基岩系统排至裂缝系统中的流体质量与以下因素有关：①储层中流体的黏度；②基岩系统和裂缝系统之间的压差；③基岩系统团块的特征量，如长度、面积和体积等；④基岩系统的渗透率。通过分析得出窜流速度 q_{mf} 为

$$q_{\mathrm{mf}} = \frac{\alpha \rho k_{\mathrm{m}}}{\mu}\left(p_{\mathrm{m}} - p_{\mathrm{f}}\right) \tag{3.3}$$

三、状态方程

假设基岩系统介质、裂缝系统介质和地层流体均是微可压缩的，则裂缝系统中孔隙度压缩特性公式为

$$\phi_{\mathrm{f}} = \phi_{\mathrm{fi}} + C_{\phi \mathrm{f}}\left(p_{\mathrm{f}} - p_{\mathrm{i}}\right) \tag{3.4}$$

基岩系统中孔隙度压缩特性公式为

$$\phi_{\mathrm{m}} = \phi_{\mathrm{mi}} + C_{\phi \mathrm{m}}\left(p_{\mathrm{m}} - p_{\mathrm{i}}\right) \tag{3.5}$$

对于储层中的流体则有

$$\rho = \rho_{\mathrm{i}} \mathrm{e}^{C_{\mathrm{L}}\left(p - p_{\mathrm{i}}\right)} \approx \rho_{\mathrm{i}}\left[1 + C_{\mathrm{L}}\left(p - p_{\mathrm{i}}\right)\right] \tag{3.6}$$

渗流问题中经常遇到乘积 $\rho\phi_{\mathrm{f}}$ 和 $\rho\phi_{\mathrm{m}}$，其表示单位体积岩石中裂缝系统和基岩系统中流体质量的多少。由于介质和流体的微可压缩性，舍去乘积泰勒多项式展开后的高阶无穷小量后可得到

$$\phi_{\mathrm{f}} \rho = \phi_{\mathrm{fi}} \rho_{\mathrm{i}}\left[1 + \left(C_{\mathrm{L}} + \frac{C_{\phi \mathrm{f}}}{\phi_{\mathrm{fi}}}\right)\left(p_{\mathrm{f}} - p_{\mathrm{i}}\right)\right] \tag{3.7}$$

$$\phi_{\mathrm{m}} \rho = \phi_{\mathrm{mi}} \rho_{\mathrm{i}}\left[1 + \left(C_{\mathrm{L}} + \frac{C_{\phi \mathrm{m}}}{\phi_{\mathrm{mi}}}\right)\left(p_{\mathrm{m}} - p_{\mathrm{i}}\right)\right] \tag{3.8}$$

对式(3.7)和式(3.8)分别关于时间求导得

$$\frac{\partial}{\partial t}\left(\phi_{\mathrm{f}} \rho\right) = \phi_{\mathrm{fi}} \rho_{\mathrm{i}}\left(C_{\mathrm{L}} + \frac{C_{\phi \mathrm{f}}}{\phi_{\mathrm{fi}}}\right) \frac{\partial p_{\mathrm{f}}}{\partial t} = \phi_{\mathrm{fi}} \rho_{\mathrm{i}} C_{\mathrm{f}} \frac{\partial p_{\mathrm{f}}}{\partial t} \tag{3.9}$$

$$\frac{\partial}{\partial t}\left(\phi_{\mathrm{m}} \rho\right) = \phi_{\mathrm{mi}} \rho_{\mathrm{i}}\left(C_{\mathrm{L}} + \frac{C_{\phi \mathrm{m}}}{\phi_{\mathrm{mi}}}\right) \frac{\partial p_{\mathrm{m}}}{\partial t} = \phi_{\mathrm{mi}} \rho_{\mathrm{i}} C_{\mathrm{m}} \frac{\partial p_{\mathrm{m}}}{\partial t} \tag{3.10}$$

式中，$C_{\mathrm{f}} = \left(C_{\mathrm{L}} + \dfrac{C_{\phi \mathrm{f}}}{\phi_{\mathrm{fi}}}\right)$；$C_{\mathrm{m}} = \left(C_{\mathrm{L}} + \dfrac{C_{\phi \mathrm{m}}}{\phi_{\mathrm{mi}}}\right)$。

四、连续性方程

裂缝系统和基岩系统的连续性方程可分别写为

$$\frac{\partial}{\partial t}(\phi_{\mathrm{f}}\rho)+\frac{1}{r}\frac{\partial(r\rho v_{\mathrm{f}})}{\partial r}-q=0 \tag{3.11}$$

$$\frac{\partial}{\partial t}(\phi_{\mathrm{m}}\rho)+\frac{1}{r}\frac{\partial(r\rho v_{\mathrm{m}})}{\partial r}+q=0 \tag{3.12}$$

对于均质各向同性地层，联立以上运动方程、窜流方程、状态方程及连续性方程得到的考虑双重孔隙性和双重渗透性的双重介质时裂缝系统和基岩系统中的控制方程分别为

$$\phi_{\mathrm{fi}}\rho_{\mathrm{i}}C_{\mathrm{f}}\frac{\partial p_{\mathrm{f}}}{\partial t}-\rho_{\mathrm{i}}\frac{k_{\mathrm{f}}}{\mu}\frac{1}{r}\frac{\partial}{\partial r}\left[r\left(\frac{\partial p_{\mathrm{f}}}{\partial r}-G\right)\right]-\frac{\alpha k_{\mathrm{m}}}{\mu}(p_{\mathrm{m}}-p_{\mathrm{f}})=0 \tag{3.13}$$

$$\phi_{\mathrm{mi}}\rho_{\mathrm{i}}C_{\mathrm{m}}\frac{\partial p_{\mathrm{m}}}{\partial t}-\rho_{\mathrm{i}}\frac{k_{\mathrm{m}}}{\mu}\frac{1}{r}\frac{\partial}{\partial r}\left[r\left(\frac{\partial p_{\mathrm{m}}}{\partial r}-G\right)\right]+\frac{\alpha k_{\mathrm{m}}}{\mu}(p_{\mathrm{m}}-p_{\mathrm{f}})=0 \tag{3.14}$$

要获得方程(3.13)和方程(3.14)在各种初边值条件下的精确解是很困难的，需要通过各种假设简化模型求解。

五、基岩渗透率和裂缝孔隙度简化模型

在裂缝–孔隙介质中，裂缝系统的初始孔隙度经常比基岩系统的初始孔隙度小很多，即$\phi_{\mathrm{fi}}\ll\phi_{\mathrm{mi}}$，因而在地层压力下降过程中，由于压缩性引起的液体质量变化和沿孔隙渗流而产生的液体质量变化可以忽略不计，即认为$\phi_{\mathrm{fi}}=0$；另外，在基岩系统中，由于其渗透性与裂缝系统相比很小($k_{\mathrm{m}}\ll k_{\mathrm{f}}$)，依靠渗流传导而引起的流体质量变化与窜流项和弹性项相比可以忽略不计，则方程(3.13)中左端第一项和方程(3.14)中左端第二项可以忽略不计，因此方程(3.13)和方程(3.14)可以简化为

$$\rho_{\mathrm{i}}\frac{k_{\mathrm{f}}}{\mu}\frac{1}{r}\frac{\partial}{\partial r}\left[r\left(\frac{\partial p_{\mathrm{f}}}{\partial r}-G\right)\right]+\frac{\alpha k_{\mathrm{m}}}{\mu}(p_{\mathrm{m}}-p_{\mathrm{f}})=0 \tag{3.15}$$

$$\phi_{\mathrm{mi}}\rho_{\mathrm{i}}C_{\mathrm{m}}\frac{\partial p_{\mathrm{m}}}{\partial t}+\frac{\alpha k_{\mathrm{m}}}{\mu}(p_{\mathrm{m}}-p_{\mathrm{f}})=0 \tag{3.16}$$

式(3.15)和式(3.16)为只考虑基岩储容特性和裂缝流动特性的裂缝系统

和基岩系统的控制方程。对方程(3.15)求导并联立方程(3.15)代入方程(3.16)，可得到裂缝系统低速非线性渗流时压力变化的偏微分方程：

$$C_{\mathrm{o}}\frac{\partial p_{\mathrm{f}}}{\partial t}-C_{\mathrm{o}}\eta_{\mathrm{mf}}\frac{\partial}{\partial t}\left\{\frac{1}{r}\frac{\partial}{\partial r}\left[r\left(\frac{\partial p_{\mathrm{f}}}{\partial r}-G\right)\right]\right\}-\rho_{\mathrm{i}}\frac{k_{\mathrm{f}}}{\mu}\frac{1}{r}\frac{\partial}{\partial r}\left[r\left(\frac{\partial p_{\mathrm{f}}}{\partial r}-G\right)\right]=0 \tag{3.17}$$

式中，$C_{\mathrm{o}}=\rho_{\mathrm{i}}\phi_{\mathrm{mi}}C_{\mathrm{m}}$；$\eta_{\mathrm{mf}}=\dfrac{\rho_{\mathrm{i}}k_{\mathrm{f}}}{\partial k_{\mathrm{m}}}$。

式(3.17)中的基岩系数η_{mf}是具有长度平方的量纲，它可以理解为岩块尺寸的大小，如η_{mf}接近于 0 表示岩石裂缝发育程度增强，基岩岩块几何尺寸变小，窜流速度加快，地层流体可以很快地由基岩流入裂缝，然后按照裂缝系统渗流规律流动。此时式(3.17)退化为单纯裂缝介质不稳定特性渗流方程，只不过表示弹性容量大小的系数要用基岩系统的系数$\phi_{\mathrm{m}}C_{\mathrm{m}}$来替换。

分析式(3.17)可以看出，方程的第二项是由于纯裂缝中的渗流产生的作用，第三项是基岩与裂缝间的窜流引起的附加作用。

在给定初始值和边界条件下，结合式(3.17)就组成了一个完整的数学模型，此处以一具体实例进行说明。假设有一等厚无限大地层，地层中间有一完善井打开，并设井半径为零，即井处有一点源，其产量为 Q，则流动为平面径向流，近井流动模型如图 3.2 所示，此时式(3.17)可以简化为

$$\frac{\partial p_{\mathrm{f}}}{\partial t}-\eta_{\mathrm{mf}}\frac{\partial}{\partial t}\left\{\frac{1}{r}\frac{\partial}{\partial r}\left[r\left(\frac{\partial p_{\mathrm{f}}}{\partial r}-G\right)\right]\right\}=\rho_{\mathrm{i}}\frac{k_{\mathrm{f}}}{\mu C_{\mathrm{o}}}\frac{1}{r}\frac{1}{\partial r}\left[r\left(\frac{\partial p_{\mathrm{f}}}{\partial r}-G\right)\right] \tag{3.18}$$

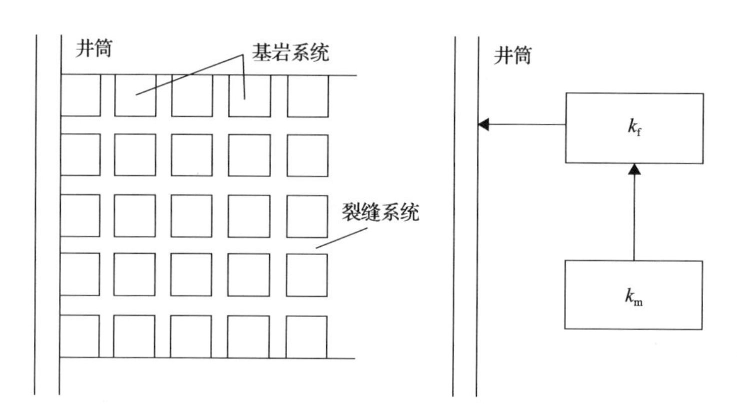

图 3.2 双重介质流动模型

初始条件：

$$p_{\mathrm{f}}(r,0)\big|_{t=0}=p_{\mathrm{i}} \tag{3.19}$$

内边界条件：

$$\lim_{r\to 0}\left\{r\left(\frac{\partial p_{\mathrm{f}}}{\partial r}-G\right)+\frac{\eta_{\mathrm{mf}}\mu C_{\mathrm{o}}}{\rho_i k_{\mathrm{f}}}\frac{\partial}{\partial t}\left[r\left(\frac{\partial p_{\mathrm{f}}}{\partial r}-G\right)\right]\right\}=-\frac{\mu Q}{2\pi k_{\mathrm{f}}h} \tag{3.20}$$

外边界条件：

$$\lim_{r\to\infty}p_{\mathrm{f}}(r,t)=p_{\mathrm{i}} \tag{3.21}$$

注意 $t=0$ 时，

$$\lim_{r\to 0}\left[r\left(\frac{\partial p_{\mathrm{f}}}{\partial r}-G\right)\right]=0 \tag{3.22}$$

求解一阶线性微分方程(3.20)可以得到新的边界条件：

$$\lim_{r\to 0}\left[r\left(\frac{\partial p_{\mathrm{f}}}{\partial r}-G\right)\right]=-\frac{\mu Q}{2\pi k_{\mathrm{f}}h}[1-\mathrm{e}^{-(\rho_{\mathrm{i}}k_{\mathrm{f}}t)/(\eta_{\mathrm{mf}}\mu C_{\mathrm{o}})}] \tag{3.23}$$

六、基岩渗透率简化模型

模型假设基岩渗透率很低，其中的流体只能通过窜流作用进入裂缝，全部流体只有通过裂缝系统才能真正地在地层中渗流[74,75]。与上述模型不同的是这里考虑了裂缝孔隙度，所以这种模型称为双孔单渗模型或沃伦-鲁特(Warren-Root)模型[76]，是一类工程中常用的模型。

在方程(3.13)和方程(3.14)中，忽略基岩内部的流动，方程转化为

$$\phi_{\mathrm{fi}}\rho_{\mathrm{i}}C_{\mathrm{f}}\frac{\partial p_{\mathrm{f}}}{\partial t}-\rho_{\mathrm{i}}\frac{k_{\mathrm{f}}}{\mu}\frac{1}{r}\frac{\partial}{\partial r}\left[r\left(\frac{\partial p_{\mathrm{f}}}{\partial r}-G\right)\right]-\frac{\alpha k_{\mathrm{m}}}{\mu}(p_{\mathrm{m}}-p_{\mathrm{f}})=0 \tag{3.24}$$

$$\phi_{\mathrm{mi}}\rho_{\mathrm{i}}C_{\mathrm{m}}\frac{\partial p_{\mathrm{m}}}{\partial t}+\frac{\alpha k_{\mathrm{m}}}{\mu}(p_{\mathrm{m}}-p_{\mathrm{f}})=0 \tag{3.25}$$

其初始及边界条件为

$$p_{\mathrm{f}}(r,0)=p_{\mathrm{i}} \tag{3.26}$$

$$\left(r\frac{\partial p_{\mathrm{f}}}{\partial r}-G\right)_{r=r_{\mathrm{w}}}=\frac{\mu Q}{2\pi k_{\mathrm{f}}h} \tag{3.27}$$

$$\lim_{r\to\infty}p_{\mathrm{f}}(r,t)=p_{\mathrm{i}} \tag{3.28}$$

式(3.24)～式(3.28)组成了一个典型的考虑启动压力梯度的双重介质低速非线性渗流数学模型。

第二节　双重介质低速非线性渗流试井理论

双重介质由于具有两套存储系统——基岩和裂缝，其试井曲线特征呈现出与单一介质不同的特征。本节针对双孔单渗模型的试井理论做简要分析，并介绍双重介质无限大油藏中直井不稳定试井典型曲线的特征形态。

一、双重介质试井数学模型及求解

假定在平面无限大双重介质低渗透地层中，储层厚度均匀，介质微可压缩且各向同性，渗透率和流体黏度、体积系数等不随压力变化，忽略重力和毛细管压力的影响。考虑有一口生产井以定产量生产，渗流满足考虑启动压力梯度的低速非线性渗流定律，采用 Warren-Root 模型[76]。为了求解模型得到一般性规律，定义如下无因次变量。

裂缝系统和基岩系统无因次压力分别为

$$p_{\mathrm{fD}}=\frac{k_{\mathrm{f}}h[p_{\mathrm{i}}-p_{\mathrm{f}}+(r-r_{\mathrm{w}})G]}{1.842q\mu B_{\mathrm{o}}}$$

$$p_{\mathrm{mD}}=\frac{k_{\mathrm{f}}h[p_{\mathrm{i}}-p_{\mathrm{m}}+(r-r_{\mathrm{w}})G]}{1.842q\mu B_{\mathrm{o}}}$$

无因次时间、无因次半径和无因次压力移动半径：

$$t_{\mathrm{D}}=\frac{3.6\times10^{-3}k_{\mathrm{f}}t}{\mu(\phi_{\mathrm{f}}C_{\mathrm{f}}+\phi_{\mathrm{m}}C_{\mathrm{m}})r_{\mathrm{w}}^{2}}$$

$$r_{\mathrm{D}}=\frac{r}{r_{\mathrm{w}}}$$

$$r_{\mathrm{fD}}=\frac{r_{\mathrm{f}}(t)}{r_{\mathrm{w}}}$$

无因次启动压力梯度：

$$G_{\mathrm{D}}=\frac{khr_{\mathrm{w}}G}{1.842Q\mu B_{\mathrm{o}}}$$

双重介质裂缝系统储容比和双重介质窜流系数分别为

$$\omega=\frac{\phi_{\mathrm{f}}C_{\mathrm{f}}}{\phi_{\mathrm{f}}C_{\mathrm{f}}+\phi_{\mathrm{m}}C_{\mathrm{m}}}$$

$$\lambda=\alpha\frac{k_{\mathrm{m}}}{k_{\mathrm{f}}}r$$

在上述无因次定义下，双重介质不稳定渗流模型的控制方程组为

$$\frac{1}{r_{\mathrm{D}}}\frac{\partial}{\partial r_{\mathrm{D}}}\left[r_{\mathrm{D}}\left(\frac{\partial p_{\mathrm{D}}}{\partial r_{\mathrm{D}}}\right)\right]+\lambda(p_{\mathrm{mD}}-p_{\mathrm{fD}})=\omega\frac{\partial p_{\mathrm{fD}}}{\partial t_{\mathrm{D}}}\quad[1\leqslant r_{\mathrm{D}}\leqslant r_{\mathrm{fD}}(t_{\mathrm{D}})]\tag{3.29}$$

$$\lambda(p_{\mathrm{fD}}-p_{\mathrm{mD}})=(1-\omega)\frac{\partial p_{\mathrm{mD}}}{\partial t_{\mathrm{D}}}\quad(0\leqslant t_{\mathrm{D}}<\infty)\tag{3.30}$$

初始条件为

$$p_{\mathrm{fD}}(r_{\mathrm{D}},0)=p_{\mathrm{mD}}(r_{\mathrm{D}},0)=0\text{，}\quad r_{\mathrm{D}}=r_{\mathrm{fD}}(0)\text{，}\quad t_{\mathrm{D}}=0\tag{3.31}$$

$$r_{\mathrm{fD}}(0)=1\tag{3.32}$$

内边界定产条件：

$$\left[r_{\mathrm{D}}\frac{\partial p_{\mathrm{fD}}}{\partial r_{\mathrm{D}}}\right]_{r_{\mathrm{D}}=1}=-1\tag{3.33}$$

外边界移动半径条件：

$$\left[\frac{\partial p_{\mathrm{fD}}}{\partial r_{\mathrm{D}}}\right]_{r_{\mathrm{D}}=r_{\mathrm{fD}}(t_{\mathrm{D}})}=0\tag{3.34}$$

$$p_{\mathrm{fD}}(r_{\mathrm{fD}},t_{\mathrm{D}})=G_{\mathrm{D}}[r_{\mathrm{fD}}(t_{\mathrm{D}})-1]\tag{3.35}$$

对式(3.29)～式(3.35)作 Laplace 变换，则控制方程和定解条件变成如下形式：

$$\frac{1}{r_D}\frac{\partial}{\partial r_D}\left[r_D\left(\frac{\partial \tilde{p}_D}{\partial r_D}\right)\right]+\lambda(\tilde{p}_{mD}-\tilde{p}_{fD})=u\omega\tilde{p}_{fD} \quad [1\leqslant r_D\leqslant u\tilde{r}_{fD}(u)] \tag{3.36}$$

$$\lambda(\tilde{p}_{fD}-\tilde{p}_{mD})=(1-\omega)\tilde{p}_{mD} \tag{3.37}$$

$$\left[r_D\frac{\partial \tilde{p}_{fD}}{\partial r_D}\right]_{r_D=1}=-\frac{1}{u} \tag{3.38}$$

$$\frac{\partial \tilde{p}_{fD}(\tilde{r}_{fD},u)}{\partial r_D}=0 \tag{3.39}$$

$$\tilde{p}_{fD}(\tilde{r}_{fD},u)=\frac{G_D}{s}(\tilde{r}_{fD}-1) \tag{3.40}$$

联立式(3.36)和式(3.37)，得

$$\frac{d^2\tilde{p}_{fD}}{dr_D^2}+\frac{1}{r_D}\frac{d\tilde{p}_{fD}}{dr_D}-f(u)u\tilde{p}_{fD}=0 \tag{3.41}$$

式中，$f(u)=\dfrac{\omega(1-\omega)u+\lambda}{(1-\omega)u+\lambda}$。

对于式(3.38)、式(3.39)、式(3.41)组成的双重介质不定常渗流问题，得到 Laplace 空间压力分布的表达式为

$$u\tilde{p}_D(r_D,u)=\frac{1}{\sqrt{uf(u)}}\frac{K_0\left[r_D\sqrt{uf(u)}\right]I_1\left[R_D\sqrt{uf(u)}\right]+K_1\left[R_D\sqrt{uf(u)}\right]I_0\left[r_D\sqrt{uf(u)}\right]}{I_1\left[R_Du\sqrt{uf(u)}\right]K_1\left[\sqrt{uf(u)}\right]-K_1\left[R_D\sqrt{uf(u)}\right]I_1\left[\sqrt{uf(u)}\right]} \tag{3.42}$$

式中，$\tilde{p}_D(r_D,u)=\int_0^{\infty}e^{-ut_D}p_D(r_D,t_D)dt_D$；$R_D=u\tilde{r}_{fD}(u)$；$\tilde{r}_{fD}(u)=\int_0^{\infty}e^{-ut_D}r_{fD}(t_D)dt_D$；$I_j(x)$为 j 阶第一类变型 Bessel 函数(j=1,2)；$K_j(x)$为 j 阶第二类变型 Bessel 函数(j=1,2)。

数学模型式(3.38)～式(3.41)的求解可分为两步：首先推导模型解的表达式，即先对由式(3.38)、式(3.39)、式(3.41)组成的无因次压力移动半径不稳定渗流控制方程组进行解析求解；接着再将解析解代入式(3.40)，得到无因次压力移动半径表达式；其次进行数值计算，数值计算过程与模型推导步骤

相反，即先通过无因次压力移动半径表达式计算不同无因次时间的无因次压力移动半径数值，再将数值代入无因次压力表达式(3.42)中得到不同无因次时间下的无因次压力值。

将式(3.42)代入式(3.40)，并利用 Bessel 函数相应的 Wronskians 关系式[73]得到动边界传播方程为

$$\mathrm{I}_1\left[R_\mathrm{D}\sqrt{uf(u)}\right]\mathrm{K}_1\left[\sqrt{uf(u)}\right]-\mathrm{K}_1\left[R_\mathrm{D}\sqrt{uf(u)}\right]\mathrm{I}_1\left[\sqrt{uf(u)}\right]=\frac{1}{uf(u)G_\mathrm{D}R_\mathrm{D}(R_\mathrm{D}-1)} \tag{3.43}$$

计算过程中先在 Laplace 空间中利用牛顿迭代等方法计算非线性方程(3.43)，再采用 Stehfest 数值反演方法计算式(3.42)，能够得到储层无因次压力分布或无因次井底压力变化。

二、考虑井筒存储和表皮效应的数学模型

根据杜阿梅尔(Duhamel)褶积，在 Laplace 变换域中，可以得到考虑井筒存储和表皮效应影响的无因次井底压力表达式：

$$u\tilde{p}_\mathrm{D}(r_\mathrm{D},u)=\frac{1}{\sqrt{x}}\frac{\mathrm{K}_0(r_\mathrm{D}\sqrt{x})\mathrm{I}_1(R_\mathrm{D}\sqrt{x})+\mathrm{K}_1(R_\mathrm{D}\sqrt{x})\mathrm{I}_0(r_\mathrm{D}\sqrt{x})}{\mathrm{I}_1(R_\mathrm{D}\sqrt{x})\mathrm{K}_1(\sqrt{x})-\mathrm{K}_1(R_\mathrm{D}\sqrt{x})\mathrm{I}_1(\sqrt{x})} \tag{3.44}$$

动边界传播方程为

$$\mathrm{I}_1(R_\mathrm{D}\sqrt{x})\mathrm{K}_1(\sqrt{x})-\mathrm{K}_1(R_\mathrm{D}\sqrt{x})\mathrm{I}_1(\sqrt{x})=\frac{1}{uf(u)G_\mathrm{D}R_\mathrm{D}(R_\mathrm{D}-1)} \tag{3.45}$$

式中，$x=uf(u)/\left(C_\mathrm{D}\mathrm{e}^{2\mathrm{Skin}}\right)$。

模型求解同上，即首先在 Laplace 空间中利用牛顿迭代等方法计算非线性方程(3.45)，其次采用 Stehfest 数值反演方法计算式(3.44)，能够得到储层无因次压力分布或无因次井底压力变化。

三、双重介质低速非线性渗流试井曲线特征

将无因次压力移动半径随无因次时间变化绘制于双对数坐标系中，如图 3.3 所示。可以看出无因次压力移动半径可以分为第一直线段、过渡段及第二直线段来分析：第一直线段主要体现的是裂缝系统中流体的流动，过渡段主要体现的是裂缝系统中流体的流动过渡到基岩系统中流体的流动，第二直线段主要体现的是裂缝系统+基岩系统中流体的混合流动[77]。

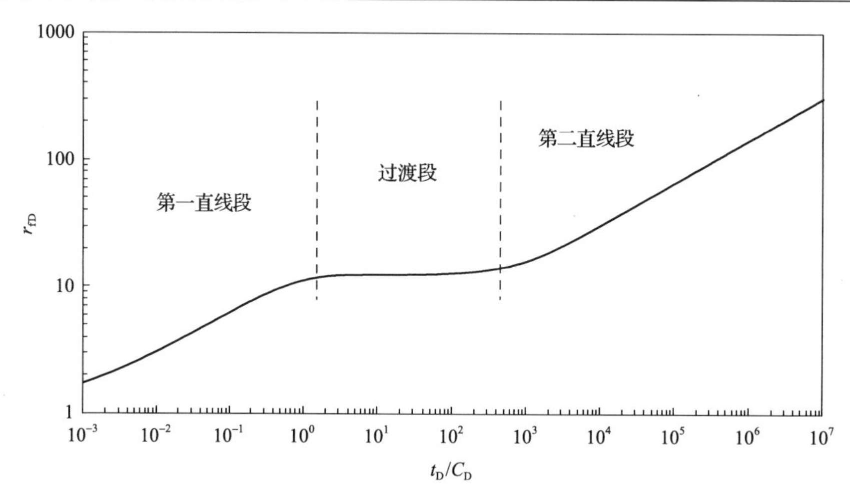

图 3.3　双重介质低速非线性渗流无因次压力移动半径与无因次时间变化规律

根据式(3.44)，在半对数坐标系中，以 t_D/C_D 为横坐标，以无因次井底压力 p_{wD} 为纵坐标，绘制双重介质考虑启动压力梯度低速非线性渗流时的无因次井底压力曲线，如图 3.4 所示。从图 3.4 中可以看出，曲线可以分为四段，对应着四个不同的流动阶段：第Ⅰ阶段为井筒存储及表皮效应阶段，半对数坐标系中表现为一直线，直线的长短与井筒存储及表皮效应的大小有关；第Ⅱ阶段为裂缝系统流动阶段，无因次井底压力同样表现为一直线，一般情况下该阶段直线斜率要比第Ⅰ阶段大，直线特征与启动压力梯度及双重介质裂缝系统储容比等参数有关，由于前期井筒存储及表皮效应的影响，该阶段往

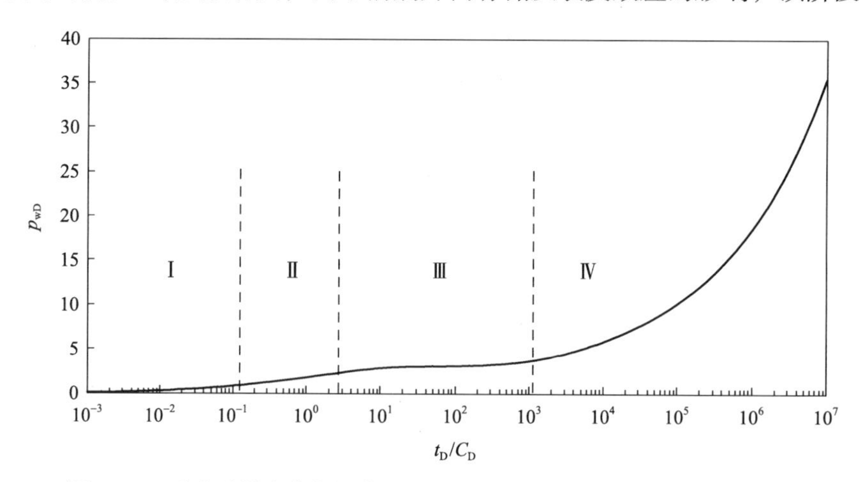

图 3.4　双重介质低速非线性渗流无因次井底压力与无因次时间变化规律

往并不能很明显地表现出来；第Ⅲ阶段为裂缝系统向基岩系统流动的过渡阶段，无因次井底压力表现为一曲线；第Ⅳ阶段为裂缝系统和基岩系统整体作用阶段，由于启动压力梯度的影响，无因次井底压力表现为一上翘的曲线，曲线上翘程度与启动压力梯度的大小有关。

根据式(3.44)及导数关系，在双对数坐标系中，以 t_D/C_D 为横坐标，以无因次井底压力 p_{wD} 和 $dp_{wD}/d\ln(t_D/C_D)$ 为纵坐标，分别绘制双重介质考虑启动压力梯度低速非线性渗流时无因次井底压力及其导数的动态特征曲线，如图 3.5 所示。图中无因次井底压力导数曲线出现一个凹形，反映了两种不同流动系统的动态特征，凹形前面主要是井筒、井附近及裂缝系统的流动，凹形是裂缝系统+基岩系统中流体的混合流动。但由于启动压力梯度的影响，无因次井底压力导数曲线在后期不再表现为水平直线段，而是呈现上翘趋势，这表明考虑启动压力梯度时的井底压力比达西线性渗流时的井底压力要低。

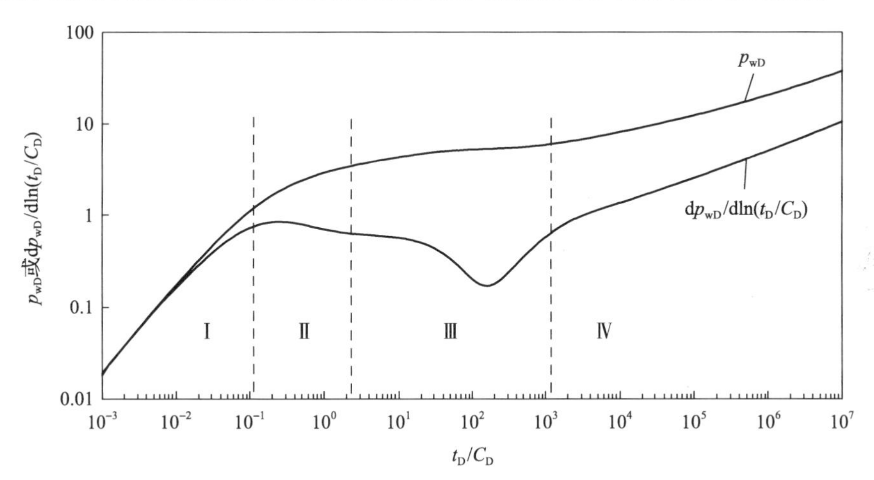

图 3.5　双重介质低速非线性渗流无因次井底压力和无因次井底压力导数与无因次时间变化规律

无因次井底压力及其导数曲线可分成四段来分析，详细分析如下。

(1)第Ⅰ阶段双对数坐标系中无因次井底压力和无因次井底压力导数曲线重合，且为呈 45°的直线，半对数坐标系中无因次井底压力变化直线斜率很小，反映井底压力变化小，这是因为井筒存储效应的影响。井筒存储效应的影响结束后，无因次井底压力导数曲线出现极大值后向下倾斜，极大值的高低取决于参数组合 C_De^{2Skin} 的大小。C_De^{2Skin} 越大，则峰值越高，下倾越陡，而且峰值出现时间较迟。因为表皮系数处于指数位置，所以峰值大小及峰值出现的时间受表皮系数的影响更大一些。

(2)第Ⅱ阶段为裂缝系统中流体的流动，半对数坐标系中无因次井底压力为一直线，直线斜率较第Ⅰ阶段要大，双对数坐标系中无因次井底压力导数表现为一上翘的曲线，这是裂缝系统产生径向流的典型特征，曲线上翘程度与启动压力梯度有关，启动压力梯度越大，上翘程度越厉害，启动压力梯度为零时，表现为一水平直线，可以用此特征来确认裂缝系统双对数图中的曲线段。一般情况下，由于井筒存储效应的影响，这一径向流特征表现得不明显。

(3)第Ⅲ阶段为裂缝系统到基岩系统的流动，称为过渡段，半对数坐标系中无因次井底压力直线斜率较第Ⅱ阶段要小，双对数坐标系中无因次井底压力导数表现为凹形曲线。半对数坐标系中无因次井底压力直线斜率及双对数坐标系中无因次井底压力导数的凹形形态和基岩系统与裂缝系统间的流动能力及启动压力梯度的大小有关。

(4)第Ⅳ阶段为整个系统(基岩系统+裂缝系统)的流动，该阶段半对数坐标系中无因次井底压力为上翘曲线，双对数坐标系中无因次井底压力导数也表现为一上翘曲线。两条曲线上翘程度与启动压力梯度有关，启动压力梯度越大，上翘程度越厉害，启动压力梯度为零时，表现为水平直线(不考虑启动压力梯度的线性流特征)。

四、双重介质低速非线性渗流试井曲线影响因素分析

1. 无因次压力移动半径影响因素分析

1)无因次启动压力梯度的影响

双重介质无因次启动压力梯度对无因次压力移动半径的影响的双对数曲线如图 3.6 所示，可以看出：①无因次启动压力梯度并不会改变双重介质情况下无因次压力移动半径的形态，不同无因次启动压力梯度下的无因次压力移动半径形态相似，只是大小不同。②无因次启动压力梯度越大，无因次压力移动半径越小，反映出流体流动阻力越大。此外，无因次时间越短，不同无因次启动压力梯度下的无因次压力移动半径差距越小，随着无因次时间的增大，不同无因次启动压力梯度间的无因次压力移动半径差距变大。

2)无因次井筒存储系数及表皮系数的影响

井筒存储系数及表皮系数对无因次压力移动半径的影响的双对数曲线如图 3.7 所示，可以看出：①无因次井筒存储系数及表皮系数并不会改变双重介质情况下无因次压力移动半径的形态，不同无因次井筒存储系数及表皮系数下的无因次压力移动半径形态相似且曲线平行；②无因次井筒存储系数及

表皮系数越大，无因次压力移动半径越大，反映井筒及井附近地层污染越小。

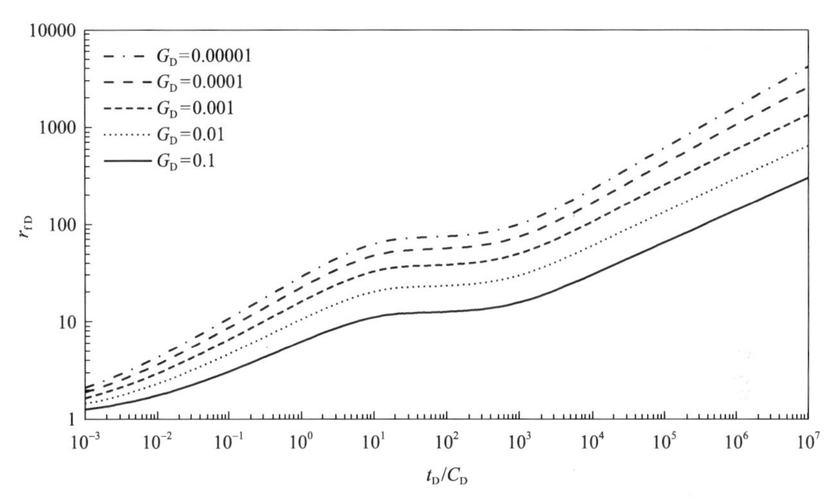

图 3.6　双重介质无因次启动压力梯度对无因次压力移动半径的影响

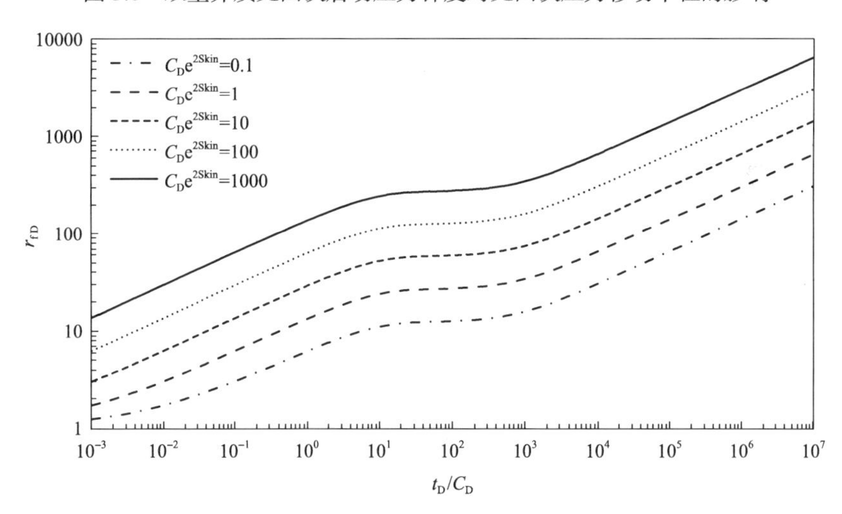

图 3.7　双重介质井筒存储系数及表皮系数对无因次压力移动半径的影响

3）双重介质裂缝系统储容比的影响

双重介质裂缝系统储容比对无因次压力移动半径影响的双对数曲线如图 3.8 所示，可以看出：①双重介质裂缝系统储容比影响曲线的前面部分，当双重介质裂缝系统储容比较小时，裂缝系统流体越少，纯裂缝流动特征越弱，裂缝系统向基岩系统流动的过渡段越明显；②随双重介质裂缝系统储容比增大，裂缝系统向基岩系统流动的过渡段变短，甚至体现不出过渡段，无因次压力移动半径出现单一介质移动特征。

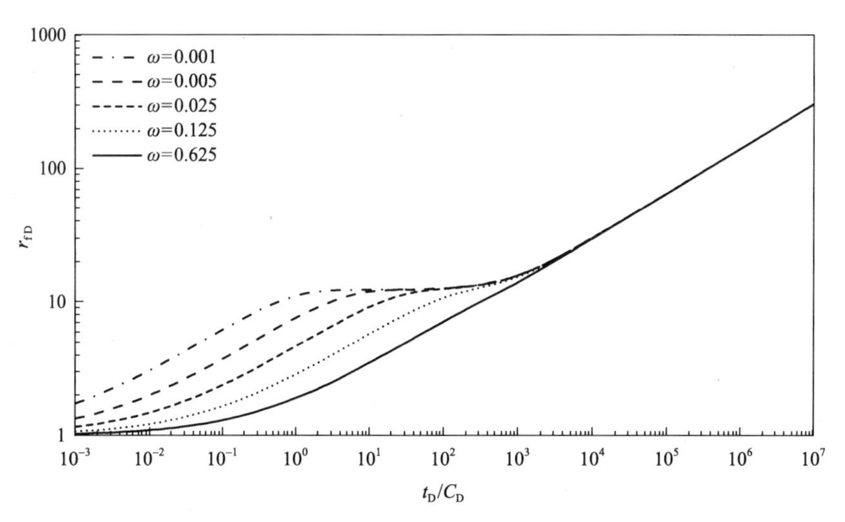

图 3.8　双重介质裂缝系统储容比对无因次压力移动半径的影响

4) 双重介质窜流系数的影响

图 3.9 为双对数坐标系中不同双重介质窜流系数对无因次压力移动半径的影响。从图 3.9 中可以看出：双重介质窜流系数的大小只是影响裂缝系统向基岩系统过渡的早晚，并不影响曲线的形态；双重介质窜流系数越大，过渡段出现得越早，出现裂缝系统和基岩系统整体流动越早。

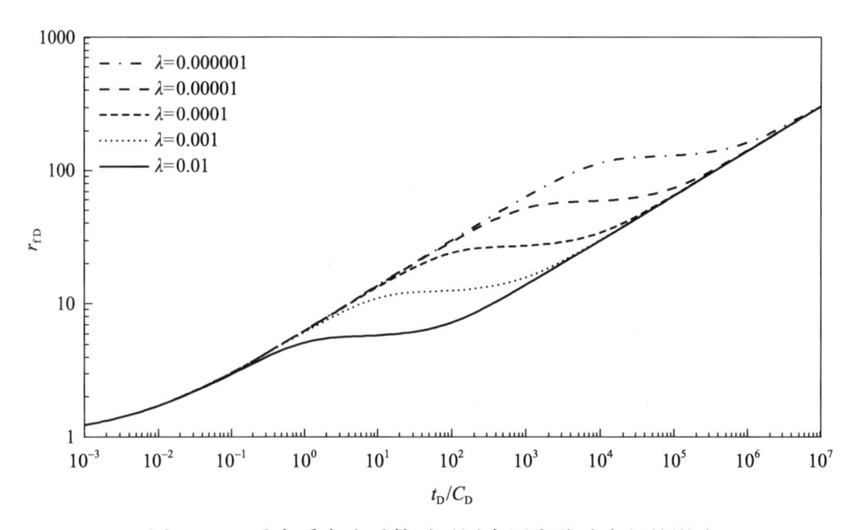

图 3.9　双重介质窜流系数对无因次压力移动半径的影响

2. 无因次井底压力及其导数曲线影响因素分析

1)无因次启动压力梯度的影响

考虑无因次启动压力梯度的低速非线性渗流无因次井底压力与达西线性渗流无因次井底压力在半对数坐标系统中的动态曲线对比如图 3.10 所示。从图 3.10 中可以看出，在半对数坐标系中，两种不同流态下无因次井底压力的差别如下：①考虑无因次启动压力梯度时，无因次井底压力曲线一直在达西线性渗流时的上方，说明考虑启动压力梯度时的能量损耗要大；②达西线性渗流时，无因次井底压力曲线具有明显的四段特征，能够较好地体现出双重介质系统前期井筒存储及表皮效应作用、裂缝系统流、过渡流及裂缝+基岩系统混合流，而考虑启动压力梯度时并不能较好地体现线性流中径向流的直线段，这是因为无因次启动压力梯度的存在使直线段特征不明显；③两种流态下无因次井底压力曲线之间的差距主要体现在裂缝系统流动和裂缝+基岩系统混合流两个阶段，并且随着无因次时间的增加，二者之间的差距逐渐增大。

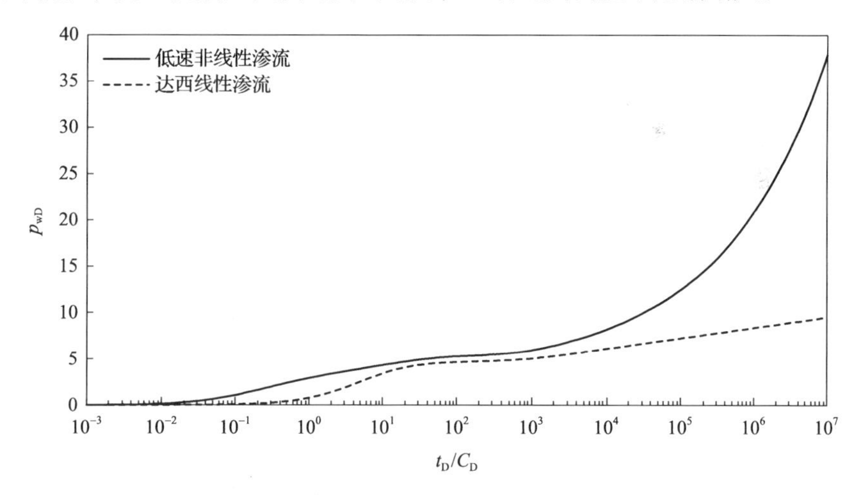

图 3.10　双重介质不同流态下无因次井底压力的对比

双重介质不同流态下无因次井底压力及其导数在双对数坐标系统中的对比如图 3.11 所示。从图 3.11 中可以看出，在双对数坐标系中，两种不同流态下无因次井底压力导数曲线都会出现一个峰值和一个凹形，达西线性渗流时峰值的极大值比低速非线性渗流时要大且出现的时间要晚，而凹形的极值比低速非线性渗流时要小但两种流态下出现时间相差不大；此外达西线性渗流情况下后期裂缝+基岩系统混合流时的无因次井底压力导数为一水平直线，而考虑启动压力梯度时表现为一上翘的直线，直线上翘程度与启动压力梯度的大小有关。

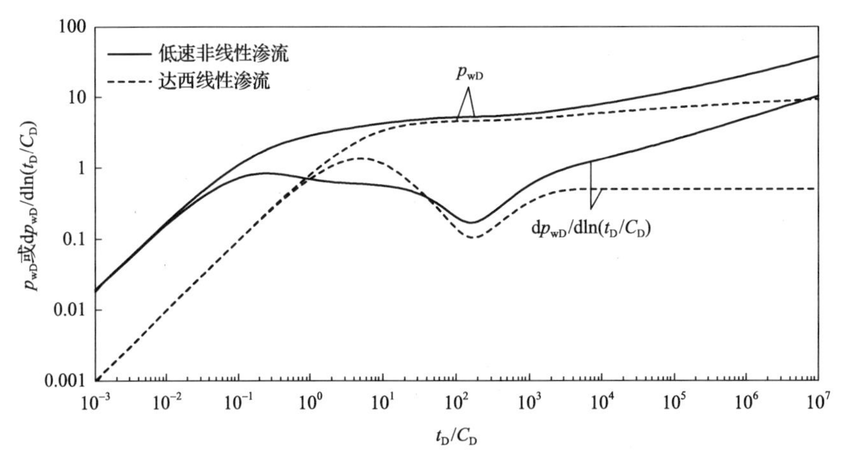

图 3.11 双重介质不同流态下无因次井底压力及无因次井底压力导数的对比

图 3.12 为双重介质不同无因次启动压力梯度下半对数坐标系中无因次井底压力的动态特征曲线，无因次启动压力梯度越大，曲线上翘得越厉害，表明地层中消耗压力越大。

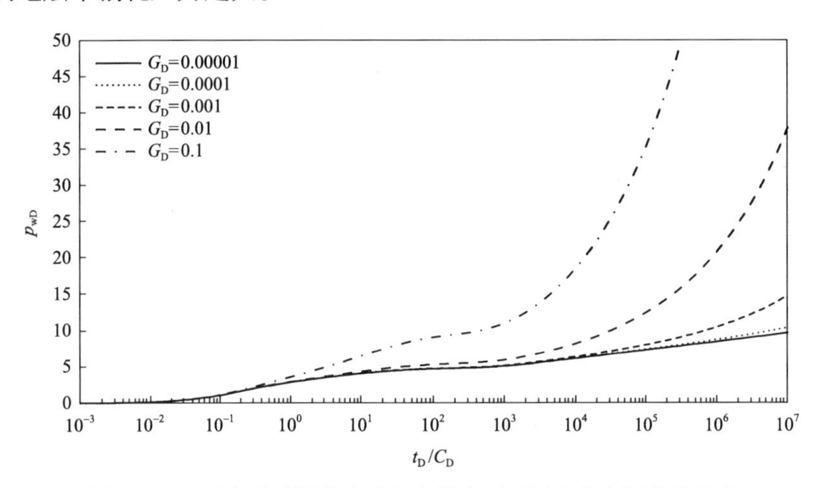

图 3.12 双重介质无因次启动压力梯度对无因次井底压力的影响

图 3.13 为双重介质不同无因次启动压力梯度下双对数坐标系中无因次井底压力及其导数的动态特征曲线。由图 3.13 可知：无因次启动压力梯度越大，无因次井底压力及无因次井底压力导数也越大，且曲线后期的上翘程度也越

大，但无因次井底压力导数曲线出现凹形的时间不变。随着无因次启动压力梯度变小，无因次井底压力曲线及无因次井底导数曲线越接近达西线性渗流时的曲线形态。

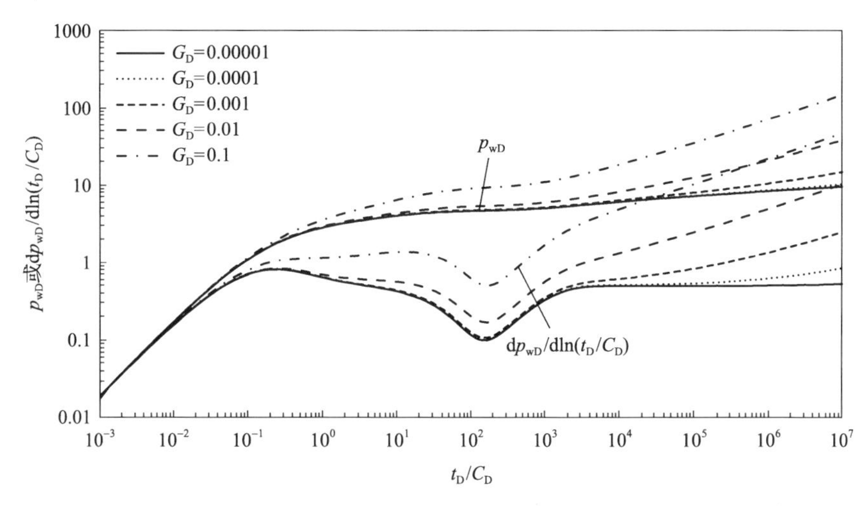

图 3.13　双重介质无因次启动压力梯度对无因次井底压力及无因次井底压力导数的影响

2) 无因次井筒存储系数及表皮系数的影响

双重介质无因次井筒存储系数及表皮系数对无因次井底压力的影响如图 3.14 所示，可以看出，无因次井筒存储系数及表皮系数越大，无因次井底压力越大，并且压力曲线后期上翘得越厉害。

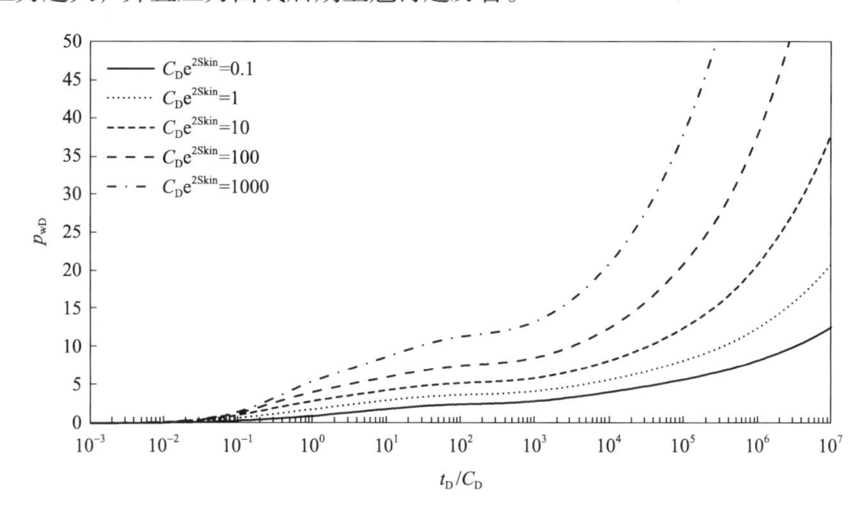

图 3.14　双重介质无因次井筒存储系数及表皮系数对无因次井底压力的影响

双对数坐标系中不同无因次井筒存储系数及表皮系数对无因次井底压力及其导数的影响如图 3.15 所示。随着无因次时间的增加，不同无因次井筒存储系数及表皮系数对应的无因次井底压力差距越大，无因次井筒存储系数及表皮系数越大，无因次井底压力越大。井筒存储系数及表皮系数越大，无因次井底压力导数峰值的极大值越大，出现凹形的极小值也越大，后期曲线上翘程度也越严重。

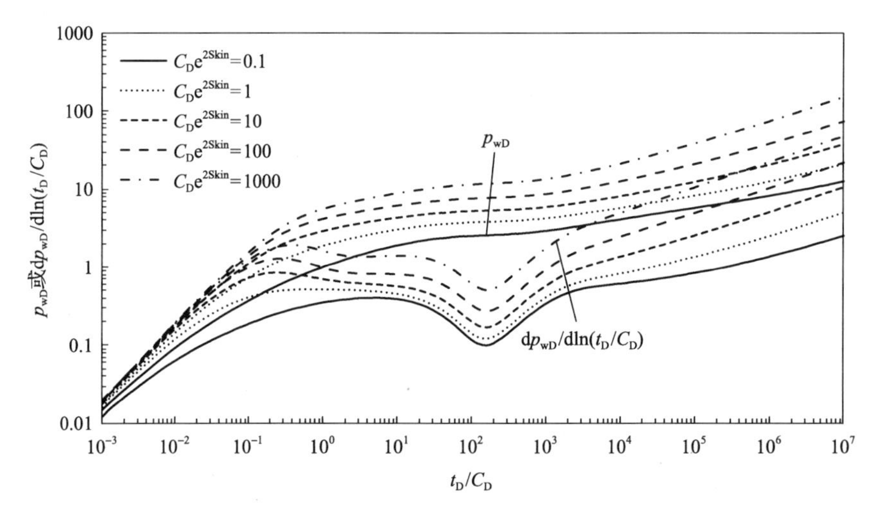

图 3.15　双重介质无因次井筒存储系数及表皮系数对无因次井底压力及无因次井底压力导数的影响

3) 双重介质裂缝系统储容比的影响

双重介质裂缝系统储容比对无因次井底压力的影响如图 3.16 所示，双重介质裂缝系统储容比影响曲线的前半段形态，即裂缝系统流动及过渡流阶段，双重介质裂缝系统储容比越小，无因次井底压力越大，裂缝系统流动结束得越早，过渡流出现得越早。

双对数坐标系中不同双重介质裂缝系统储容比对无因次井底压力及其导数的影响如图 3.17 所示。从图 3.17 中可以看出，在初期，双重介质裂缝系统储容比越小，无因次井底压力导数越大；双重介质裂缝系统储容比越小，无因次井底压力导数出现凹形越早并且凹形的极小值越小，随着双重介质裂缝系统储容比的增大，凹形的极小值逐渐增大。

4) 双重介质窜流系数的影响

图 3.18 为双重介质窜流系数对无因次井底压力的影响。从图 3.18 中可以

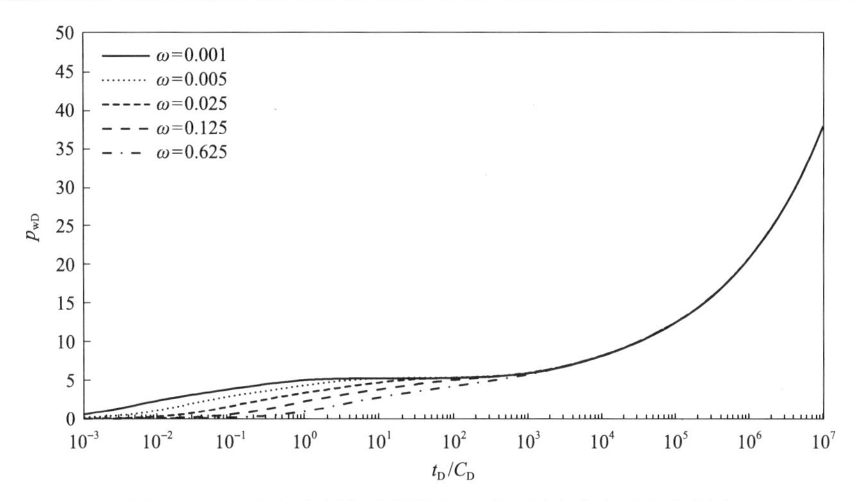

图 3.16　双重介质裂缝系统储容比对无因次井底压力的影响

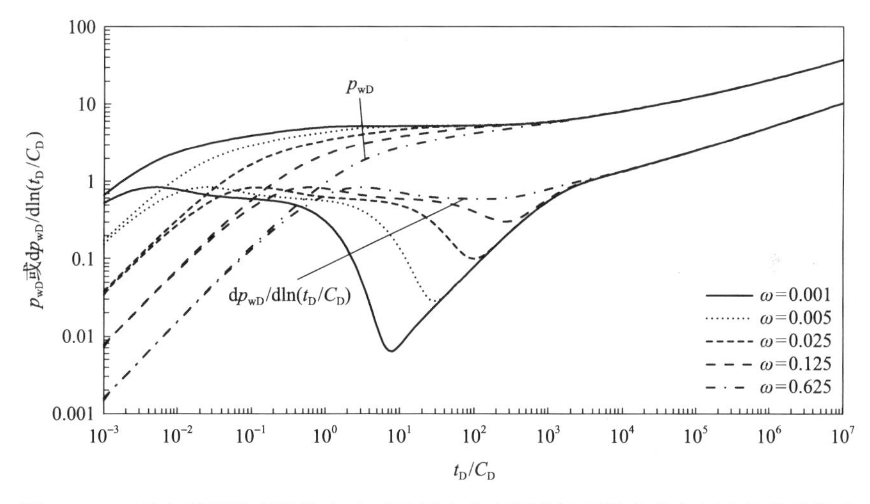

图 3.17　双重介质裂缝系统储容比对无因次井底压力及无因次井底压力导数的影响

看出，双重介质窜流系数影响无因次井底压力曲线的中间段形态，双重介质窜流系数越小，无因次井底压力越大，过渡流出现的时间越晚，表明裂缝系统向裂缝系统+基岩系统混合流动的时间越晚。

双对数坐标系中不同双重介质窜流系数对无因次井底压力及其导数的影响如图 3.19 所示。双重介质窜流系数越小，无因次井底压力导数出现凹形的时间越晚，且凹形的极小值越大，反映出裂缝系统径向流特征越明显且持续时间越长。

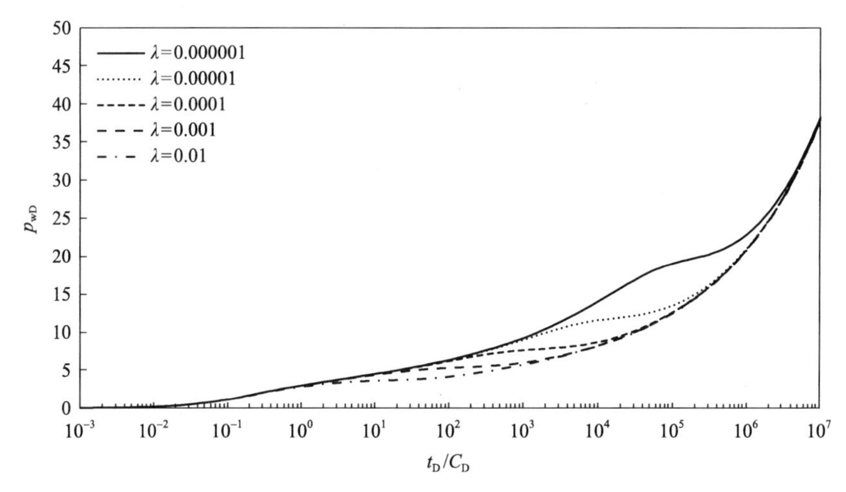

图 3.18　双重介质窜流系数对无因次井底压力的影响

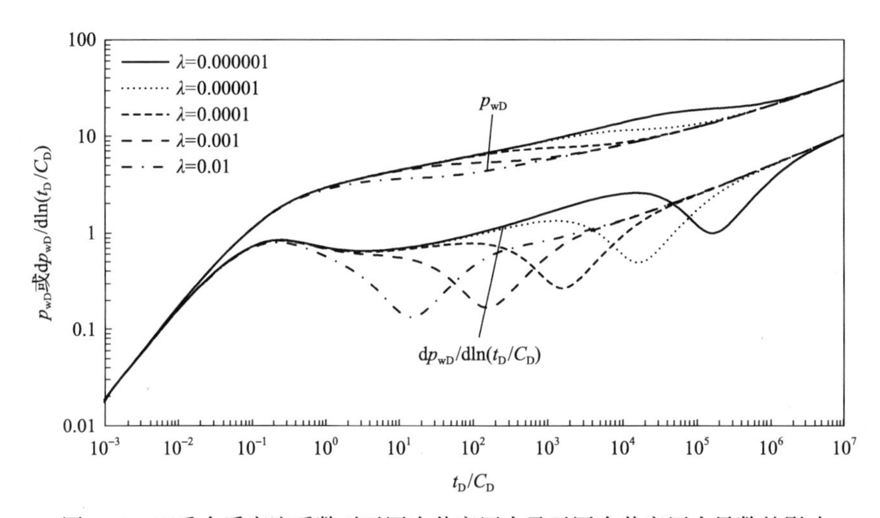

图 3.19　双重介质窜流系数对无因次井底压力及无因次井底压力导数的影响

第三节　三重介质低速非线性渗流数学模型

裂缝-孔隙油藏的基岩岩块按其孔隙度和渗透性的差异可分成两类：一类与裂缝系统之间的连通性较好；另一类与裂缝系统之间的连通性则较差。这两类孔隙系统可能仅是由地层中的原生孔隙和连通性不均匀造成的，也可能是由于一部分基岩岩块中含有孤立的洞穴而产生的，这类含有洞穴的基岩可看成它的综合渗透率比其他未含洞穴的岩块要好。把裂缝和孔隙作为两个独立的液体补给源，流体分别从这两个独立的孔隙介质流入裂缝，再流向井底。将含有孤立洞穴的裂隙介质归结为一类基岩-基岩-裂缝型三重介质油藏。在碳酸盐岩油气田的开发过程中发现某些油藏发育大量与裂缝系统相连的孔洞和溶洞，孔洞分布已不再是呈现简单的孤立状态，并且大小不一，有的直径甚至达到几米。这类油藏与前述的三重介质油藏有很大的区别，关键就在于孔洞的发育程度和分布不同，这类带溶洞的裂隙油藏称为裂缝-基岩-溶洞型三重介质油藏。图 3.20 为一理想裂缝-基岩-溶洞型三重介质物理模型，该模型呈现出一个多重孔隙网络的结构，正交的裂缝网格系统将基岩岩块分隔成若干个相同的长方体，同时溶洞有规律地分布其中[74]。

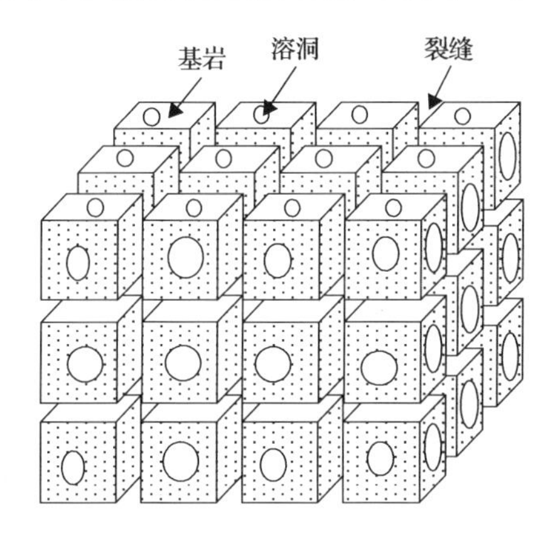

图 3.20　裂缝-基岩-溶洞型三重介质物理模型

三重介质中存在的基岩、裂缝和溶洞为三个彼此独立而又相互联系的水动力学系统，三种连续介质在空间上是重叠的，每个几何点既属于孔洞介质、裂缝介质，又属于岩块介质，且每个几何点同时存在溶洞、裂缝和岩块的孔隙度、渗透率、压力、渗流速度及饱和度等参数。

一、三重介质的理想模型

1. 裂缝-井筒连通模型

这个模型把基岩系统孔隙和溶洞孔隙作为两个独立的液体补给源，流体分别从这两个独立的孔隙介质流入裂缝，再流向井底，模型如图 3.21 所示。本节及以下各节将以这种模型为例介绍三重介质的数学模型及求解方法。

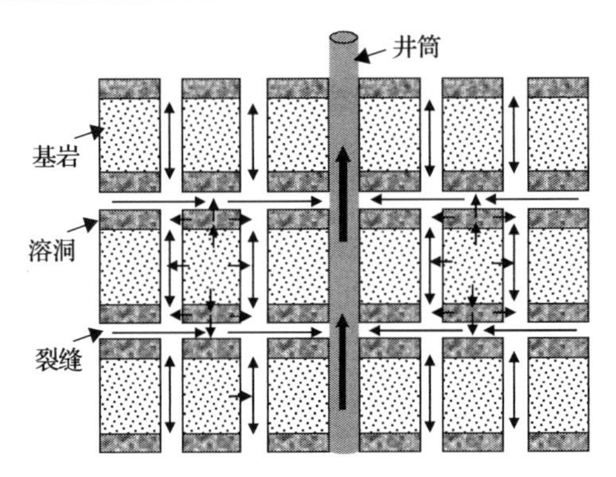

图 3.21　裂缝–井筒连通三重介质模型

2. 裂缝和溶洞–井筒连通模型

这种模型是针对某一类缝洞型油藏提出的一种数学模型。该类缝洞型油藏的裂缝和溶洞系统均发育良好，具备高渗透性的特点，裂缝和溶洞是主要的流体流动通道，而其基岩系统基本不具备渗透性，是这类缝洞型油藏的主要储集空间。裂缝和溶洞–井筒连通三重介质模型如图 3.22 所示。这种数学模型类似于双重介质中的双渗模型，在三重介质中只不过多了一个基岩“源”项。

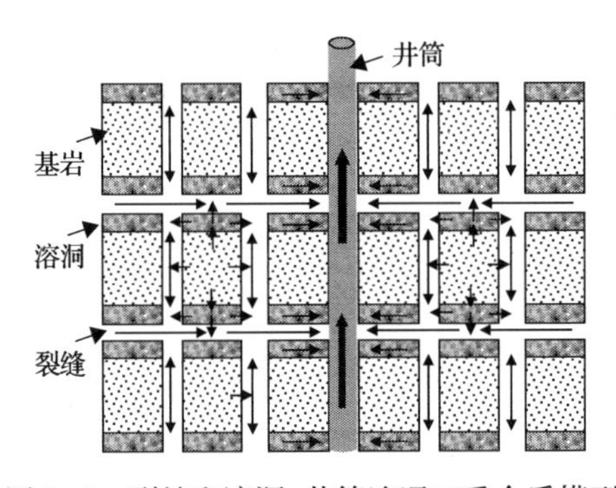

图 3.22　裂缝和溶洞–井筒连通三重介质模型

假定流体在孔隙介质中不流动，只是源源不断地向裂缝和溶洞系统供给液源。流体通过裂缝系统和溶洞系统流入井筒，并且考虑基岩向裂缝的窜流、基岩向溶洞的窜流及裂缝向溶洞的窜流均为拟稳态窜流。

3. 基岩、裂缝和溶洞–井筒连通模型

这个模型是针对某一类缝洞型油藏提出的一种数学模型，实际上它也是一个描述渗流过程最复杂和考虑因素最完整的数学模型。在这类油藏中，基岩岩块具备一定的渗透性，基岩一方面作为流体的储集空间，另一方面也是流体流动的通道，但更主要的是基岩仍充当这类油藏的主要储集空间。裂缝和溶洞系统发育良好，具备高渗透性和低储容的特点，裂缝和溶洞是主要的流体流动通道。基岩、裂缝和溶洞-井筒连通三重介质模型如图 3.23 所示。

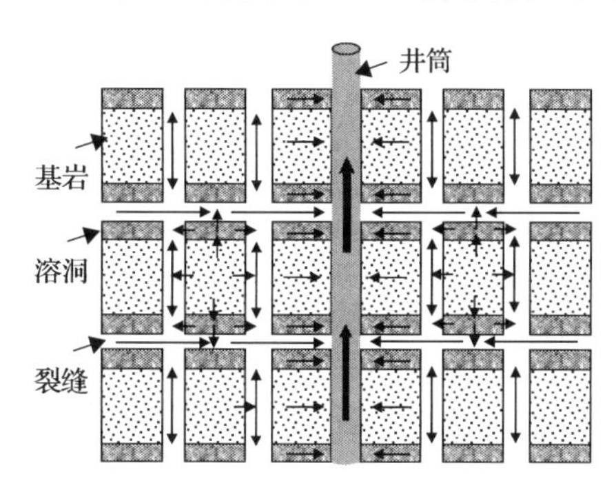

图 3.23　基岩、裂缝和溶洞–井筒连通三重介质模型

流体通过基岩、裂缝和溶洞系统流入井筒，由于基岩、溶洞、裂缝三者之间的渗透性差异，在流动过程中势必会造成彼此之间的流动压差，所以三者之间仍发生窜流，这里考虑基岩向裂缝的窜流、基岩向溶洞的窜流及裂缝向溶洞的窜流均为拟稳态窜流。

二、三重介质试井数学模型及求解

三重介质实际上是由三个连续介质系统组成的，这个介质系统不是孤立的，而是相互交织在一起，而且三个连续介质系统间存在着流体的交换。这三重介质组成了一个复杂的连续介质系统，为了便于研究，通常需要对三重介质做连续性假设，将流动和介质的参数定义在不同系统的几何点上，这样一个描述流体流动或者存储介质特征的物理量就对应着三组参数，三组参数分别描述基岩系统、裂缝系统及另一种基岩类型或溶洞的性质和流动。

本节基于地层中一口井的情况，以裂缝-井筒连通三重介质模型为例建立考虑启动压力梯度的三重介质数学模型，模型如图 3.21 所示，并以此来分析相应的试井曲线及影响因素。三重介质系统运动方程满足启动压力梯度式运动方程，表达形式同本章第一节双重介质类似，三重介质系统分别满足各自的状态方程和连续性方程，而介质间的窜流项用连续性方程中的一个源汇项来表示。

对于裂缝系统：

$$\frac{k_{\mathrm{f}}}{\mu}\nabla^2\left(p_{\mathrm{f}}-G\right)=\phi_{\mathrm{f}}C_{\mathrm{f}}\frac{\partial p_{\mathrm{f}}}{\partial t}+q_1+q_2 \tag{3.46}$$

对于基岩系统：

$$\frac{k_{\mathrm{m}}}{\mu}\nabla^2\left(p_{\mathrm{m}}-G\right)=\phi_{\mathrm{m}}C_{\mathrm{m}}\frac{\partial p_{\mathrm{m}}}{\partial t}-q_1 \tag{3.47}$$

对于溶洞系统：

$$\frac{k_{\mathrm{v}}}{\mu}\nabla^2\left(p_{\mathrm{v}}-G\right)=\phi_{\mathrm{v}}C_{\mathrm{v}}\frac{\partial p_{\mathrm{v}}}{\partial t}-q_2 \tag{3.48}$$

一般情况下基岩渗透率较低，式(3.47)和式(3.48)的左边项与右边项相比可以忽略，那么式(3.47)和式(3.48)变为

$$\phi_{\mathrm{m}}C_{\mathrm{m}}\frac{\partial p_{\mathrm{m}}}{\partial t}-q_1=0 \tag{3.49}$$

$$\phi_{\mathrm{v}}C_{\mathrm{v}}\frac{\partial p_{\mathrm{v}}}{\partial t}-q_2=0 \tag{3.50}$$

把式(3.49)和式(3.50)代入式(3.46)中得到

$$\frac{k_{\mathrm{f}}}{\mu}\nabla^2\left(p_{\mathrm{f}}-G\right)=\phi_{\mathrm{f}}C_{\mathrm{f}}\frac{\partial p_{\mathrm{f}}}{\partial t}+\phi_{\mathrm{m}}C_{\mathrm{m}}\frac{\partial p_{\mathrm{m}}}{\partial t}+\phi_{\mathrm{v}}C_{\mathrm{v}}\frac{\partial p_{\mathrm{v}}}{\partial t} \tag{3.51}$$

便于模型求解及发现一般性规律，定义如下无因次变量。

无因次压力：

$$p_{\mathrm{fD}}=\frac{k_{\mathrm{f}}h[p_{\mathrm{i}}-p_{\mathrm{f}}+(r-r_{\mathrm{w}})G]}{1.842\times10^{-3}Q\mu B_{\mathrm{o}}}$$

$$p_{\mathrm{mD}}=\frac{k_{\mathrm{m}}h[p_{\mathrm{i}}-p_{\mathrm{m}}+(r-r_{\mathrm{w}})G]}{1.842\times10^{-3}Q\mu B_{\mathrm{o}}}$$

$$p_{\mathrm{vD}}=\frac{k_{\mathrm{v}}h[p_{\mathrm{i}}-p_{\mathrm{v}}+(r-r_{\mathrm{w}})G]}{1.842\times10^{-3}Q\mu B_{\mathrm{o}}}$$

无因次时间：

$$t_{\mathrm{D}}=\frac{3.6k_{\mathrm{f}}t}{\mu(\phi_{\mathrm{f}}C_{\mathrm{f}}+\phi_{\mathrm{m}}C_{\mathrm{m}}+\phi_{\mathrm{v}}C_{\mathrm{v}})r_{\mathrm{w}}^{2}}$$

无因次半径：

$$r_{\mathrm{D}}=\frac{r}{r_{\mathrm{w}}}\ ,\quad r_{\mathrm{fD}}=\frac{r_{\mathrm{f}}(t)}{r_{\mathrm{w}}}$$

储容比：

$$\omega_{1}=\frac{\phi_{\mathrm{m}}C_{\mathrm{m}}}{\phi_{\mathrm{f}}C_{\mathrm{f}}+\phi_{\mathrm{m}}C_{\mathrm{m}}+\phi_{\mathrm{v}}C_{\mathrm{v}}}$$

$$\omega_{2}=\frac{\phi_{\mathrm{v}}C_{\mathrm{v}}}{\phi_{\mathrm{f}}C_{\mathrm{f}}+\phi_{\mathrm{m}}C_{\mathrm{m}}+\phi_{\mathrm{v}}C_{\mathrm{v}}}$$

窜流系数：

$$\lambda_{1}=\alpha_{\mathrm{mf}}\frac{k_{\mathrm{m}}}{k_{\mathrm{f}}}r_{\mathrm{w}}^{2}$$

$$\lambda_{2}=\alpha_{\mathrm{vf}}\frac{k_{\mathrm{v}}}{k_{\mathrm{f}}}r_{\mathrm{w}}^{2}$$

无因次井筒存储系数：

$$C_{\mathrm{D}}=\frac{C}{2\pi\phi C_{\mathrm{t}}r_{\mathrm{w}}^{2}h}$$

无因次启动压力梯度：

$$G_{\mathrm{D}}=\frac{k_{\mathrm{v}}hr_{\mathrm{w}}G}{1.842Q\mu}$$

结合初边值条件，得到的考虑启动压力梯度的三重介质数学模型如下。
裂缝系统控制方程：

$$\frac{1}{r_{\mathrm{D}}}\frac{\partial}{\partial r_{\mathrm{D}}}\left[r_{\mathrm{D}}\left(\frac{\partial p_{\mathrm{fD}}}{\partial r_{\mathrm{D}}}\right)\right]+\lambda_{1}(p_{\mathrm{mD}}-p_{\mathrm{fD}})+\lambda_{2}(p_{\mathrm{vD}}-p_{\mathrm{fD}})=\frac{1}{C_{\mathrm{D}}\mathrm{e}^{2\mathrm{Skin}}}\frac{\partial p_{\mathrm{fD}}}{\partial(t_{\mathrm{D}}/C_{\mathrm{D}})}\tag{3.52}$$

溶洞系统控制方程:

$$\lambda_1(p_{\mathrm{fD}}-p_{\mathrm{mD}})=\omega_1\frac{1}{C_{\mathrm{D}}\mathrm{e}^{2\mathrm{Skin}}}\frac{\partial p_{\mathrm{mD}}}{\partial(t_{\mathrm{D}}/C_{\mathrm{D}})}\quad(0\leqslant t_{\mathrm{D}}<+\infty)\tag{3.53}$$

基岩系统控制方程:

$$\lambda_2(p_{\mathrm{fD}}-p_{\mathrm{vD}})=\omega_2\frac{1}{C_{\mathrm{D}}\mathrm{e}^{2\mathrm{Skin}}}\frac{\partial p_{\mathrm{vD}}}{\partial(t_{\mathrm{D}}/C_{\mathrm{D}})}\quad(0\leqslant t_{\mathrm{D}}<+\infty)\tag{3.54}$$

初始条件:

$$p_{\mathrm{fD}}(r_{\mathrm{D}},0)=p_{\mathrm{mD}}(r_{\mathrm{D}},0)=p_{\mathrm{vD}}(r_{\mathrm{D}},0)=0\text{ ,}\quad r_{\mathrm{fD}}(0)=1\text{ ,}\quad t_{\mathrm{D}}=0\tag{3.55}$$

内边界定产条件:

$$\left[r_{\mathrm{D}}\frac{\partial p_{\mathrm{fD}}}{\partial r_{\mathrm{D}}}\right]_{r_{\mathrm{D}}=1}=-\left[1-\frac{\partial p_{\mathrm{wD}}}{\partial(t_{\mathrm{D}}/C_{\mathrm{D}})}\right]\tag{3.56}$$

外边界移动半径条件:

$$\left[\frac{\partial p_{\mathrm{fD}}}{\partial r_{\mathrm{D}}}\right]_{r_{\mathrm{D}}=r_{\mathrm{fD}}(t_{\mathrm{D}})}=0\tag{3.57}$$

$$p_{\mathrm{fD}}(r_{\mathrm{fD}},t_{\mathrm{D}})=G_{\mathrm{D}}[r_{\mathrm{fD}}(t_{\mathrm{D}})-1]\tag{3.58}$$

对式(3.52)~式(3.58)作 Laplace 变换($t_{\mathrm{D}}/C_{\mathrm{D}}\to u$),则以上数学模型变成如下形式:

$$\frac{1}{r_{\mathrm{D}}}\frac{\partial}{\partial r_{\mathrm{D}}}\left[r_{\mathrm{D}}\left(\frac{\partial\tilde{p}_{\mathrm{fD}}}{\partial r_{\mathrm{D}}}\right)\right]+\lambda_1(\tilde{p}_{\mathrm{mD}}-\tilde{p}_{\mathrm{fD}})+\lambda_2(\tilde{p}_{\mathrm{vD}}-\tilde{p}_{\mathrm{fD}})=u\frac{1}{C_{\mathrm{D}}\mathrm{e}^{2\mathrm{Skin}}}\tilde{p}_{\mathrm{fD}}\tag{3.59}$$

$$\lambda_1(\tilde{p}_{\mathrm{fD}}-\tilde{p}_{\mathrm{mD}})=\omega_1 u\frac{1}{C_{\mathrm{D}}\mathrm{e}^{2\mathrm{Skin}}}\tilde{p}_{\mathrm{mD}}\tag{3.60}$$

$$\lambda_2(\tilde{p}_{\mathrm{fD}}-\tilde{p}_{\mathrm{vD}})=\omega_2 u\frac{1}{C_{\mathrm{D}}\mathrm{e}^{2\mathrm{Skin}}}\tilde{p}_{\mathrm{vD}}\tag{3.61}$$

$$\left[\frac{\partial \tilde{p}_{\mathrm{fD}}}{\partial r_{\mathrm{D}}}\right]_{r_{\mathrm{D}}=1}=-\left[\frac{1}{u}-u\tilde{p}_{\mathrm{wD}}(1-u)\right] \tag{3.62}$$

$$\frac{\partial \tilde{p}_{\mathrm{fD}}(R_{\mathrm{D}},u)}{\partial r_{\mathrm{D}}}=0 \tag{3.63}$$

$$\tilde{p}_{\mathrm{fD}}(r_{\mathrm{fD}},u)=\frac{G_{\mathrm{D}}}{u}(R_{\mathrm{D}}-1) \tag{3.64}$$

把式(3.60)和式(3.61)代入式(3.59)，得

$$\frac{\mathrm{d}^2\tilde{p}_{\mathrm{fD}}}{\mathrm{d}r_{\mathrm{D}}^2}+\frac{1}{r_{\mathrm{D}}}\frac{\mathrm{d}\tilde{p}_{\mathrm{fD}}}{\mathrm{d}r_{\mathrm{D}}}-\frac{uf(u)}{C_{\mathrm{D}}\mathrm{e}^{2\mathrm{Skin}}}\tilde{p}_{\mathrm{fD}}=0 \tag{3.65}$$

式中，

$$f(u)=(1-\omega_1-\omega_2)+\frac{\omega_1\lambda_1}{\omega_1 u+\lambda_1}+\frac{\omega_2\lambda_2}{\omega_2 u+\lambda_2}$$

解析求解式(3.62)～式(3.65)可分为两步，首先由式(3.62)、式(3.63)和式(3.65)组成边界移动的封闭储层非稳态渗流控制方程组进行解析求解；其次再将解析解代入式(3.64)，得到动边界运动方程。对于式(3.62)、式(3.63)和式(3.65)组成的三重介质非稳态渗流问题，模型在 Laplace 空间压力分布表达式为

$$u\tilde{p}_{\mathrm{fD}}(r_{\mathrm{D}},u)=\frac{1}{\sqrt{x}}\frac{\mathrm{K}_0(r_{\mathrm{D}}\sqrt{x})\mathrm{I}_1(R_{\mathrm{D}}\sqrt{x})+\mathrm{K}_1(R_{\mathrm{D}}\sqrt{x})\mathrm{I}_0(r_{\mathrm{D}}\sqrt{x})}{\mathrm{I}_1(R_{\mathrm{D}}\sqrt{x})\mathrm{K}_1(\sqrt{x})-\mathrm{K}_1(R_{\mathrm{D}}\sqrt{x})\mathrm{I}_1(\sqrt{x})} \tag{3.66}$$

式中，$\tilde{p}_{\mathrm{fD}}(r_{\mathrm{D}},u)=\int_0^{\infty}\mathrm{e}^{-ut_{\mathrm{D}}}\tilde{p}_{\mathrm{fD}}(r_{\mathrm{D}},t_{\mathrm{D}})\mathrm{d}t_{\mathrm{D}}$；$R_{\mathrm{D}}=u\tilde{r}_{\mathrm{fD}}(u)$，$\tilde{r}_{\mathrm{fD}}(u)=\int_0^{\infty}\mathrm{e}^{-ut_{\mathrm{D}}}r_{\mathrm{fD}}(t_{\mathrm{D}})\mathrm{d}t_{\mathrm{D}}$；$x=uf(u)/C_{\mathrm{D}}\mathrm{e}^{2\mathrm{Skin}}$；$\mathrm{I}_j(x)$为 j 阶第一类变型 Bessel 函数（j=1,2）；$\mathrm{K}_j(x)$为 j 阶第二类变型 Bessel 函数（j=1,2）。

将式(3.66)代入式(3.64)，得到动边界移动方程为

$$\mathrm{I}_1(R_{\mathrm{D}}\sqrt{x})\mathrm{K}_1(\sqrt{x})-\mathrm{K}_1(R_{\mathrm{D}}\sqrt{x})\mathrm{I}_1(\sqrt{x})=\frac{1}{uf(u)GR_{\mathrm{D}}(R_{\mathrm{D}}-1)} \tag{3.67}$$

计算过程先利用牛顿迭代方法在 Laplace 空间中计算非线性方程(3.67)，再将解代入方程(3.66)并利用 Stehfest 数值反演方法得到实空间下无因次压

力值，特别是当无因次半径取 1 时，可以得到三重介质考虑启动压力梯度的低速非线性渗流无因次井底压力值，进而也可以到无因次井底压力导数值。

三、三重介质低速非线性渗流试井曲线特征

将三重介质低速非线性渗流无因次压力移动半径随无因次时间变化绘制于双对数坐标系中，如图 3.24 所示。

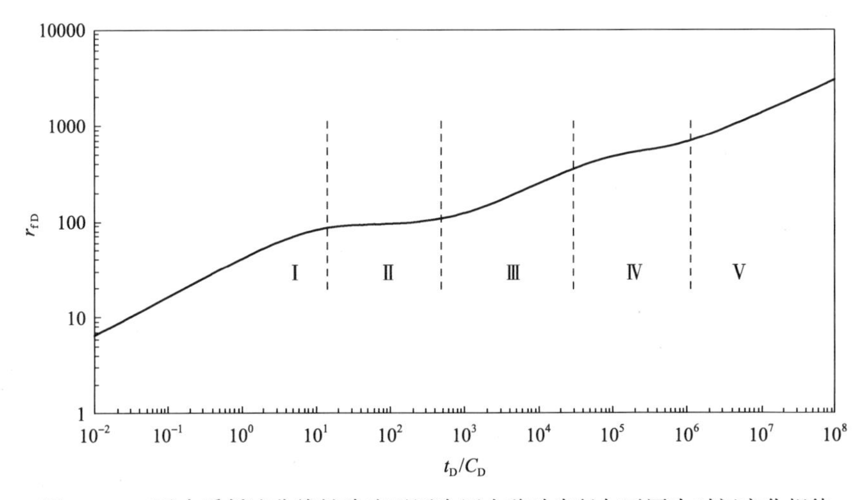

图 3.24　三重介质低速非线性渗流无因次压力移动半径与无因次时间变化规律

从图 3.24 中可以看出，无因次压力移动半径可以分为第一直线段（Ⅰ段）、第一过渡段（Ⅱ）、第二直线段（Ⅲ）、第二过渡段（Ⅳ）及第三直线段（Ⅴ）共 5 段来分析。第一直线段主要体现的是裂缝系统中流体的流动，第一过渡段主要体现的是裂缝系统中流体的流动过渡到溶洞系统中流体的流动，第二直线段主要体现的是裂缝系统+溶洞系统中流体的混合流动，第二过渡段主要体现的是裂缝系统+溶洞系统中流体的混合流动过渡到裂缝系统+溶洞系统+基岩系统中流体的混合流动，第三直线段主要体现的是裂缝系统+溶洞系统+基岩系统中流体的混合流动。

根据式(3.66)，在半对数坐标系中，以 t_D/C_D 为横坐标，以无因次井底压力 p_{wD} 为纵坐标，绘制三重介质考虑启动压力梯度低速非线性渗流无因次井底压力曲线，如图 3.25 所示。

根据式(3.66)及导数关系，在双对数坐标系中，以 t_D/C_D 为横坐标，以无因次井底压力 p_{wD} 和 $dp_{wD}/d\ln(t_D/C_D)$ 为纵坐标，分别绘制三重介质考虑启动压力梯度低速非线性渗流无因次井底压力及其导数的动态特征曲线，

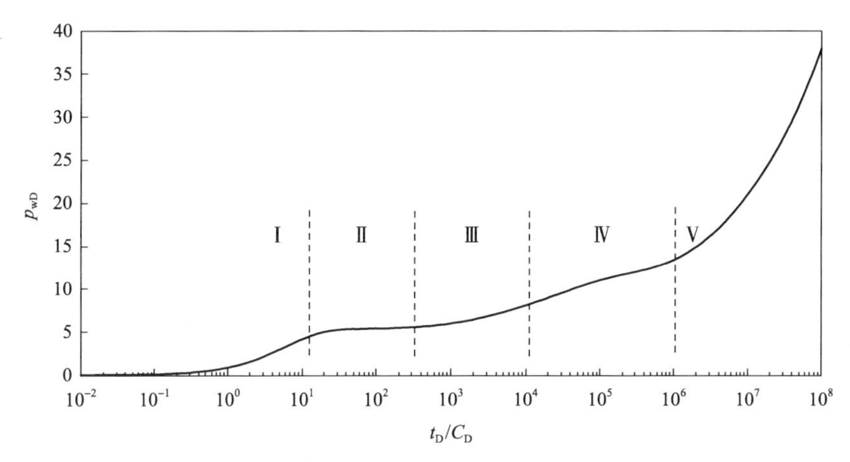

图 3.25　三重介质考虑启动压力梯度低速非线性渗流无因次井底压力与无因次时间变化规律

如图 3.26 所示。图 3.26 中无因次井底压力导数曲线出现两个凹形，反映了裂缝系统、溶洞系统及基岩系统三种介质物性不同导致不同的流动特征，无因次井底压力导数曲线出现两个凹形是三重介质的典型特征。凹形出现的先后顺序反映了溶洞系统和基岩系统两种介质中流体对裂缝系统补给的早晚，凹形的深浅反映的是流体补给能力的强弱及启动压力梯度的大小，凹形的宽度体现了流体补给量的大小。同时由于启动压力梯度的影响，反映混合流动的井底压力导数曲线不再像线性渗流那样为水平直线，而是为上翘直线，这表明考虑启动压力梯度时的井底压力比达西线性渗流时的井底压力要低。

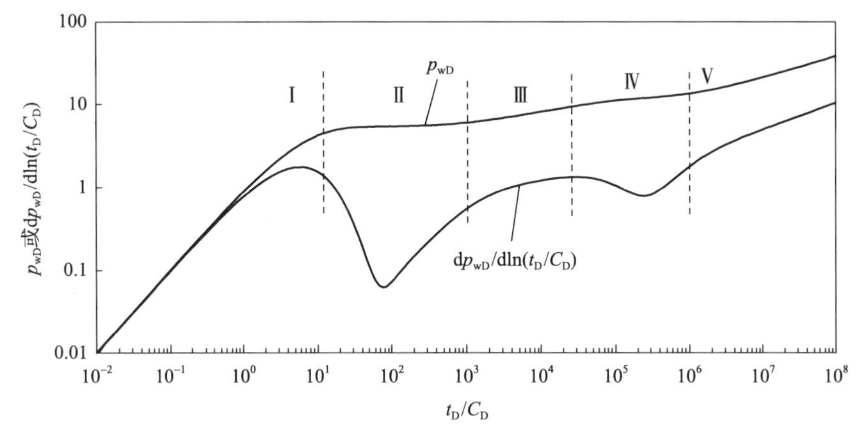

图 3.26　三重介质考虑启动压力梯度低速非线性渗流无因次井底压力和无因次井底压力导数与无因次时间变化规律

从图 3.26 中可以看出，无因次井底压力及其导数曲线可分成五段来分析，分别对应着不同的流动特征，详细分析如下。

(1)第Ⅰ阶段双对数坐标系中无因次井底压力和无因次井底压力导数曲线重合，且为呈 45°的直线，半对数坐标系中无因次井底压力变化直线斜率很小，反映井底压力变化小，这是因为受井筒存储效应的影响。井筒存储效应的影响结束后，无因次井底压力导数曲线出现极大值后向下倾斜，极大值的高低取决于参数组合 $C_{\mathrm{D}}\mathrm{e}^{2\mathrm{Skin}}$ 的大小，$C_{\mathrm{D}}\mathrm{e}^{2\mathrm{Skin}}$ 越大，则峰值越高，下倾越陡，而且峰值出现时间较迟。由于表皮系数处于指数位置，峰值大小及峰值出现的时间受表皮系数的影响更大一些。裂缝系统所占三重介质中的储容比很小，因此裂缝系统中的径向流特征很少在该阶段体现。

(2)第Ⅱ阶段为溶洞系统流体向裂缝系统的过渡流动，称为第一过渡段，半对数坐标系中无因次井底压力直线斜率较第Ⅰ阶段要小，双对数坐标系中无因次井底压力导数表现为凹形的曲线。半对数坐标系中无因次井底压力直线斜率及双对数坐标系中无因次井底压力导数的凹型形态与溶洞系统与裂缝系统间的流动能力及启动压力梯度的大小有关。

(3)第Ⅲ阶段为裂缝系统+溶洞系统的混合流动，半对数坐标系中该段无因次井底压力表现为上翘的直线，直线的斜率和溶洞系统与裂缝系统间的窜流系数及启动压力梯度的大小有关，直线的长短与三重介质溶洞系统储容比有关。双对数坐标系中无因次井底压力导数表现为上翘的直线，上翘程度与启动压力梯度的大小有关。

(4)第Ⅳ阶段为基岩系统流体向裂缝系统中的过渡流动，称为第二过渡段，半对数坐标系中无因次井底压力直线斜率较第Ⅲ阶段要小，双对数坐标系中无因次井底压力导数表现为凹形的曲线。无因次井底压力导数的凹形形态和基岩系统与裂缝系统间的流动能力及启动压力梯度的大小有关。

(5)第Ⅴ阶段为整个系统(基岩系统+溶洞系统+裂缝系统)的流动，该阶段半对数坐标系中无因次井底压力为上翘的直线，双对数坐标系中无因次井底压力导数也表现为一上翘的曲线。两条线上翘程度与启动压力梯度有关，启动压力梯度越大，上翘程度越厉害，启动压力梯度为零时，表现为水平直线(不考虑启动压力梯度的线性渗流特征)。

可以看出，三重介质裂缝–溶洞–基岩油藏生产时间较长时压力特征同双重孔隙介质相似，都趋于均质油藏情况，只是三重介质无因次井底压力导数曲线有两个凹形而双重裂缝孔隙型只有一个凹形。

四、三重介质低速非线性渗流试井曲线影响因素分析

根据式(3.66)和式(3.67)，在半对数或者双对数坐标系中，可以绘制不同参数下无因次压力移动半径、无因次井底压力及无因次井底压力导数变化曲线，从而分析不同参数对三重介质低速非线性渗流特征曲线的影响。

1. 无因次压力移动半径影响因素分析

1)无因次启动压力梯度的影响

无因次启动压力梯度对无因次压力移动半径影响的双对数曲线如图 3.27 所示，可以看出：①无因次启动压力梯度并不会改变三重介质情况下无因次压力移动半径的形态，不同无因次启动压力梯度下的无因次压力移动半径形态相似，只是大小不同；②无因次启动压力梯度越大，无因次压力移动半径越小，反映出流体流动阻力越大。

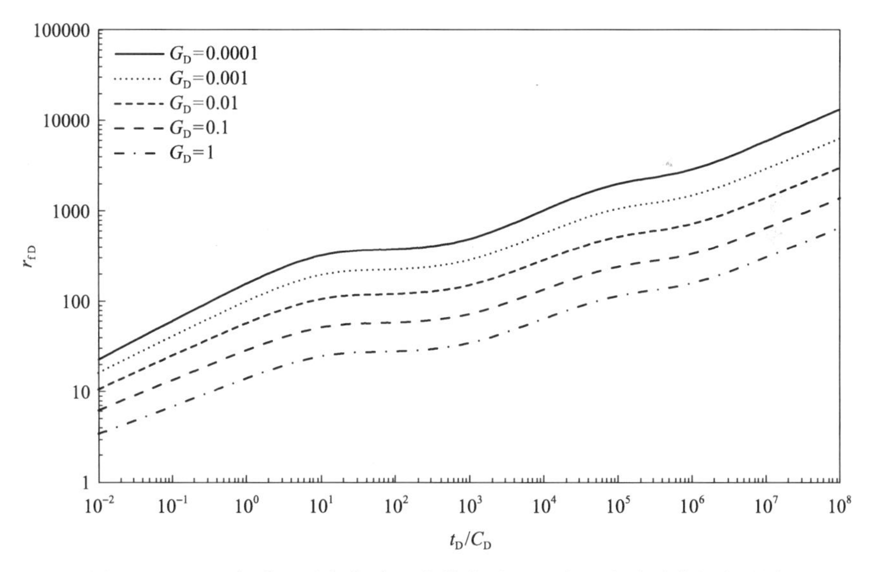

图 3.27　三重介质无因次启动压力梯度对无因次压力移动半径的影响

2)无因次井筒存储系数及表皮系数的影响

无因次井筒存储系数及表皮系数对无因次压力移动半径的影响的双对数曲线如图 3.28 所示。从图 3.28 中可以看出：①无因次井筒存储系数及表皮系数并不会改变三重介质情况下无因次压力移动半径的形态，不同无因次井筒存储系数及表皮系数下的无因次压力移动半径形态相似且曲线平行；②无因

次井筒存储系数及表皮系数越大，无因次压力移动半径越大，反映井筒及井附近地层污染越小。

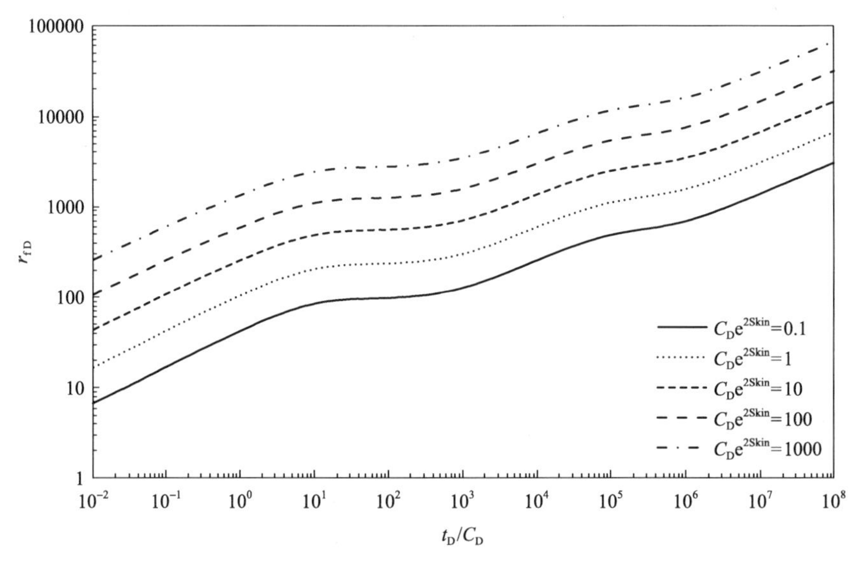

图 3.28　三重介质无因次井筒存储系数及表皮系数对无因次压力移动半径的影响

3) 三重介质裂缝溶洞系统窜流系数的影响

图 3.29 为双对数坐标系中不同三重介质裂缝溶洞系统窜流系数对无因次

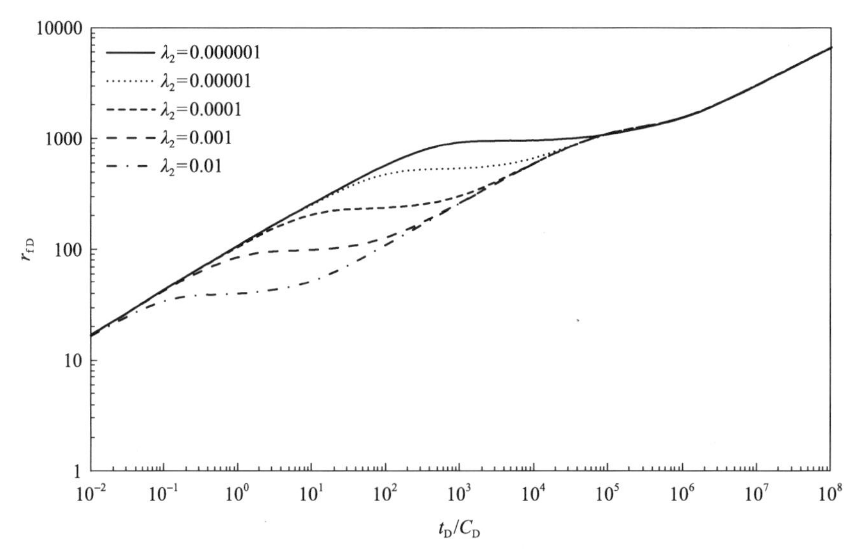

图 3.29　三重介质裂缝溶洞系统窜流系数对无因次压力移动半径的影响

压力移动半径的影响，可以看出：①三重介质裂缝溶洞系统窜流系数的大小只是影响裂缝系统向溶洞系统过渡的早晚，并不影响曲线的形态；②三重介质裂缝溶洞系统窜流系数越大，第Ⅰ过渡段出现得越早，出现裂缝系统+溶洞系统混合流动越早。

4) 三重介质溶洞系统储容比的影响

三重介质溶洞系统储容比对无因次压力移动半径的影响的双对数曲线如图 3.30 所示。从图 3.30 中可以看出：①三重介质溶洞系统储容比影响曲线的前面部分，当三重介质溶洞系统储容比较大时，溶洞系统流体越多，溶洞系统向裂缝系统流动的过渡段越明显；②随三重介质溶洞系统储容比减小，溶洞系统+裂缝系统流动的过渡段变短，而溶洞系统+裂缝系统的混合流动段变长，甚至体现不出过渡段特征。

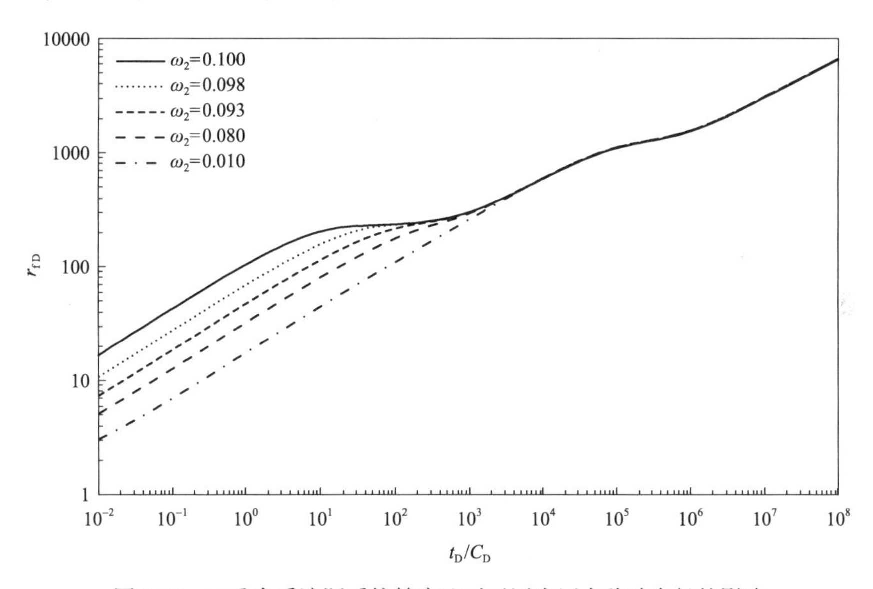

图 3.30　三重介质溶洞系统储容比对无因次压力移动半径的影响

5) 三重介质裂缝基岩系统窜流系数的影响

图 3.31 为双对数坐标系中不同三重介质裂缝基岩系统窜流系数对无因次压力移动半径的影响。从图 3.31 中可以看出：①三重介质裂缝基岩系统窜流系数的大小只是影响裂缝系统+溶洞系统向基岩系统过渡的早晚，并不影响曲线的形态；②三重介质裂缝基岩系统窜流系数越大，第Ⅱ过渡段出现得越早，出现裂缝系统+溶洞系统+基岩系统三种介质混合流动的时间越早，当

三重介质裂缝基岩系统窜流系数达到一定值后，将掩盖裂缝系统与溶洞系统之间的过渡流阶段。

6) 三重介质基岩系统储容比的影响

三重介质基岩系统储容比对无因次压力移动半径的影响的双对数曲线如图 3.32 所示，可以看出：由于整个系统的储容比为定值 1，当裂缝系统储

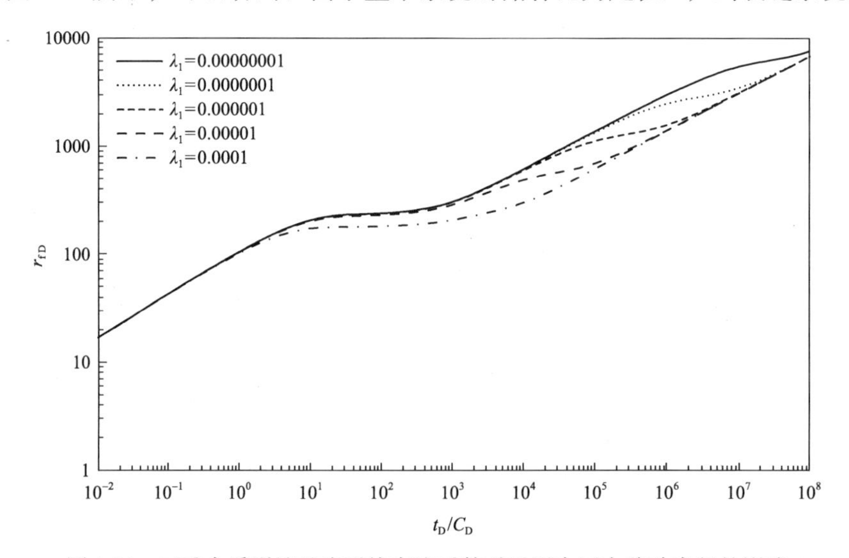

图 3.31 三重介质裂缝基岩系统窜流系数对无因次压力移动半径的影响

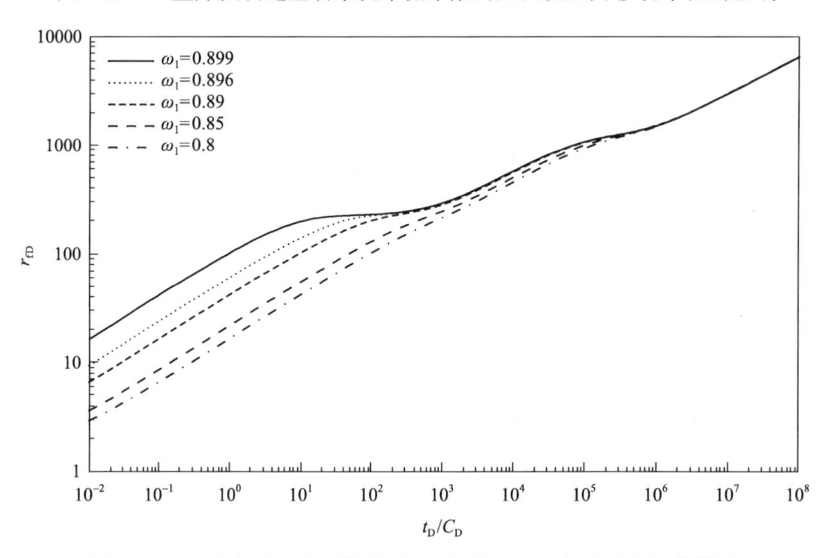

图 3.32 三重介质基岩系统储容比对无因次压力移动半径的影响

容比很小被忽略时，溶洞系统和基岩系统储容比相互影响，因此无因次压力移动半径曲线也会受到影响。基岩系统储容比越大，基岩系统流体越多，溶洞系统流体越少，溶洞系统向裂缝系统流动的过渡段越明显；随着基岩系统储容比的减小(溶洞系统储容比增大)到一定值，三重介质系统不出现明显的过渡段，而体现为均一介质流动特征。

2. 无因次井底压力及其导数曲线影响因素分析

1)无因次启动压力梯度的影响

考虑无因次启动压力梯度的低速非线性渗流无因次井底压力与达西线性渗流无因次井底压力在半对数坐标系统中的动态曲线对比如图 3.33 所示。从图 3.33 中可以看出，在半对数坐标系中，两种不同流态下无因次井底压力的分析如下：①考虑无因次启动压力梯度时，无因次井底压力曲线一直在达西线性渗流时的上方，说明考虑启动压力梯度时的能量损耗要大；②达西线性渗流情况下，无因次井底压力曲线具有明显的五段特征，能够较好地体现出三重介质系统前期井筒存储系数及表皮系数作用、裂缝系统流、第一过渡流、裂缝+溶洞系统混合流、第二过渡流及裂缝+溶洞+基岩整体混合流，而考虑无因次启动压力梯度时并不能较好地体现线性渗流中径向流的直线段，这是因为无因次启动压力梯度的存在使直线段特征不明显；③两种流态下无因次井底压力曲线之间的差距随着无因次时间的增加而增大。

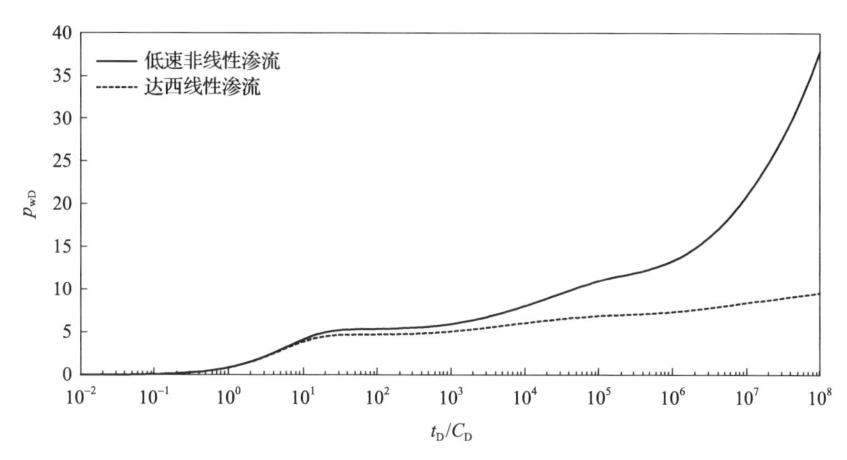

图 3.33　三重介质不同流动类型下无因次井底压力的对比

两种不同流态下无因次井底压力及其导数在双对数坐标系统中的对比如图 3.34 所示。从图 3.34 中可以看出：在双对数坐标系中，两种不同流态下无因次井底压力导数曲线都会出现两个峰值和两个凹形，且出现的时间相同，但是达西线性渗流时两个峰值的极大值及凹形的极小值要小；此外达西线性渗流情况下后期裂缝+溶洞+基岩系统混合流时的无因次井底压力导数为一水平直线，而考虑无因次启动压力梯度时表现为一上翘的直线，直线上翘的程度与无因次启动压力梯度的大小有关。

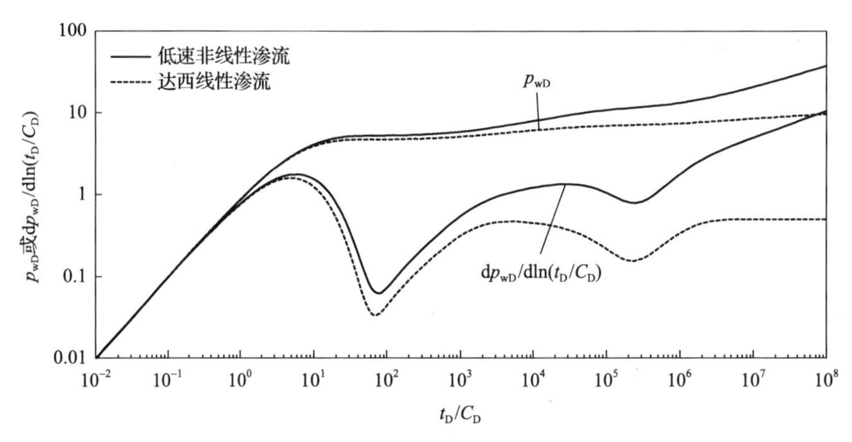

图 3.34　三重介质不同流动类型下无因次井底压力及无因次井底压力导数的对比

图 3.35 为三重介质不同无因次启动压力梯度下半对数坐标系中无因次井底压力的动态特征曲线。由图 3.35 可知，无因次启动压力梯度越大，曲线上翘得越厉害，表明地层中消耗压力越大。

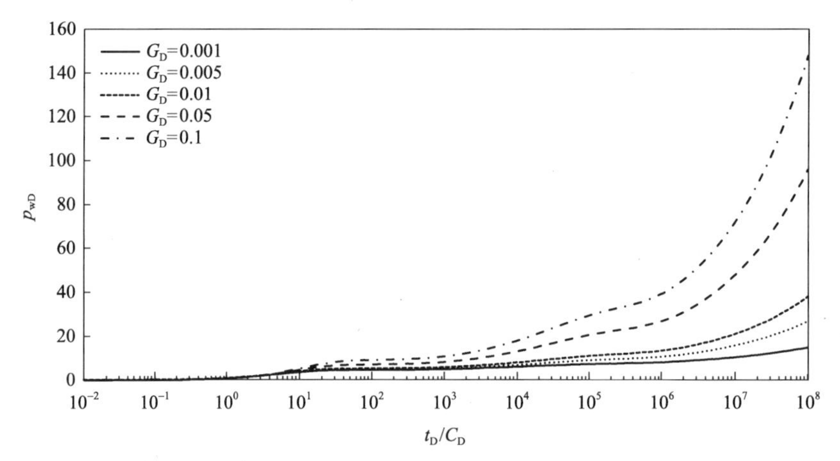

图 3.35　三重介质无因次启动压力梯度对无因次井底压力的影响

图 3.36 为三重介质不同无因次启动压力梯度下双对数坐标系中无因次井

底压力及无因次井底压力导数的动态特征曲线。由图 3.36 可知：无因次启动压力梯度越大，无因次井底压力及无因次井底压力导数也越大，且曲线后期的上翘程度也越大，但无因次井底压力导数曲线出现凹形的时间不变。随着无因次启动压力梯度变小，无因次井底压力曲线及其导数曲线越接近达西线性渗流时的曲线形态。

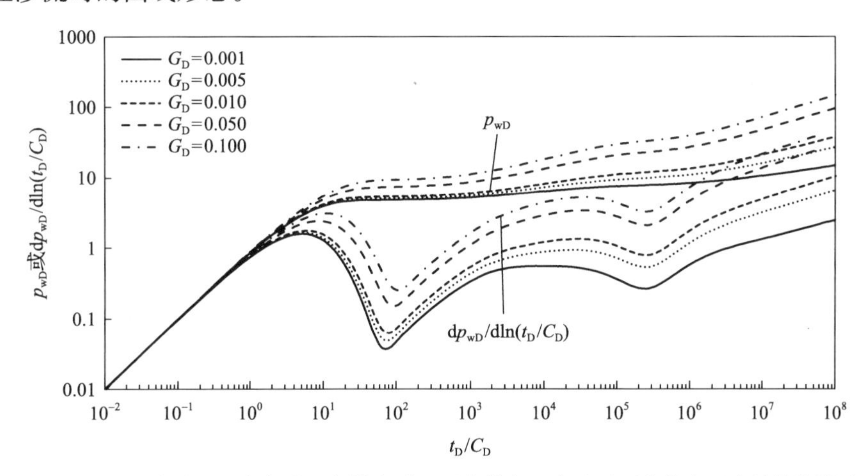

图 3.36　三重介质无因次启动压力梯度对无因次井底压力及无因次井底压力导数的影响

2) 无因次井筒存储系数和表皮系数的影响

不同无因次井筒存储系数和表皮系数对无因次井底压力的影响如图 3.37 所示。从图 3.37 中可以看出，无因次井筒存储系数和表皮系数越大，无因次井底压力越大，并且无因次井底压力曲线后期上翘得越厉害。

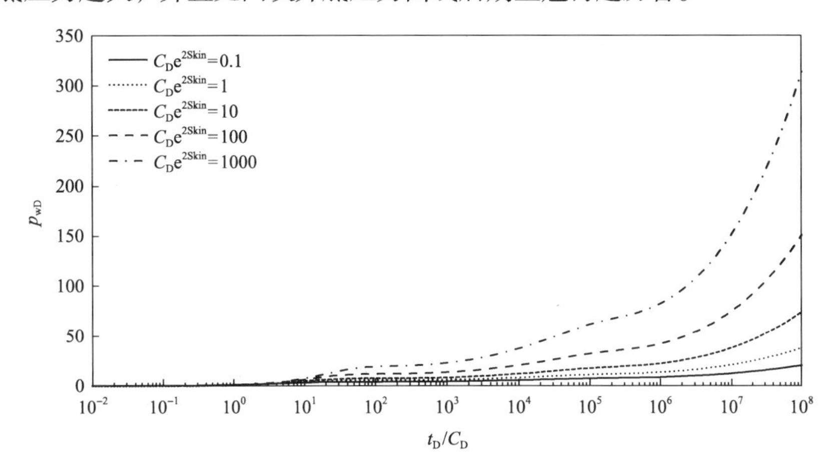

图 3.37　三重介质无因次井筒存储系数和表皮系数对无因次井底压力的影响

双对数坐标系中不同无因次井筒存储系数和表皮系数对无因次井底压力及其导数的影响如图 3.38 所示。随着无因次时间的增加，不同无因次井筒存储系数及表皮系数对应的无因次井底压力差距越来越大，无因次井筒存储系数和表皮系数越大，无因次井底压力越大，无因次井底压力导数两个峰值的极大值越大，两个凹形的极小值也越大，但出现的时间都相同，后期曲线上翘也越严重。

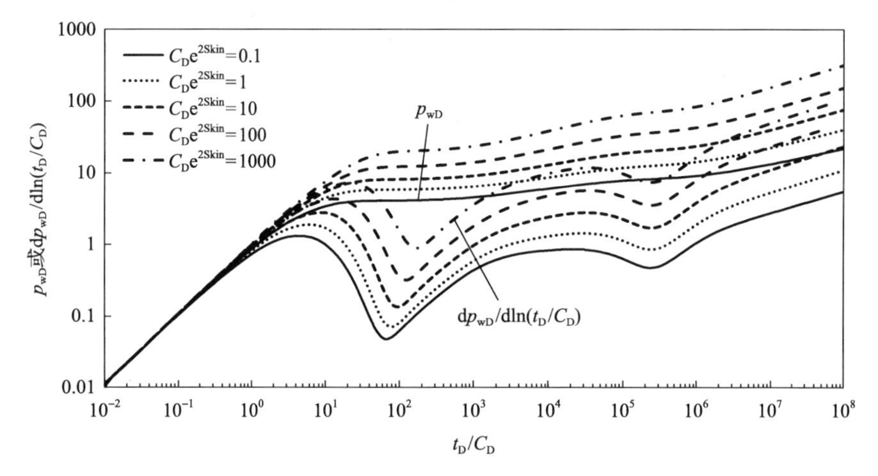

图 3.38　三重介质无因次井筒存储系数及表皮系数对无因次井底压力及无因次井底压力导数的影响

3) 三重介质裂缝溶洞系统窜流系数的影响

图 3.39 为三重介质裂缝溶洞系统窜流系数对无因次井底压力的影响。从

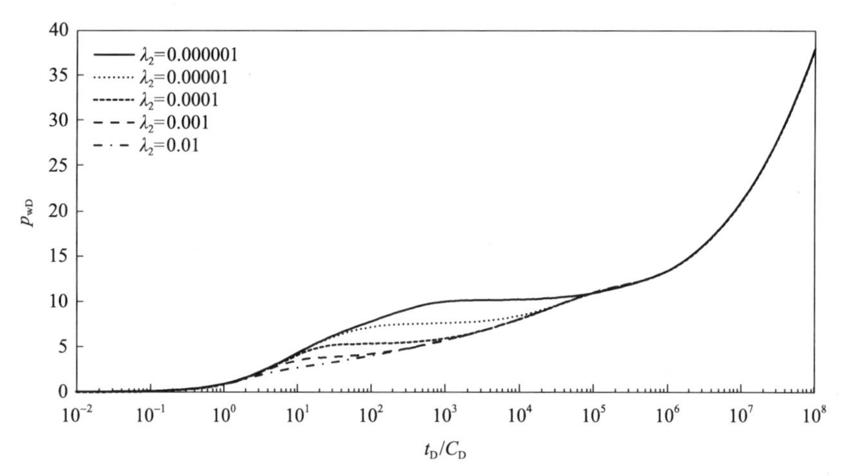

图 3.39　三重介质裂缝溶洞系统窜流系数对无因次井底压力的影响

图 3.39 中的曲线可以看出，三重介质裂缝溶洞系统窜流系数影响曲线的第Ⅱ段形态，三重介质裂缝溶洞系统窜流系数越小，无因次井底压力越大，过渡流出现的时间越晚，表明裂缝系统+溶洞系统混合流动的时间越晚。

双对数坐标系中不同三重介质裂缝溶洞系统窜流系数对无因次井底压力及其导数的影响如图 3.40 所示。由图 3.40 可知：三重介质裂缝溶洞系统窜流系数越小，无因次井底压力导数出现凹形的时间越晚，凹形的极小值越小且凹形的宽度越大，反映出溶洞系统补给能力越弱。

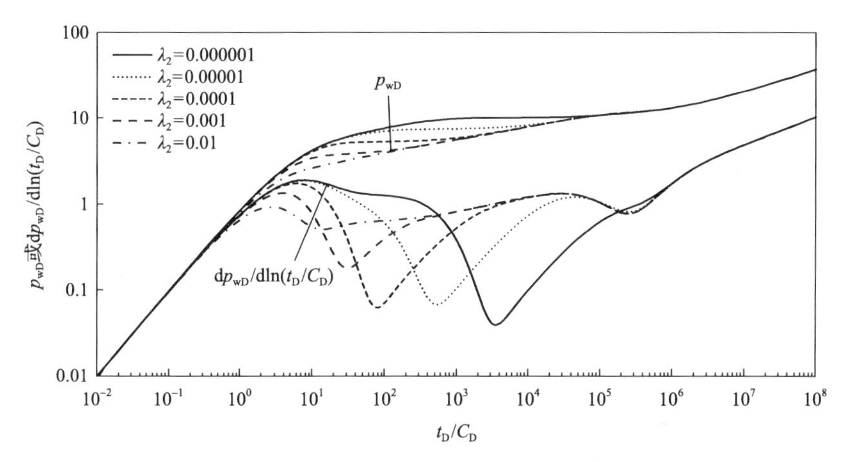

图 3.40　三重介质裂缝溶洞系统窜流系数对无因次井底压力及无因次井底压力导数的影响

4）三重介质溶洞系统储容比的影响

不同三重介质溶洞系统储容比对无因次井底压力的影响如图 3.41 所示，

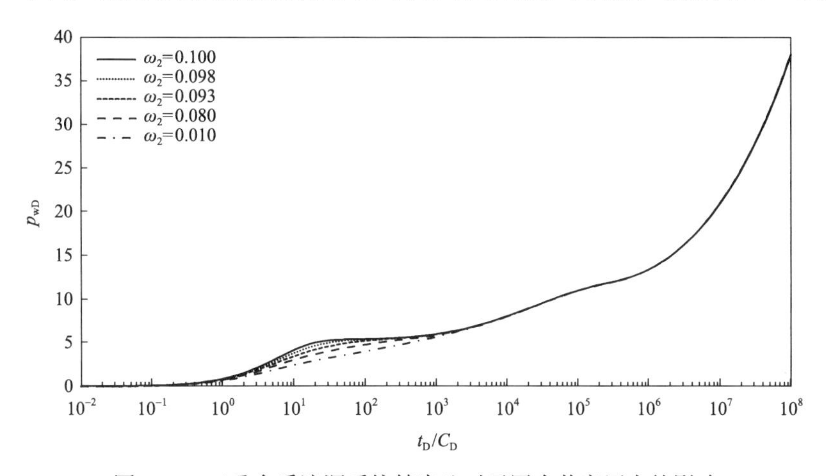

图 3.41　三重介质溶洞系统储容比对无因次井底压力的影响

三重介质溶洞系统储容比影响曲线第Ⅱ段和第Ⅲ段的形态，即裂缝+溶洞系统的混合流动阶段，三重介质溶洞系统储容比越大，无因次井底压力越大，裂缝+溶洞系统的混合流出现得越早且持续时间越长。

双对数坐标系中不同三重介质溶洞系统储容比对无因次井底压力及其导数的影响如图 3.42 所示。从图 3.42 中可以看出，三重介质溶洞系统储容比越大，无因次井底压力导数体现过渡流的凹形出现得越早且宽度越大，同时三重介质溶洞系统储容比越小，凹形的极小值越大。

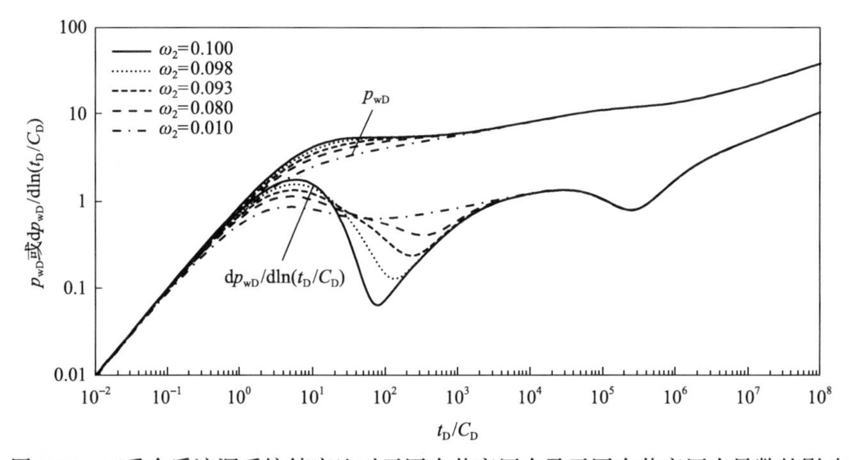

图 3.42　三重介质溶洞系统储容比对无因次井底压力及无因次井底压力导数的影响

5) 三重介质裂缝基岩系统窜流系数的影响

图 3.43 为三重介质裂缝基岩系统窜流系数对无因次井底压力的影响，从

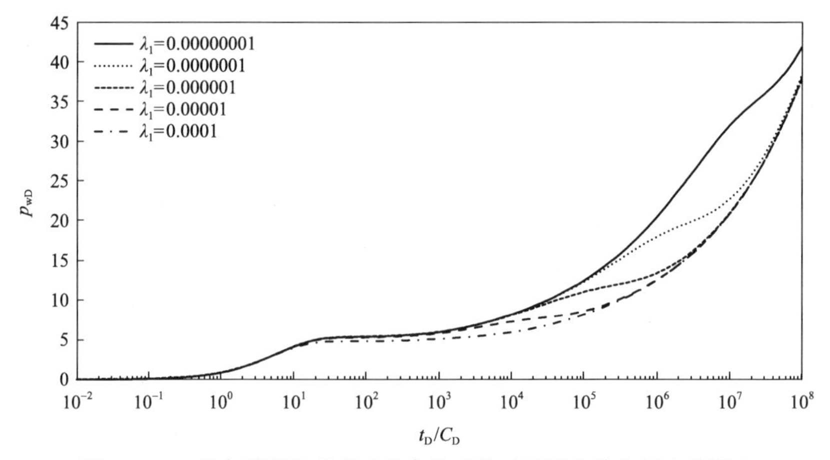

图 3.43　三重介质裂缝基岩系统窜流系数对无因次井底压力的影响

图中曲线可以看出，三重介质裂缝基岩系统窜流系数影响无因次井底压力曲线的第Ⅳ段形态，三重介质裂缝基岩系统窜流系数越小，无因次井底压力越大，过渡流出现的时间越晚，表明基岩系统流向裂缝系统的流动能力越弱。

双对数坐标系中不同三重介质裂缝基岩系统窜流系数对无因次井底压力及其导数的影响如图 3.44 所示。三重介质裂缝基岩系统窜流系数越小，无因次压力导数出现凹形的时间越晚，且凹形的极小值越大，反映出裂缝+溶洞系统混合流越明显且持续时间越长。

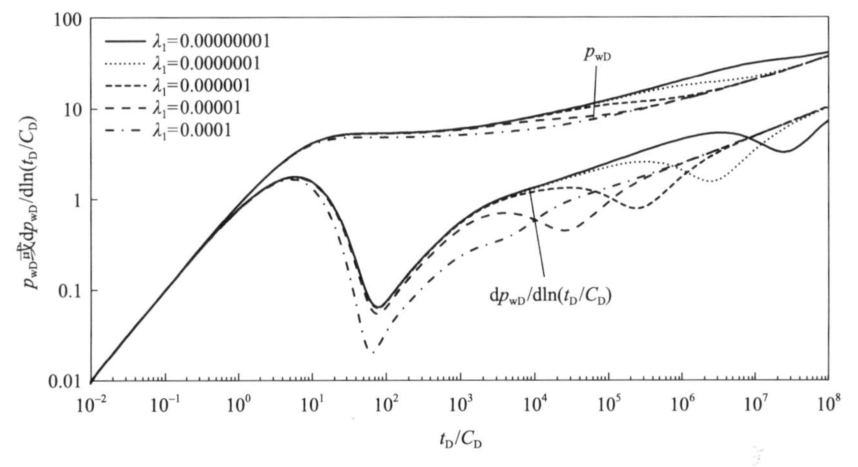

图 3.44　三重介质裂缝基岩系统窜流系数对无因次井底压力及无因次井底压力导数的影响

6) 三重介质基岩系统储容比的影响

不同三重介质基岩系统储容比对无因次井底压力的影响如图 3.45 所示，

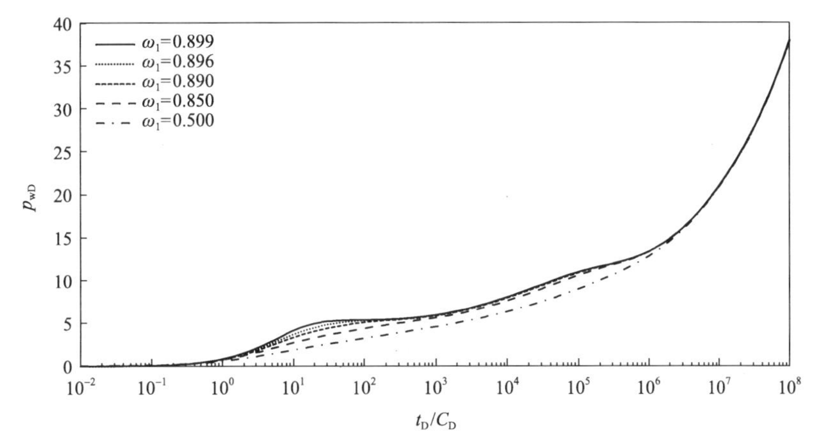

图 3.45　三重介质基岩系统储容比对无因次井底压力的影响

基岩系统储容比影响曲线的第Ⅱ和Ⅳ段形态，即两个过渡流阶段，基岩系统储容比越小，无因次井底压力越小，两个过渡段特征越不明显，曲线特征趋向于单一介质低速非线性渗流特征。

双对数坐标系中不同三重介质基岩系统储容比对无因次井底压力及其导数的影响如图 3.46 所示。从图 3.46 中可以看出：三重介质基岩系统储容比越大，无因次井底压力导数的两个凹形出现得越早且极小值越小。

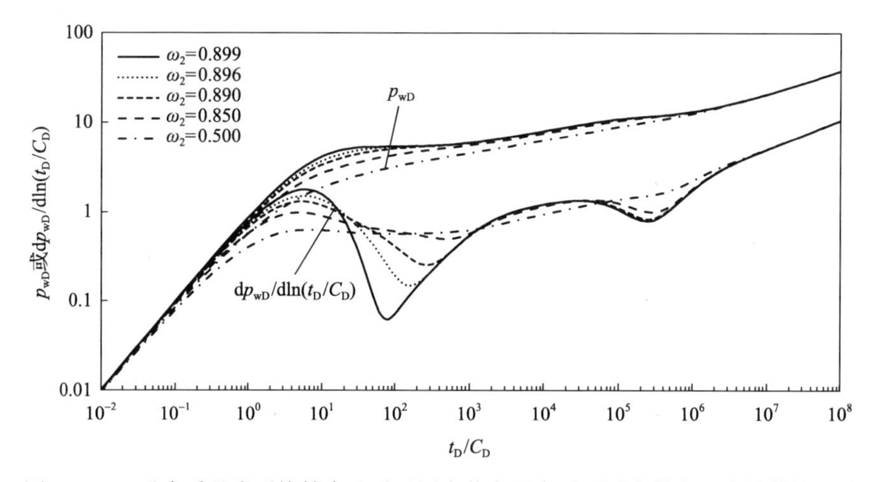

图 3.46　三重介质基岩系统储容比对无因次井底压力及无因次井底压力导数的影响

第四章　低渗透油藏考虑应力敏感的非线性渗流试井分析

本章首先分析储层应力敏感影响因素，基于实验数据确定应力敏感系数表达式，从而研究应力敏感效应对油井产能及地层压力分布的影响。在物理条件假设的基础上，建立了考虑储层应力敏感效应的单一介质非线性不稳定渗流模型,利用差分法和 Laplace 变换等方法分别得到了模型的数值解和解析解，从而绘制了考虑应力敏感的试井曲线，并进行了影响参数分析。针对双重裂缝孔隙介质，考虑地层压力下降时裂缝渗透率的变化，根据岩石力学参数建立了裂缝闭合时的裂缝渗透率公式，分析了裂缝系统孔隙度、裂缝系统压缩系数、杨氏模量及泊松比对裂缝渗透率的影响[78,79]。基于考虑介质形变的裂缝渗透率公式，建立了双重介质考虑应力敏感的渗流模型，利用 Pedrosa 变换和 Laplace 变化求出了模型的解析解[19,80],从而得到了考虑应力敏感时的试井曲线，并分析了应力敏感系数对试井曲线的影响。

第一节　应力敏感影响因素及数学表征

一、应力敏感规律

低渗透油藏一般沉积物粒度细、胶结物和泥质含量高、分选差。由于胶结物强度低于岩石骨架颗粒，在受力初始阶段即已发生塑性变形，当覆压复原后，压实和变形的胶结物不能恢复原状；随着有效覆压的增大，联结颗粒的胶结物强度趋近于岩石骨架颗粒强度，变形表现为弹性变形特点，当覆压恢复后，变形可以恢复。而岩心渗透率越低，泥质和胶结物含量越多，因此在有效覆压增大的初始阶段其塑性变形量更大一些，造成孔隙度的恢复性较差。

1. 孔隙度变化规律

分析孔隙度变化结果可知，实验范围内岩心孔隙度变化可以分为两种类型：岩心孔隙度随有效应力的改变变化幅度很小，基本在 8%以内；同时在压力交替变化实验中孔隙度在有效压力增大和减小过程中的变化曲线在 20～65MPa 几乎是重合的，在 2～20MPa 内有微小的变化，孔隙度的最终不可逆损失率非常小，在 2%以内。

岩心(初始孔隙度小于5.5%)在升压过程中孔隙度变化幅度要大大高于其他岩心，孔隙度损失率达到 15%～20%。降压曲线和升压曲线两者路径变化相差比较大，降压过程中孔隙度的恢复性也比其他岩心差，不可逆损失率约为 4%，是其他岩心的两倍左右。

图 4.1 和图 4.2 分别为不同有效覆压下孔隙度损失率随初始孔隙度和初始渗透率的变化关系：孔隙度损失率与初始孔隙度和初始渗透率两者之间大致呈负相关关系，但相关性较差。孔隙度损失率受有效应力影响比较明显。

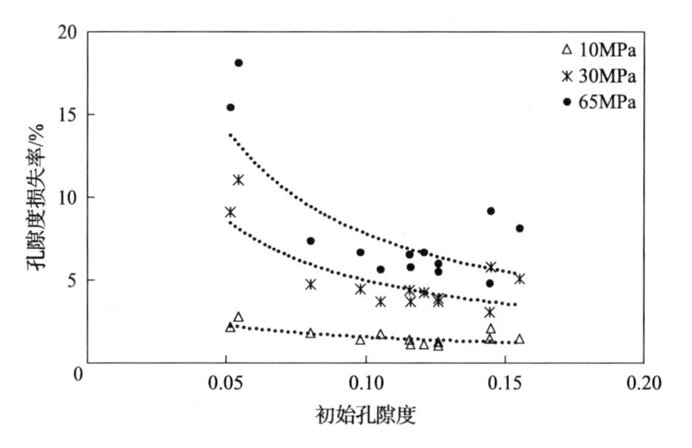

图 4.1　孔隙度损失率与初始孔隙度关系图[74]

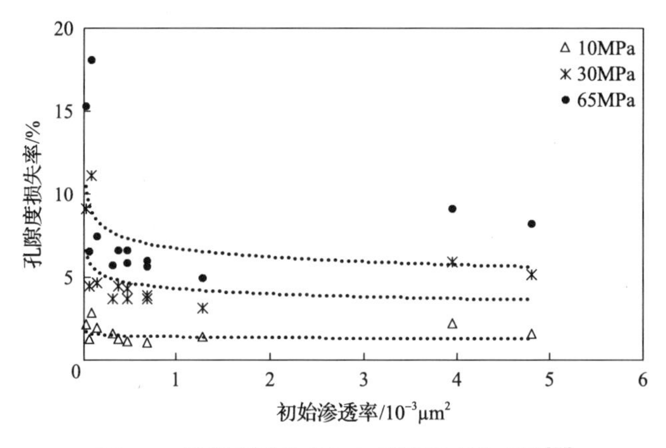

图 4.2　孔隙度损失率与初始渗透率关系图[74]

2. 渗透率变化规律

从图 4.3 中可以看到，随着有效覆压的增大，岩心渗透率逐渐减小；在有效覆压较小时，岩心渗透率下降得很快，而有效覆压较高时，岩心渗透率变化幅度很小。在降压恢复过程中，岩心渗透率有不同程度的不可逆损失。不同岩心渗透率变化幅度相差很大，升压过程中渗透率损失率低者不到 20%，高者将近 100%，几乎完全丧失导流能力；降压过程中不可逆损失也非常严重。还可以发现，这种差异除了与有效覆压的大小有关外，还与初始渗透率有关：初始渗透率越小，相同有效覆压条件下的渗透率损失率越大。

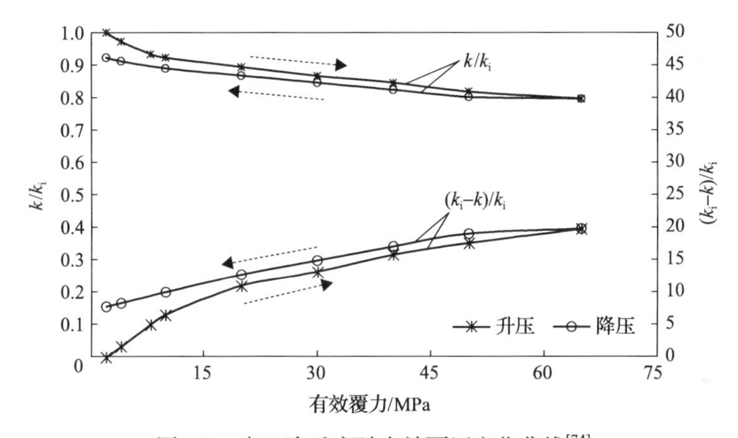

图 4.3　岩心渗透率随有效覆压变化曲线[74]

根据孔隙与喉道变形理论，砂岩受压缩时，最先被压缩的是喉道，而非孔隙。在岩石未受压时，岩石中的孔隙与喉道并存；当加压时，岩石中的喉道最先闭合，而孔隙基本不变；随有效压力增大，未闭合的喉道数越来越少，且多为不易闭合的喉道，致使岩石受压后压缩量减小，渗透率下降趋势逐渐减缓。而喉道对储集流体的贡献很小，主要是对流体渗流能力产生影响，这也解释了为什么有效覆压对低渗岩心渗透率影响很大而孔隙度变化幅度却很小。

二、应力敏感影响因素

1. 温度

从实验结果图 4.4 可以看出：随温度升高，岩心渗透率略有升高，最高涨幅在 9%以内。在这一温度范围内温度对渗透率的影响非常小，与前人的实验结果是一致的。同时，岩心渗透率越小，相同条件下温度对其变化幅度影响相对越大。

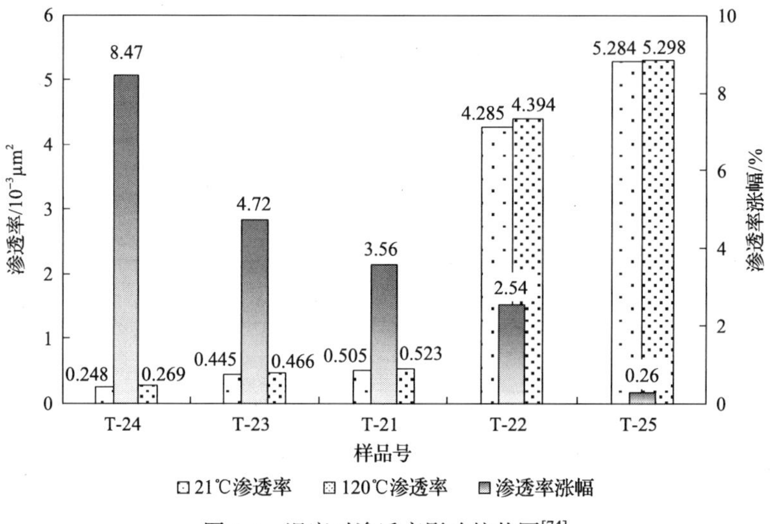

图 4.4　温度对渗透率影响柱状图[74]

2. 多次升降压

低渗透油藏由于储层岩石物性很差，地层能量供给比较困难。当油井产量非常低不足以连续生产时，一般采用关井的方法恢复近井地带地层压力以恢复生产。为研究地层压力反复变化对低渗透储层物性的影响，对样品进行了多次升压和降压实验，实验结果如图 4.5 所示。在每一轮的升降压过程中，

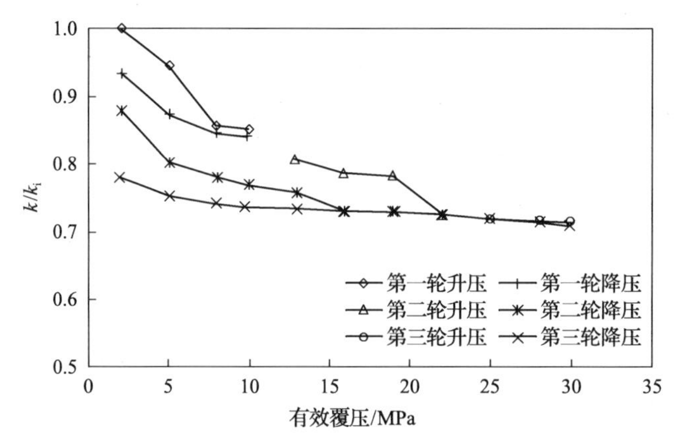

图 4.5　多次升降压对渗透率的影响[74]

岩心渗透率都有不同程度的不可逆损失，且第一轮的岩心渗透率损失最为严重。与单次升降压相似，岩石的初始渗透率越小，其升压过程中压力的损失值越大，降压过程中的不可逆损失也越严重。

同时可以看出，有效覆压比较小时，升降压过程中渗透率变化幅度很大。而对于渗透率相对较大的岩心，有效覆压较大时，升降压过程岩心渗透率变化幅度非常小，渗透率路径基本重合。

3. 平面与垂向应力之比

常规的岩心夹持器通过流体施加径向压力，而轴向压力为预紧力，是不可测得的，不能真实反映岩心在地层中的受力情况，因此采用自主设计的能够模拟地层多应力场耦合作用的岩心夹持器。采用块状岩心来满足应力相似条件，用液压机对岩心施加垂向压力，采用渗流板解决渗流通道问题。用泵通过流体直接施加水平压力，用小型液压机施加垂向压力，测试难点在于岩心密闭环境的建立。实验中选取环氧树脂与其他添加剂混合均匀涂裹岩心，晾干后加压测试。这样制备的样品具有良好的密封性能、可靠的强度及韧性。图 4.6 是平面与垂向应力之比 p_{hv}=1∶2 时受压后渗透率损失率与初始渗透率关系曲线。岩心初始渗透率越小，受压后渗透率损失率越大。人造岩心与天然岩心渗透率变化规律基本相同。

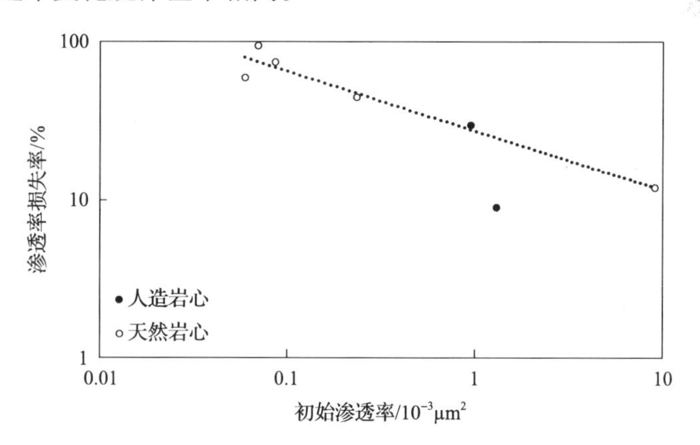

图 4.6　受压后渗透率损失率与初始渗透率关系曲线（p_{hv}=1∶2）[74]

在不同平面与垂向应力之比条件下，天然岩心渗透率随垂向应力的变化关系、孔隙度下降幅度随垂向应力的变化关系分别如图 4.7 和图 4.8 所示。

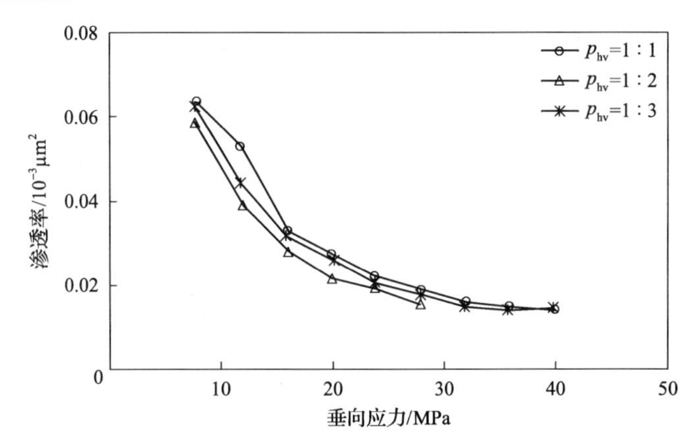

图 4.7　不同平面与垂向应力之比下岩石渗透率变化规律[74]

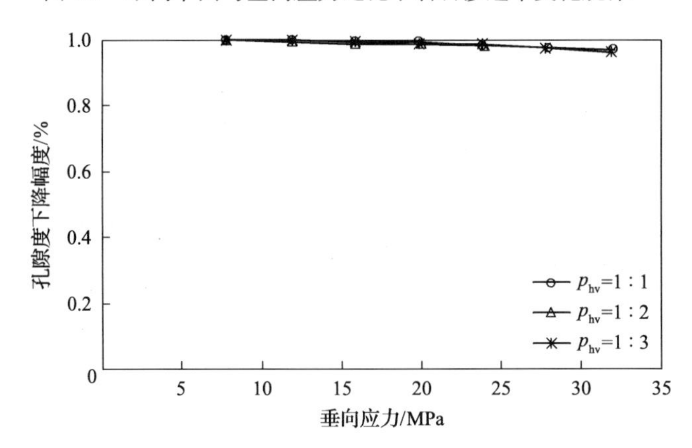

图 4.8　不同平面与垂向应力之比下岩石孔隙度下降幅度变化规律[74]

从图 4.7 和图 4.8 中可以看出，当岩心受到不同比例的围压作用时，渗透率下降幅度有所不同，而孔隙度的变化路径几乎重合。

三、应力敏感数学表征

通过对岩心渗透率与有效应力进行拟合发现，乘幂式的相关系数最高，绝大部分相关系数在 0.99 以上，二次多项式次之，而指数式最低，因此选取乘幂式拟合岩心渗透率与有效应力的关系。

对渗透率及有效应力进行无因次化处理，则渗透率–有效应力关系可表示为乘幂式：

$$\frac{k}{k_{\rm i}}=a\left(\frac{\delta_{\rm p}}{\delta_{\rm pi}}\right)^{-b} \tag{4.1}$$

当$\delta_{\rm p}=\delta_{\rm pi}$时，有$k=k_{\rm i}$，此时，式(4.1)中$a$为1。

则式(4.1)可改写成$\frac{k}{k_{\rm i}}=\left(\frac{\delta_{\rm p}}{\delta_{\rm pi}}\right)^{-b}$，此时方程两边取常用对数，则有

$$\lg\frac{k}{k_{\rm i}}=-b\lg\frac{\delta_{\rm p}}{\delta_{\rm pi}} \tag{4.2}$$

从式(4.2)可知，$\frac{k}{k_{\rm i}}$-$\frac{\delta_{\rm p}}{\delta_{\rm pi}}$在双对数坐标系中是一条通过点(1, 1)、斜率为$-b$的直线。定义应力敏感系数为

$$S=-\lg\frac{k}{k_{\rm i}}\bigg/\lg\frac{\delta_{\rm p}}{\delta_{\rm pi}} \tag{4.3}$$

因此可以方便地通过拟合乘幂关系式来得到应力敏感系数，它是幂指数的负值。这种定义形式简单，而且表达式与实验数据相关程度高，应力敏感系数值的大小不受实验所测数据点多少的影响，且与岩心所受的最大围压无关。岩心初始渗透率与应力敏感系数的关系曲线如图 4.9 所示。

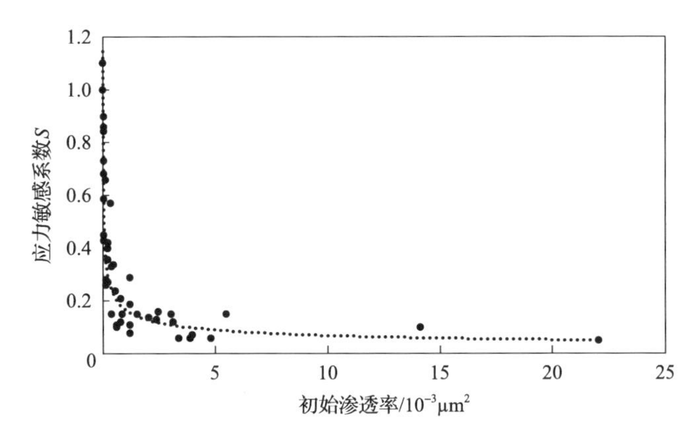

图 4.9　岩心初始渗透率与应力敏感系数关系[74]

从图 4.9 中可以看出，岩心初始渗透率越小，对应的应力敏感系数就越大；当初始渗透率较小时，应力敏感系数急剧减小；当初始渗透率较大时，

应力敏感系数变化趋势比较平缓。在双对数坐标系下，两者呈线性关系（图 4.10）。低渗透变形介质油气藏的应力敏感系数与地层初始渗透率呈乘幂式关系，可表示为

$$S = c(k_{\mathrm{i}})^{-m} \tag{4.4}$$

对于不同的油气藏储层，式(4.4)中的系数 c、m 有不同的值，需要通过实验测定，以得到较精确的值。

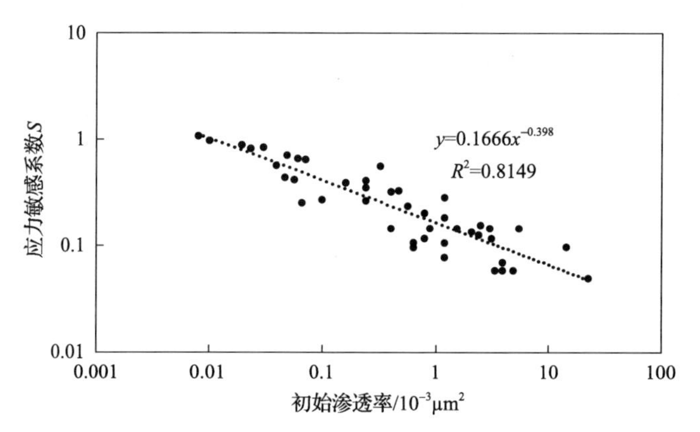

图 4.10　岩心初始渗透率与应力敏感系数关系[74]

从图 4.10 中的回归式计算可知，当岩心初始渗透率小于 $1.0\times10^{-3}\mu m^2$ 时，应力敏感系数急剧增加。因此，对于特低、超低渗透油气藏，应力敏感的影响显著增强，加大了此类油气藏开发的难度。由式(4.1)和式(4.4)可以推导出任意初始渗透率与有效应力的关系式：

$$\frac{k}{k_{\mathrm{i}}} = \left(\frac{\delta_{\mathrm{p}}}{\delta_{\mathrm{pi}}}\right)^{-ck_{\mathrm{i}}^{-m}} \tag{4.5}$$

从式(4.5)可知，只要确定了系数 c 和 m（即得到应力敏感系数 S 的表达式），就可以得到任意初始渗透率与有效应力的关系式，从而可以方便地计算油气藏任意点的渗透率在油气藏开发过程中的变化动态，为建立低渗透变形介质油气藏渗流模型并进行油气藏数值模拟奠定了基础。同时利用此关系式也可以将地面低围压条件下所测岩心渗透率转换成地层条件下的渗透率，具有实际的工程应用价值。

第二节　考虑应力敏感的非线性稳定及拟稳定渗流模型

一、考虑应力敏感的非线性稳定渗流产能及压力分布模型

运动方程：

$$v = -\frac{k_i}{\mu}\left(\frac{\delta_p - p}{\delta_{pi}}\right)^{-S}\frac{dp}{dr} \tag{4.6}$$

连续性方程：

$$Q = 2\pi hrv \tag{4.7}$$

边界条件：

$$r = r_w, p = p_w; r = r_e, p = p_e \tag{4.8}$$

结合边界条件求解微分方程可得变形介质平面径向稳定渗流产能公式为

$$Q = \frac{2\pi k_i h}{\mu B_o \delta_{pi}^{-S}}\frac{(\delta_p - p_w)^{1-S} - (\delta_p - p_e)^{1-S}}{(1-S)\ln\frac{r_e}{r_w}} \tag{4.9}$$

同理，可得压力分布表达式为

$$\begin{aligned} p &= \delta_p - \left[\frac{Q\mu B_o(1-S)\delta_{pi}^{-S}\ln\frac{r_e}{r}}{2\pi k_i h} + (\delta_p - p_e)^{1-S}\right]^{\frac{1}{1-S}} \\ &= \delta_p - \left[\frac{(\delta_p - p_w)^{1-S} - (\delta_p - p_e)^{1-S}}{\ln\frac{r_e}{r_w}}\ln\frac{r_e}{r} + (\delta_p - p_e)^{1-S}\right]^{\frac{1}{1-S}} \end{aligned} \tag{4.10}$$

二、考虑应力敏感的拟稳定渗流产能及压力分布模型

对于圆形封闭油层中心的一口井，设供油区内初始地层压力为 p_i，油井

投产 t 时间后供油区内平均地层压力为 p_r。由于地层是封闭的，油井产量将完全依靠地层压力下降使液体体积膨胀和孔隙体积缩小而获得，根据综合压缩系数 C_t 的物理意义，供油区内依靠弹性能排出液体的总体积为

$$V = C_t V_f (p_i - p_r) \tag{4.11}$$

式中，V 为排出液体的总体积，cm^3；V_f 为供油区的岩石体积，$V_f=\pi(r_e^2 - r_w^2)h$，cm^3。

油井产量为

$$Q = \frac{dV}{dt} = -C_t \pi (r_e^2 - r_w^2) h \frac{dp_r}{dt} \tag{4.12}$$

由于处于拟稳定阶段，地层各点压降速度 $\frac{dp}{dt}$ 应相等，通过任一半径为 r 断面的流量 (q_r)：

$$q_r = -C_t \pi (r_e^2 - r^2) h \frac{dp_r}{dt} \tag{4.13}$$

由式(4.12)和式(4.13)得到

$$\frac{q_r}{Q} = \frac{r_e^2 - r^2}{r_e^2 - r_w^2} \tag{4.14}$$

由于 $r_w^2 \ll r_e^2$，则 $r_e^2 - r_w^2 \approx r_e^2$，式(4.14)简化为

$$q_r = \left(1 - \frac{r^2}{r_e^2}\right) Q \tag{4.15}$$

任意半径 r 处的渗流速度 (v_r)：

$$v_r = \frac{q_r}{2\pi r h} = \frac{1}{2\pi r h}\left(1 - \frac{r^2}{r_e^2}\right) Q = \frac{Q}{2\pi r_e h}\left(\frac{r_e}{r} - \frac{r}{r_e}\right) = \frac{k_i}{\mu}\frac{dp}{dr} \tag{4.16}$$

考虑渗透率变化时，渗透率是有效覆压的函数，同时考虑流体体积系数，将式(4.16)进行分离变量积分，积分区间为 $r \to r_e$ 和 $p \to p_i$：

$$\int_{p(r,t)}^{p_i} \frac{k_i}{\mu B_o}\left(\frac{\sigma_p - p}{\sigma_{pi}}\right)^{-S} dp = \frac{Q}{2\pi r_e h}\int_r^{r_e}\left(\frac{r_e}{r} - \frac{r}{r_e}\right) dr \tag{4.17}$$

则地层中任意一点压力为

$$p(r,t)=\delta_{\mathrm{p}}-\left\{\frac{Q\mu B_{\mathrm{o}}\delta_{\mathrm{pi}}^{-S}(1-S)}{2\pi k_{\mathrm{i}}h}\left[\ln\frac{r_{\mathrm{e}}}{r}-\frac{1}{2}\left(1-\frac{r^2}{r_{\mathrm{e}}^2}\right)\right]+\left[\delta_{\mathrm{p}}-p_{\mathrm{i}}\right]^{1-S}\right\}^{\frac{1}{1-S}} \tag{4.18}$$

当 $r=r_{\mathrm{w}}$ 时，$p(r,t)=p_{\mathrm{wf}}(t)$，由于 $r_{\mathrm{w}}^2\ll r_{\mathrm{e}}^2$，略去 $\dfrac{r_{\mathrm{w}}^2}{r_{\mathrm{e}}^2}$ 项，得到任意时刻 t 时井底压力 $p_{\mathrm{wf}}(t)$ 为

$$p_{\mathrm{wf}}(t)=\delta_{\mathrm{p}}-\left\{\frac{Q\mu B_{\mathrm{o}}\delta_{\mathrm{pi}}^{-S}(1-S)}{2\pi k_{\mathrm{i}}h}\left(\ln\frac{r_{\mathrm{e}}}{r_{\mathrm{w}}}-\frac{1}{2}\right)+\left(\delta_{\mathrm{p}}-p_{\mathrm{i}}\right)^{1-S}\right\}^{\frac{1}{1-S}} \tag{4.19}$$

井产量公式为

$$Q=\frac{2\pi k_{\mathrm{i}}h}{\mu B_{\mathrm{o}}\delta_{\mathrm{pi}}^{-S}}\frac{\left[\delta_{\mathrm{p}}-p_{\mathrm{wf}}(t)\right]^{1-S}-\left(\delta_{\mathrm{p}}-p_{\mathrm{i}}\right)^{1-S}}{(1-S)\left(\ln\dfrac{r_{\mathrm{e}}}{r_{\mathrm{w}}}-\dfrac{1}{2}\right)} \tag{4.20}$$

第三节　考虑应力敏感的非线性不稳定试井分析

一、模型假设及建立

为了建立考虑应力敏感的非线性试井模型，物理假设条件如下：①无限大地层中有一口完善直井；②单一储层，均质、等厚、各向同性，各点初始地层压力相同；③单一、微可压缩流体在地层中等温渗流；④油井以定产量生产，流体服从一维径向流，考虑井筒存储和表皮效应，忽略重力和毛细管压力；⑤流体渗流符合达西渗流规律，储层存在应力敏感现象。

1. 状态方程

流体为微可压缩，其状态方程可表示为

$$\rho=\rho_{\mathrm{i}}\mathrm{e}^{C_{\mathrm{L}}(p-p_{\mathrm{i}})} \tag{4.21}$$

岩石微可压缩的状态方程可表示为

$$\phi = \phi_i e^{C_f (p-p_i)} \tag{4.22}$$

考虑地层介质的形变效应，渗透率随压力变化，定义渗透率模量：

$$\gamma = \frac{1}{k}\frac{dk}{dp} \tag{4.23}$$

式(4.23)积分可得渗透率随地层压力的变化关系为

$$k = k_i e^{\gamma (p-p_i)} \tag{4.24}$$

对于应力敏感地层，孔隙压缩系数 C_ϕ 也不再是常数。同样，引入孔隙压缩系数模量 B_ϕ：

$$B_\phi = \frac{1}{C_\phi}\frac{dC_\phi}{dp} \tag{4.25}$$

则孔隙压缩系数随地层压力的变化关系为

$$C_\phi = C_{\phi i} e^{B_\phi (p-p_i)} \tag{4.26}$$

2. 运动方程

流体在地层中服从达西渗流规律，运动方程可表示为

$$v = \frac{k}{\mu}\frac{\partial p}{\partial r} \tag{4.27}$$

3. 连续性方程

流体在地层为一维径向流时，其连续性方程可表示为

$$\frac{1}{r}\frac{\partial}{\partial r}(r\rho v) = \frac{\partial(\rho\phi)}{\partial t} \tag{4.28}$$

将状态方程和运动方程代入连续性方程中，可得到低渗透油藏非线性渗流的控制方程：

$$\frac{1}{r}\frac{\partial p}{\partial r}+(C_{\mathrm{L}}+\gamma)\left(\frac{\partial p}{\partial r}\right)^{2}+\frac{\partial^{2} p}{\partial r^{2}}$$
$$=\frac{\mu\phi_{\mathrm{i}}}{k_{\mathrm{i}}}\mathrm{e}^{[C_{\phi\mathrm{i}}\mathrm{e}^{B_{\phi}(p-p_{\mathrm{i}})}-\gamma](p-p_{\mathrm{i}})}[C_{\phi\mathrm{i}}\mathrm{e}^{B_{\phi}(p-p_{\mathrm{i}})}B_{\phi}(p-p_{\mathrm{i}})+C_{\mathrm{L}}+C_{\phi\mathrm{i}}\mathrm{e}^{B_{\phi}(p-p_{\mathrm{i}})}]\frac{\partial p}{\partial t} \tag{4.29}$$

低渗透油藏开发过程中，由于$\gamma \gg C_{\mathrm{L}}$，式(4.29)左端第二项中的$C_{\mathrm{L}}$可以忽略，于是有

$$\frac{1}{r}\frac{\partial p}{\partial r}+\gamma\left(\frac{\partial p}{\partial r}\right)^{2}+\frac{\partial^{2} p}{\partial r^{2}}$$
$$=\frac{\mu\phi_{\mathrm{i}}}{k_{\mathrm{i}}}\mathrm{e}^{[C_{\phi\mathrm{i}}\mathrm{e}^{B_{\phi}(p-p_{\mathrm{i}})}-\gamma](p-p_{\mathrm{i}})}[C_{\phi\mathrm{i}}\mathrm{e}^{B_{\phi}(p-p_{\mathrm{i}})}B_{\phi}(p-p_{\mathrm{i}})+C_{\mathrm{L}}+C_{\phi\mathrm{i}}\mathrm{e}^{B_{\phi}(p-p_{\mathrm{i}})}]\frac{\partial p}{\partial t} \tag{4.30}$$

4. 初始条件

初始状态下，地层各点压力均为初始地层压力p_{i}:

$$p(r,0)=p_{\mathrm{i}} \tag{4.31}$$

5. 边界条件

1) 内边界条件

考虑井筒存储和表皮效应的内边界条件为

$$-C\frac{\mathrm{d}p_{\mathrm{w}}}{\mathrm{d}t}+\frac{2\pi h}{\mu}\left(rk\frac{\partial p}{\partial r}\right)_{r\to r_{\mathrm{w}}}=Q \tag{4.32}$$

$$p_{\mathrm{w}}=\left[p-r_{\mathrm{w}}\mathrm{Skin}\left(\frac{\partial p}{\partial r}\right)\right]_{r\to r_{\mathrm{w}}} \tag{4.33}$$

2) 外边界条件

外边界为无限大，其表达式为

$$\lim_{r\to\infty}p(r,t)=p_{\mathrm{i}} \tag{4.34}$$

综上所述，低渗透油藏考虑应力敏感效应的试井模型由式(4.30)～

式(4.34)组成。

二、低渗透油藏考虑应力敏感的试井模型求解及典型图版

为了更好地表征和求解模型，引入以下无因次参数组。

无因次压力：

$$p_{\mathrm{D}}=\frac{2\pi k_{\mathrm{i}}h\left(p_{\mathrm{i}}-p\right)}{\mu Q}$$

无因次半径：

$$r_{\mathrm{D}}=\frac{r}{r_{\mathrm{w}}\mathrm{e}^{-\mathrm{Skin}}}$$

无因次渗透率模量：

$$\gamma_{\mathrm{D}}=\frac{\mu Q}{2\pi k_{\mathrm{i}}h}\gamma$$

无因次流体压缩系数：

$$C_{\mathrm{LD}}=\frac{\mu Q}{2\pi k_{\mathrm{i}}h}C_{\mathrm{L}}$$

无因次初始孔隙压缩系数：

$$C_{\phi\mathrm{iD}}=\frac{\mu Q}{2\pi k_{\mathrm{i}}h}C_{\phi\mathrm{i}}$$

无因次孔隙压缩系数模量：

$$B_{\phi\mathrm{D}}=\frac{\mu Q}{2\pi k_{\mathrm{i}}h}B_{\phi}$$

传统的无因次时间和无因次井筒存储系数的定义如下：

$$t_{\mathrm{D}}=\frac{k_{\mathrm{i}}}{\phi_{\mathrm{i}}\mu C_{\mathrm{t}}r_{\mathrm{w}}^{2}}t \tag{4.35}$$

$$C_{\mathrm{D}}=\frac{C}{2\pi\phi_{\mathrm{i}}C_{\mathrm{t}}hr_{\mathrm{w}}^{2}} \tag{4.36}$$

式中，$C_{\mathrm{t}}=C_{\mathrm{L}}+C_{\phi}$。

由于地层存在应力敏感，孔隙压缩系数随地层压力发生变化，C_t 不再是常数，上述无因次时间和无因次井筒存储系数不符合模型求解需要。因此，定义如下无因次时间和无因次井筒存储系数：

$$t_D = \frac{Q}{2\pi \phi_i h r_w^2} t \tag{4.37}$$

$$C_D = \frac{\mu Q}{4\pi^2 h^2 \phi_i k_i r_w^2} C \tag{4.38}$$

将无因次变量代入数学模型中，并把表皮效应看作井壁上无限小薄层处的压降，可得到无因次化后的数学模型：

$$\begin{cases} \dfrac{\partial^2 p_D}{\partial r_D^2} - \gamma_D \left(\dfrac{\partial p_D}{\partial r_D}\right)^2 + \dfrac{1}{r_D}\dfrac{\partial p_D}{\partial r_D} \\ = e^{[\gamma_D - C_{\phi iD} e^{-B_{\phi D} p_D}] p_D} [C_{\phi iD} e^{-B_{\phi D} p_D} (-B_{\phi D} p_D) + C_{LD} \\ \quad + C_{\phi iD} e^{-B_{\phi D} p_D}] \dfrac{1}{C_D e^{2Skin}} \dfrac{\partial p_D}{\partial (t_D / C_D)} \\ p_D(r_D, 0) = 0 \\ \lim\limits_{r_D \to 1} \left[\dfrac{dp_D}{d(t_D / C_D)} - e^{-\gamma_D p_D} \dfrac{\partial p_D}{\partial r_D}\right] = -1 \\ \lim\limits_{r_D \to \infty} p_D(r_D, t_D) = 0 \end{cases} \tag{4.39}$$

式(4.39)是无因次化后的低渗透油藏应力敏感试井模型，该模型是一组封闭的非线性方程，需要先进行线性化处理，然后再运用数值或解析方法进行求解。

由于考虑应力敏感的试井模型中，控制方程左端带有压力梯度的二次项，是典型的非线性方程，需要引入变通的方法处理此问题。Pedrosa[19]在处理渗透率模量带来的二次梯度项时，提出了科尔-霍普夫(Cole-Hopf)变换：

$$p_D(r_D, t_D) = -\frac{1}{\gamma_D} \ln[1 - \gamma_D \eta(r_D, t_D)] \tag{4.40}$$

$$\eta(r_D, t_D) = \frac{1}{\gamma_D}[1 - e^{-\gamma_D p_D(r_D, t_D)}] \tag{4.41}$$

式中，$\eta(r_D,t_D)$为中间变量函数。

同登科等[81]、廖新维和冯积累[82]、Zhang 等[83]均采用该变换来处理应力敏感带来的非线性问题。但该变换要求对数项中的参数必须大于零，即必须有 $\gamma_D\eta(r_D,t_D)<1$。而在无因次时间较大时，无因次压力 p_D 很大，$\gamma_D\eta(r_D,t_D)\to 1$，从而导致求解过程中出现不稳定。因此，王巧云[84]提出以下变换：

$$\eta(r_D,t_D)=e^{-\gamma_D p_D(r_D,t_D)} \tag{4.42}$$

则有

$$\frac{\partial p_D}{\partial r_D}=-\frac{1}{\eta\gamma_D}\frac{\partial \eta}{\partial r_D} \tag{4.43}$$

$$\frac{\partial^2 p_D}{\partial r_D^2}=\frac{-1}{\gamma_D}\left[\frac{-1}{\eta^2}\left(\frac{\partial \eta}{\partial r_D}\right)^2+\frac{1}{\eta}\frac{\partial^2 \eta}{\partial r_D^2}\right] \tag{4.44}$$

$$\frac{\partial p_D}{\partial t_D}=-\frac{1}{\eta\gamma_D}\frac{\partial \eta}{\partial t_D} \tag{4.45}$$

将上述三个变量转换方程[式(4.43)～式(4.45)]代入无因次低渗透应力敏感试井模型中，令 $\chi=\eta^{\frac{B_{\phi D}}{\gamma_D}}$，得到线性处理后的模型为

$$\begin{cases}\dfrac{\partial^2 \eta}{\partial r_D^2}+\dfrac{1}{r_D}\dfrac{\partial \eta}{\partial r_D}=\eta^{\left[\frac{C_{\phi iD}\chi}{\gamma_D}-1\right]}\left[C_{\phi iD}\chi(\ln\chi)+C_{LD}+C_{\phi iD}\chi\right]\dfrac{1}{C_D e^{2\mathrm{Skin}}}\dfrac{\partial \eta}{\partial(t_D/C_D)}\\ \eta(r_D,0)=1\\ \lim\limits_{r_D\to 1}\left(\dfrac{1}{\eta}\dfrac{\partial \eta}{\partial(t_D/C_D)}-\dfrac{\partial \eta}{\partial r_D}\right)=-\gamma_D\\ \lim\limits_{r_D\to\infty}\eta(r_D,t_D)=1\end{cases} \tag{4.46}$$

经过线性化处理，该无因次试井模型左端变成线性，然后可以运用数值或解析方法进行求解。

1. 数值解

1) 网格划分

地层流体向井底流动的过程中，离井底越近，渗流截面越小，流动阻力越大，即形成压降漏斗。为了更加合理、准确地描述地层中流体的压力分布，采用非等距网格划分地层。令 $x=\ln r_{\mathrm{D}}$，将非等距网格变换成等距网格。则有如下变换：

$$\frac{\partial \eta}{\partial r_{\mathrm{D}}}=\mathrm{e}^{-x}\frac{\partial \eta}{\partial x},\quad \frac{\partial^2 \eta}{\partial r_{\mathrm{D}}^2}=\mathrm{e}^{-2x}\left(\frac{\partial^2 \eta}{\partial x^2}-\frac{\partial \eta}{\partial x}\right) \tag{4.47}$$

则模型可转化为

$$\begin{cases}\dfrac{\partial^2 \eta}{\partial x^2}=\mathrm{e}^{2x}\eta^{\left[\frac{C_{\phi\mathrm{iD}}\chi}{\gamma_{\mathrm{D}}}-1\right]}[C_{\phi\mathrm{iD}}\chi(\ln\chi)+C_{\mathrm{LD}}+C_{\phi\mathrm{iD}}\chi]\dfrac{1}{C_{\mathrm{D}}\mathrm{e}^{2S}}\dfrac{\partial \eta}{\partial(t_{\mathrm{D}}/C_{\mathrm{D}})} \\ \eta(x,0)=1 \\ \lim\limits_{x\to 0}\left(\dfrac{1}{\eta}\dfrac{\partial \eta}{\partial(t_{\mathrm{D}}/C_{\mathrm{D}})}-\dfrac{\partial \eta}{\partial x}\mathrm{e}^{-x}\right)=-\gamma_{\mathrm{D}} \\ \lim\limits_{x\to\infty}\eta(x,t_{\mathrm{D}})=1\end{cases} \tag{4.48}$$

2) 差分离散

将控制方程采取时间向后、空间中心差分的格式进行差分，得到隐式离散化方程；并根据其初边值条件得到线性方程组。取空间步长为 Δx，步数为 $N-1$，时间取指数分布，并且把无因次井筒存储系数 C_{D} 放入无因次时间中，时间步长为 Δt_{D}，$i(1\leqslant i\leqslant N)$ 和 j 分别代表空间和时间，则有

$$\frac{\partial^2 \eta}{\partial x^2}=\frac{\eta_{i-1}^{j+1}-2\eta_i^{j+1}+\eta_{i+1}^{j+1}}{(\Delta x)^2},\quad \frac{\partial \eta}{\partial x}=\frac{\eta_{i+1}^{j+1}-\eta_{i-1}^{j+1}}{2\Delta x},\quad \frac{\partial \eta}{\partial t_{\mathrm{D}}}=\frac{\eta_i^{j+1}-\eta_i^j}{\Delta t_{\mathrm{D}}}$$

对于初始条件，其差分格式为

$$\eta_i^1=1 \tag{4.49}$$

式中，$i=1,2,3,\cdots,N$。

对于内边界条件，其差分格式为

$$b_1\eta_1^{j+1}+c_1\eta_2^{j+1}=d_1 \tag{4.50}$$

式中，$b_1=-\dfrac{1}{\Delta x}-\dfrac{C_{\mathrm{D}}}{\Delta t_{\mathrm{D}}\eta_1^j}$；$c_1=\dfrac{1}{\Delta x}$；$d_1=\gamma_{\mathrm{D}}-\dfrac{C_{\mathrm{D}}}{\Delta t_{\mathrm{D}}}$；$j=2,3,\cdots$。

对于中间各点，其差分格式为

$$a_i\eta_{i-1}^{j+1}+b_i\eta_i^{j+1}+c_i\eta_{i+1}^{j+1}=d_i \tag{4.51}$$

式中，$a_i=1$；$b_i=-2-g_i$；$c_i=1$；$d_i=-g_i\eta_i^j$，$i=2,3,\cdots,N-1$，$j=2,3,\cdots$；$g_i=\mathrm{e}^{2i\Delta x}(\eta_i^j)^{[C_{\phi\mathrm{iD}}(\chi_i^j)/\gamma_{\mathrm{D}}-1]}[C_{\phi\mathrm{iD}}\chi_i^j(\ln\chi_i^j+1)+C_{\mathrm{LD}}]\dfrac{(\Delta x)^2}{\Delta t_{\mathrm{D}}}\dfrac{1}{C_{\mathrm{D}}\mathrm{e}^{2S}}$。

对于外边界条件，其差分格式为

$$a_N\eta_{N-1}^{j+1}+b_N\eta_N^{j+1}=d_N \tag{4.52}$$

式中，$a_N=0$；$b_N=1$；$d_N=1$；$j=2,3,\cdots$。

式(4.50)～式(4.52)是离散化处理后的低渗透油藏非线性渗流试井数学模型，该模型是一组封闭的线性方程组，写成矩阵形式为

$$\begin{bmatrix} b_1 & c_1 & & & & \\ a_2 & b_2 & c_2 & & & \\ & a_3 & b_3 & c_3 & & \\ & & \ddots & \ddots & \ddots & \\ & & & a_{N-1} & b_{N-1} & c_{N-1} \\ & & & & a_N & b_N \end{bmatrix}\begin{bmatrix}\eta_1^{j+1}\\ \eta_2^{j+1}\\ \eta_3^{j+1}\\ \eta_4^{j+1}\\ \vdots\\ \eta_{N-1}^{j+1}\\ \eta_N^{j+1}\end{bmatrix}=\begin{bmatrix}d_1\\ d_2\\ d_3\\ d_4\\ \vdots\\ d_{N-1}\\ d_N\end{bmatrix} \tag{4.53}$$

利用牛顿迭代法求解式(4.53)，可得到地层中任意时刻任意位置的压力分布为

$$p_{\mathrm{D}}(r_{\mathrm{D}},t_{\mathrm{D}})=-\frac{1}{\gamma_{\mathrm{D}}}\ln\eta(r_{\mathrm{D}},t_{\mathrm{D}}) \tag{4.54}$$

由此可获得无因次井底压力和无因次井底压力导数随时间的变化规律，并绘制典型图版：

$$p_{\mathrm{wD}}(t_{\mathrm{D}})=p_{\mathrm{D}}(1,t_{\mathrm{D}}) \tag{4.55}$$

$$p'_{\mathrm{wD}}(t_{\mathrm{D}})=\frac{p_{\mathrm{wD}}(t_{\mathrm{D}i})-p_{\mathrm{wD}}(t_{\mathrm{D}i-1})}{\Delta t_{\mathrm{D}i}}\quad (i=1,2,\cdots) \tag{4.56}$$

2. 解析解

由于考虑应力敏感效应后，试井模型出现强非线性，为解析求解该模型，Pedrosa[19]引了摄动法进行近似求解。另外，需要指出的是，即使是对于线性处理后的模型，在解析求解时，处理各类边界条件也会遇到不便。因此，本节首先将试井模型的内边界简化，即不考虑井筒存储和表皮效应，利用摄动法求解模型；将解析结果与不考虑上述两种效应的数值解进行对比，以对比、验证数值解和解析解的正确性。在此基础上，利用摄动法求解考虑井筒存储和表皮效应的模型，分析该方法在处理复杂内边界时所产生的误差及原因。

$$\begin{cases}\dfrac{\partial^2\eta}{\partial r_{\mathrm{D}}^2}+\dfrac{1}{r_{\mathrm{D}}}\dfrac{\partial\eta}{\partial r_{\mathrm{D}}}=f(\eta)\dfrac{1}{C_{\mathrm{D}}\mathrm{e}^{2\mathrm{Skin}}}\dfrac{\partial\eta}{\partial(t_{\mathrm{D}}/C_{\mathrm{D}})}\\ \eta(r_{\mathrm{D}},0)=1\\ \lim\limits_{r_{\mathrm{D}}\to1}\left(\dfrac{1}{\eta}\dfrac{\partial\eta}{\partial(t_{\mathrm{D}}/C_{\mathrm{D}})}-\dfrac{\partial\eta}{\partial r_{\mathrm{D}}}\right)=-\gamma_{\mathrm{D}}\\ \lim\limits_{r_{\mathrm{D}}\to\infty}\eta(r_{\mathrm{D}},t_{\mathrm{D}})=1\end{cases} \tag{4.57}$$

式中，$f(\eta)=\eta^{\left[\frac{C_{\phi\mathrm{iD}}\cdot\chi}{\gamma_{\mathrm{D}}}-1\right]}[C_{\phi\mathrm{iD}}\chi(\ln\chi)+C_{\mathrm{LD}}+C_{\phi\mathrm{iD}}\chi]$。

将η按参数$C_{\phi\mathrm{iD}}$展开成级数形式：

$$\eta=\eta_0+C_{\phi\mathrm{iD}}\eta_1+C_{\phi\mathrm{iD}}^2\eta_2+\cdots \tag{4.58}$$

式中，η_i (i=0,1,2,⋯)为η的第i阶级数。

将函数$f(\eta)$进行泰勒展开：

$$\begin{aligned}f(\eta)&=f(1)+f'(1)(\eta-1)+\cdots\\&=(C_{\phi\mathrm{iD}}+C_{\mathrm{LD}})+C_{\phi\mathrm{iD}}\left(\frac{C_{\phi\mathrm{iD}}+C_{\mathrm{LD}}}{\gamma_{\mathrm{D}}}+2\right)(\eta-1)+\cdots\end{aligned} \tag{4.59}$$

由于 $C_{\phi\text{iD}}$ 是一个较小的量，式(4.58)、式(4.59)各取第一项并代入式(4.57)，则有

$$\begin{cases} \dfrac{\partial^2 \eta_0}{\partial r_D^2} + \dfrac{1}{r_D}\dfrac{\partial \eta_0}{\partial r_D} = (C_{\phi\text{iD}} + C_{\text{LD}})\dfrac{1}{C_D e^{2\text{Skin}}}\dfrac{\partial \eta_0}{\partial t_D} \\ \eta_0(r_D, 0) = 1 \\ \lim\limits_{r_D \to 1}\left(C_D \dfrac{\partial \eta_0}{\partial t_D} - \dfrac{\partial \eta_0}{\partial r_D}\right) = -\gamma_D \\ \lim\limits_{r_D \to \infty} \eta_0(r_D, t_D) = 1 \end{cases} \tag{4.60}$$

引入如下 Boltzmann 变换：

$$\xi = \frac{(C_{\phi\text{iD}} + C_{\text{LD}})r_D^2}{4t_D C_D e^{2\text{Skin}}} \tag{4.61}$$

将式(4.61)代入式(4.60)的第 1 式得

$$\frac{d\eta_0}{d\xi} = c_1 \frac{e^{-\xi}}{\xi} \tag{4.62}$$

将式(4.62)代入式(4.60)的第 2 式，可以求出：

$$c_1 = \frac{\gamma_D e^{\frac{C_{\phi\text{iD}} + C_{\text{LD}}}{4t_D C_D e^{2\text{Skin}}}}}{2 + C_D / t_D} \tag{4.63}$$

于是有

$$\frac{\partial \eta_0}{\partial r_D} = \frac{\gamma_D}{r_D} \frac{e^{\frac{C_{\phi\text{iD}} + C_{\text{LD}}}{4t_D C_D e^{2\text{Skin}}}(1 - r_D^2)}}{1 + C_D / (2t_D)} \tag{4.64}$$

可求得其解为

$$\eta_0 = 1 - \int_1^{r_{\text{eD}}} \frac{\gamma_D}{r_D} \frac{1}{1 + C_D / (2t_D)} e^{\frac{C_{\phi\text{iD}} + C_{\text{LD}}}{4t_D C_D e^{2\text{Skin}}}(1 - r_D^2)} dr_D \tag{4.65}$$

将式(4.65)代入式(4.40)即可求得无因次压力值，特别是当无因次半径为1时即可求得无因次井底压力，进而根据导数定义即可得到无因次井底压力导数。

3. 典型图版

通过模型求解，可获得考虑应力敏感与否的非线性渗流试井典型图版，如图4.11所示。图4.11中虚线表示的是考虑应力敏感的无因次井底压力及无因次井底压力导数曲线，实线表示的是不考虑应力敏感的无因次井底压力及无因次井底压力导数曲线。

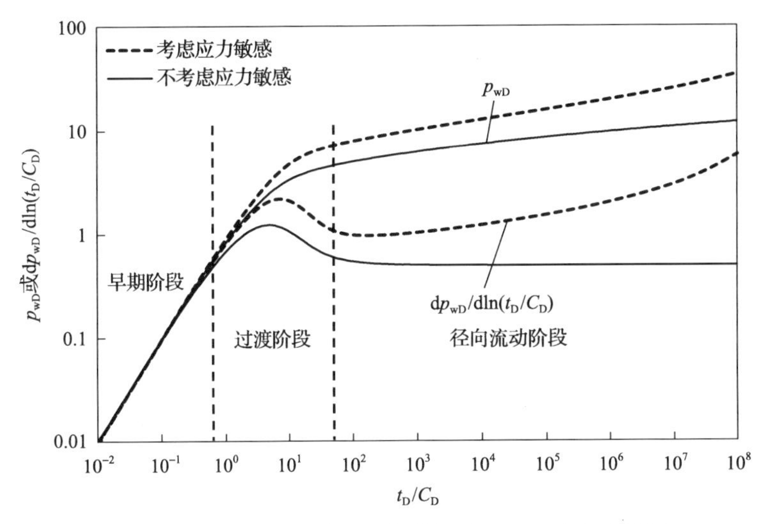

图4.11　考虑应力敏感与否的非线性渗流试井典型图版

从图4.11中可以看出，考虑应力敏感时的无因次井底压力和无因次井底压力导数要比不考虑应力敏感时的大，曲线可分为三个阶段。

(1)早期阶段。该阶段井底压力主要受纯井筒存储效应的影响，为续流阶段，无因次井底压力和无因次井底压力导数重合，并且呈斜率为1的直线。

(2)过渡阶段。该阶段井底压力主要受井筒存储及近井地带表皮效应的影响，无因次井底压力导数峰值出现之前，井筒存储占主导地位，无因次井底压力及无因次井底压力导数逐渐增大，只是增大的幅度逐渐减弱。随着无因次时间的推移，井筒存储效应减弱，表皮效应增强，无因次井底压力增幅达到最大值，无因次井底压力导数出现峰值；随后井筒存储效应进一步减弱，表皮效应进一步增强并占据主导地位，无因次井底压力增幅达到最大值，无因次井底压力导数逐渐降低，直到表皮效应不再起作用。

(3) 径向流动阶段。该阶段考虑应力敏感的无因次井底压力导数曲线不再为一条值等于 0.5 的水平线，而是为一上翘曲线，上翘程度与储层应力敏感程度有关。

图 4.12 为无因次渗透率模量对无因次井底压力和无因次井底压力导数的影响。从图 4.12 中可以看出，无因次渗透率模量主要影响曲线的径向流动段。无因次渗透率模量越大，无因次井底压力和无因次井底压力导数越大。这是因为无因次渗透率模量越大，渗透率随地层压力下降得越快，地层流体流动时的阻力越大，当产量一定时，所需压差越大，即无因次井底压力越大。同时，定产量生产时各点的压力不断下降，又会进一步使渗透率降低，导致无因次井底压力导数曲线出现上翘，无因次渗透率模量越大，上翘程度越大。当无因次渗透率模量小到一定值时，渗透率的应力敏感性很弱，可以忽略，此时无因次井底压力导数变成一条值等于 0.5 的水平线，与不考虑应力敏感时的试井曲线一致。

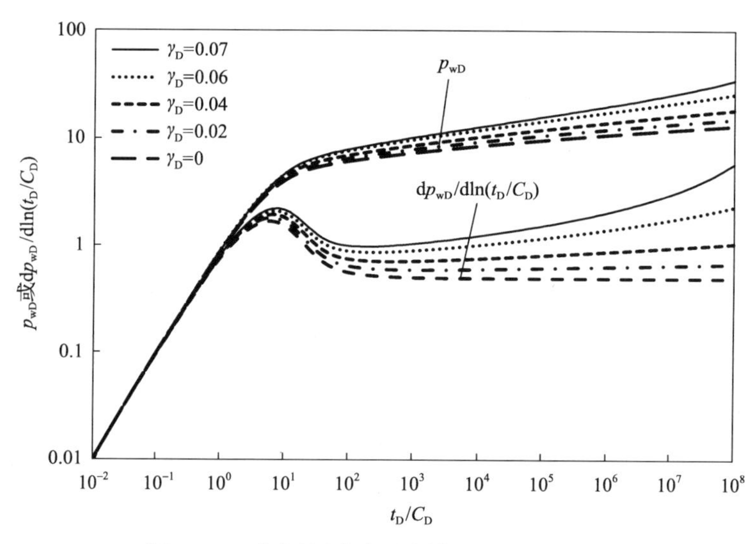

图 4.12　不同无因次渗透率模量下的试井曲线

第四节　裂缝-孔隙型双重介质考虑应力敏感的试井分析

本节考虑地层压力下降时裂缝渗透率的变化，根据岩石力学参数建立了裂缝闭合时的裂缝渗透率公式，分析了裂缝系统孔隙度、裂缝系统压缩系数、杨氏模量及泊松比对裂缝渗透率的影响。通过求解考虑应力敏感的双重介质数学模型，绘制相应的试井曲线，并分析应力敏感系数对试井曲线的影响。

一、裂缝渗透率敏感性分析

通常描述裂缝-孔隙型储层的经典模型有三种，分别是 Warren-Root 模型[76]、Kazemi 模型[85]和 Swaan 模型[86]。以 Warren-Root 模型为基础，考虑岩石力学性质和地层压力变化的裂缝渗透率表达式为

$$k_{\mathrm{f}} = k_{\mathrm{fi}} \exp\left\{-3\left(1+\frac{\phi_{\mathrm{f}}}{9}\right)\left[C_{\mathrm{f}} + \frac{a(1-2\varepsilon)}{bE}\right]\Delta p\right\} \tag{4.66}$$

令

$$S = 3\left(1+\frac{\phi_{\mathrm{f}}}{9}\right)\left[C_{\mathrm{f}} + \frac{a(1-2\varepsilon)}{bE}\right] \tag{4.67}$$

式(4.66)可简写为

$$k_{\mathrm{f}} = k_{\mathrm{fi}} \mathrm{e}^{-S\Delta p} \tag{4.68}$$

式(4.68)与单一介质考虑应力敏感性的渗透率指数关系式一致，S 为应力敏感系数。应力敏感系数往往利用应力敏感实验数据拟合得到，从公式中可以看出，应力敏感系数 S 取决于裂缝系统孔隙度、裂缝系统压缩系数、杨氏模量和泊松比等参数。从式(4.67)可以看出，应力敏感系数与裂缝系统孔隙度和裂缝系统压缩系数呈线性递增关系，与杨氏模量呈双对数递减关系，与泊松比呈线性递减关系。根据裂缝渗透率公式式(4.66)，可以分析裂缝系统孔隙度、裂缝系统压缩系数、杨氏模量和泊松比等对裂缝渗透率的影响，各参数的取值范围见表 4.1。

表 4.1　裂缝渗透率敏感性分析的参数取值

裂缝系统孔隙度 ϕ_{f}	裂缝系统压缩系数 C_{f} /10^{-5}MPa^{-1}	杨氏模量 E /10^{4}MPa	泊松比 ν
0.001, 0.01, 0.1	1.5, 3.0, 4.5, 6.0, 7.5	1, 5, 9	0.1, 0.2, 0.3

图 4.13 为地层压力下降过程中裂缝系统孔隙度对裂缝渗透率的影响。从图 4.13 中可以看出，在地层压力下降过程中，裂缝渗透率下降，但裂缝渗透率下降不受裂缝系统孔隙度的影响。

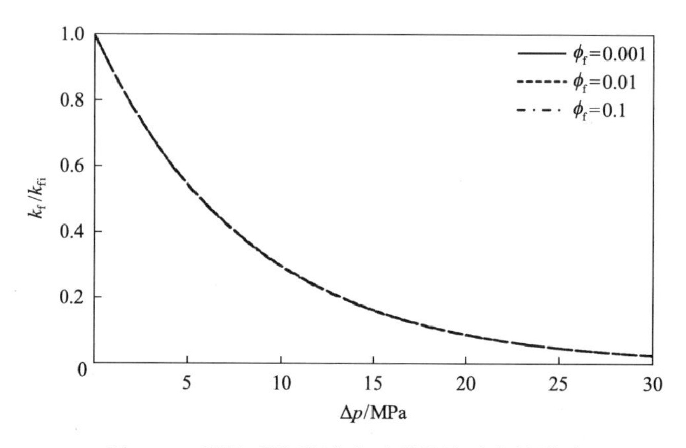

图 4.13　裂缝系统孔隙度对裂缝渗透率的影响

图 4.14 为地层压力下降过程中裂缝系统压缩系数对裂缝渗透率的影响。从图 4.14 中可以看出，在地层压力下降过程中，裂缝系统压缩系数越大，裂缝渗透率下降得越快，这说明裂缝系统压缩系数越大，应力敏感性越强。

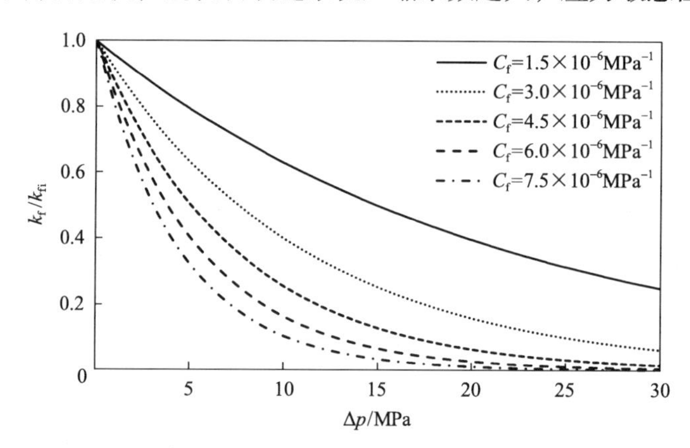

图 4.14　裂缝系统压缩系数对裂缝渗透率的影响

图 4.15 为地层压力下降过程中杨氏模量对裂缝渗透率的影响。从图 4.15 中可以看出，杨氏模量越小，裂缝渗透率在油藏降压开采过程中下降得越快，说明杨氏模量越小，应力敏感性越强，但不同杨氏模量间下降的差别很小。

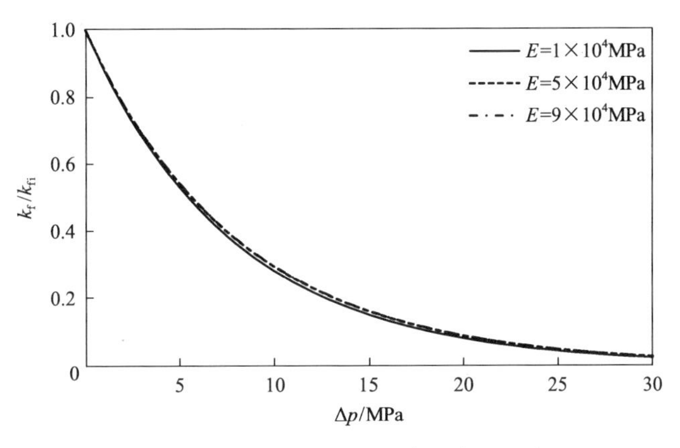

图 4.15　杨氏模量对裂缝渗透率的影响

图 4.16 为地层压力下降过程中泊松比对裂缝渗透率的影响，不同泊松比下的裂缝渗透率几乎重合，因此泊松比对裂缝渗透率的影响基本可以忽略，也说明泊松比对应力敏感性影响很小。

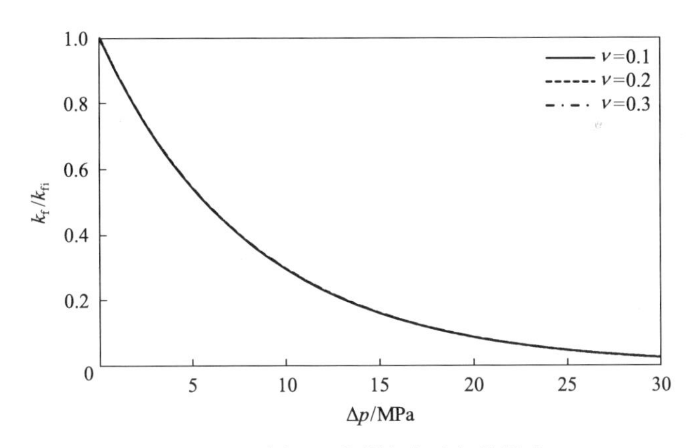

图 4.16　泊松比对裂缝渗透率的影响

二、考虑应力敏感的双重介质试井模型及典型曲线

1. 模型条件假设及模型建立

假设裂缝-孔隙型油藏中存在一口完善直井，双重介质流动为 Warre-Root 双重介质模型，并做如下假设：①储层由裂缝系统和基岩系统组成，裂缝系统提供渗流通道，基岩系统提供储集空间；②仅有裂缝系统向井筒供液，基

岩系统不直接向井筒供液，基岩系统和裂缝系统之间发生拟稳态窜流；③初始含水饱和度很低，仅考虑油相流动，原油为微可压缩流体；④油藏平面上为有限封闭边界，顶底层为不渗透边界；⑤油井定产量生产，储层中流体的流动满足等温达西渗流；⑥考虑裂缝压缩变形和基岩弹性伸缩造成的裂缝形变；⑦忽略重力和毛细管压力的影响。

根据质量守恒定理，Warre-Root 双重介质模型中裂缝系统和基岩系统的连续性方程分别为[87]

$$\vec{\nabla}\left(\rho\frac{k_{\mathrm{f}}}{\mu}\vec{\nabla}p_{\mathrm{f}}\right)+q_{\mathrm{mf}}=\frac{\partial\left(\rho\phi_{\mathrm{f}}\right)}{\partial t} \tag{4.69}$$

$$-q_{\mathrm{mf}}=\frac{\partial\left(\rho\phi_{\mathrm{m}}\right)}{\partial t} \tag{4.70}$$

Warren 和 Root 假设裂缝系统和基岩系统之间发生拟稳态渗流，窜流项的表达式可写为

$$q_{\mathrm{mf}}=\frac{Sk_{\mathrm{m}}\rho}{\mu}\left(p_{\mathrm{m}}-p_{\mathrm{f}}\right) \tag{4.71}$$

将式(4.71)代入式(4.69)和式(4.70)中，裂缝系统和基岩系统的连续性方程可写为

$$\frac{1}{\rho}\vec{\nabla}\left(\rho\frac{k_{\mathrm{f}}}{\mu}\vec{\nabla}p_{\mathrm{f}}\right)=\frac{\partial\phi_{\mathrm{f}}}{\partial t}+\frac{\partial\phi_{\mathrm{m}}}{\partial t} \tag{4.72}$$

$$-\frac{Sk_{\mathrm{m}}}{\mu}\left(p_{\mathrm{m}}-p_{\mathrm{f}}\right)=\frac{\partial\phi_{\mathrm{m}}}{\partial t} \tag{4.73}$$

裂缝系统和基岩系统的孔隙度与地层压力满足如下关系式：

$$\phi_{\mathrm{f}}=\phi_{\mathrm{fi}}\mathrm{e}^{C_{\mathrm{f}}\left(p_{\mathrm{f}}-p_{\mathrm{i}}\right)} \tag{4.74}$$

$$\phi_{\mathrm{m}}=\phi_{\mathrm{mi}}\mathrm{e}^{C_{\mathrm{m}}\left(p_{\mathrm{m}}-p_{\mathrm{i}}\right)} \tag{4.75}$$

忽略不可动流体压缩性的影响，裂缝系统压缩系数的表达式为

$$C_{\mathrm{f}}=\frac{1}{\rho}\frac{\partial\rho}{\partial p_{\mathrm{f}}}\approx C_{\mathrm{L}} \tag{4.76}$$

对式(4.74)和式(4.75)关于时间求导，可以得到

$$\frac{\partial \phi_{\mathrm{f}}}{\partial t}=\frac{\partial\left[\phi_{\mathrm{fi}} \mathrm{e}^{C_{\mathrm{f}}\left(p_{\mathrm{f}}-p_{\mathrm{i}}\right)}\right]}{\partial t} \approx \phi_{\mathrm{fi}} C_{\mathrm{f}} \frac{\partial p_{\mathrm{f}}}{\partial t} \tag{4.77}$$

$$\frac{\partial \phi_{\mathrm{m}}}{\partial t}=\frac{\partial\left[\phi_{\mathrm{mi}} \mathrm{e}^{C_{\mathrm{m}}\left(p_{\mathrm{m}}-p_{\mathrm{i}}\right)}\right]}{\partial t} \approx \phi_{\mathrm{mi}} C_{\mathrm{m}} \frac{\partial p_{\mathrm{m}}}{\partial t} \tag{4.78}$$

式中，$\phi_{\mathrm{fi}}C_{\mathrm{f}}$ 和 $\phi_{\mathrm{mi}}C_{\mathrm{m}}$ 分别为裂缝系统和基岩系统的储容能力。将式(4.77)和式(4.78)分别代入式(4.72)和式(4.73)，可得到裂缝-孔隙型油藏中裂缝系统和基岩系统的控制方程分别为

$$\frac{1}{\rho} \vec{\nabla}\left(\rho \frac{k_{\mathrm{f}}}{\mu} \vec{\nabla} p_{\mathrm{f}}\right)=\phi_{\mathrm{fi}} C_{\mathrm{f}} \frac{\partial p_{\mathrm{f}}}{\partial t}+\phi_{\mathrm{mi}} C_{\mathrm{m}} \frac{\partial p_{\mathrm{m}}}{\partial t} \tag{4.79}$$

$$-\frac{S k_{\mathrm{m}}}{\mu}\left(p_{\mathrm{m}}-p_{\mathrm{f}}\right)=\phi_{\mathrm{mi}} C_{\mathrm{m}} \frac{\partial p_{\mathrm{m}}}{\partial t} \tag{4.80}$$

将式(4.79)左边项展开：

$$\frac{1}{\rho} \vec{\nabla}\left(\rho \frac{k_{\mathrm{f}}}{\mu} \vec{\nabla} p_{\mathrm{f}}\right)=\frac{k_{\mathrm{f}}}{\mu} \nabla^{2} p_{\mathrm{f}}+\frac{1}{\mu} \vec{\nabla} k_{\mathrm{f}} \cdot \vec{\nabla} p_{\mathrm{f}}+\frac{k_{\mathrm{f}}}{\mu \rho} \vec{\nabla} \rho \cdot \vec{\nabla} p_{\mathrm{f}} \tag{4.81}$$

结合式(4.67)及式(4.81)右边第二项可以转化为

$$\frac{1}{\mu} \vec{\nabla} k_{\mathrm{f}} \cdot \vec{\nabla} p_{\mathrm{f}}=\frac{k_{\mathrm{f}}}{\mu}\left[3\left(1+\frac{\phi_{\mathrm{f}}}{9}\right)\left(C_{\mathrm{f}}+\frac{3(1-2 \varepsilon)}{E \phi_{\mathrm{f}}}\right)\right] \vec{\nabla} p_{\mathrm{f}} \cdot \vec{\nabla} p_{\mathrm{f}} \tag{4.82}$$

类似地，将式(4.76)代入式(4.81)右边的最后一项中，则得

$$\frac{k_{\mathrm{f}}}{\mu \rho} \vec{\nabla} \rho \cdot \vec{\nabla} p_{\mathrm{f}}=\frac{k_{\mathrm{f}}}{\mu} \frac{1}{\rho} \frac{\partial \rho}{\partial p_{\mathrm{f}}} \vec{\nabla} p_{\mathrm{f}} \cdot \vec{\nabla} p_{\mathrm{f}}=\frac{k_{\mathrm{f}}}{\mu} C_{\mathrm{L}} \vec{\nabla} p_{\mathrm{f}} \cdot \vec{\nabla} p_{\mathrm{f}} \tag{4.83}$$

将式(4.82)和式(4.83)代入式(4.81)中，则有

$$\frac{1}{\rho} \vec{\nabla}\left(\rho \frac{k_{\mathrm{f}}}{\mu} \vec{\nabla} p_{\mathrm{f}}\right)=\frac{k_{\mathrm{f}}}{\mu}\left\{\nabla^{2} p_{\mathrm{f}}+\left[C_{\mathrm{L}}+3\left(1+\frac{\phi_{\mathrm{f}}}{9}\right)\left(C_{\mathrm{f}}+\frac{3(1-2 \varepsilon)}{E \phi_{\mathrm{f}}}\right)\right] \vec{\nabla} p_{\mathrm{f}} \cdot \vec{\nabla} p_{\mathrm{f}}\right\} \tag{4.84}$$

为便于推导，定义如下参数：

$$S_{\mathrm{f}} = C_{\mathrm{L}} + 3\left(1 + \frac{\phi_{\mathrm{f}}}{9}\right)\left(C_{\mathrm{f}} + \frac{3(1-2\varepsilon)}{E\phi_{\mathrm{f}}}\right) \tag{4.85}$$

式(4.85)所定义的参数反映了地层压力变化过程中裂缝变化时的储层应力敏感性，称之为应力敏感参数。将式(4.85)代入式(4.84)中，则有

$$\frac{1}{\rho}\vec{\nabla}\left(\rho\frac{k_{\mathrm{f}}}{\mu}\vec{\nabla}p_{\mathrm{f}}\right) = \frac{k_{\mathrm{f}}}{\mu}\left(\nabla^2 p_{\mathrm{f}} + S_{\mathrm{f}}\vec{\nabla}p_{\mathrm{f}} \cdot \vec{\nabla}p_{\mathrm{f}}\right) \tag{4.86}$$

将式(4.86)代入式(4.79)中得到裂缝系统的控制方程为

$$\frac{\partial^2 p_{\mathrm{f}}}{\partial r^2} + \frac{1}{r}\frac{\partial p_{\mathrm{f}}}{\partial r} + S_{\mathrm{f}}\left(\frac{\partial p_{\mathrm{f}}}{\partial r}\right)^2 = \frac{\mu}{k_{\mathrm{f}}}\left(\phi_{\mathrm{m}}C_{\mathrm{m}}\frac{\partial p_{\mathrm{m}}}{\partial t} + \phi_{\mathrm{f}}C_{\mathrm{f}}\frac{\partial p_{\mathrm{f}}}{\partial t}\right) \tag{4.87}$$

基岩系统控制方程为

$$\phi_{\mathrm{m}}C_{\mathrm{m}}\frac{\partial p_{\mathrm{m}}}{\partial t} = \frac{Sk_{\mathrm{m}}}{\mu}\left(p_{\mathrm{f}} - p_{\mathrm{m}}\right) \tag{4.88}$$

初始条件为

$$p_{\mathrm{m}} = p_{\mathrm{f}} = p_{\mathrm{i}} \tag{4.89}$$

内边界条件为

$$Q = \frac{2\pi k_{\mathrm{f}}h}{\mu B_{\mathrm{o}}}\left(r\frac{\partial p_{\mathrm{f}}}{\partial r}\right)_{r=r_{\mathrm{w}}} \tag{4.90}$$

外边界条件为

$$r\frac{\partial p_{\mathrm{f}}}{\partial r}\bigg|_{r=r_{\mathrm{e}}} = 0 \tag{4.91}$$

式(4.87)～式(4.91)所组成的方程组为双重介质裂缝闭合条件下的数学模型。式(4.87)是经典 Warren-Root 双重介质模型中控制方程的拓展。与 Warren-Root 双重介质模型对比，该裂缝系统控制方程增加了一项，而基岩系统的控制方程没有变化。该模型的关键之处在于引入反映应力敏感强度的参数 S_{f}，它不仅能体现 Warren-Root 双重介质模型的所有性质，还能反映裂缝闭合时的渗透率应力敏感性。当 $S_{\mathrm{f}}=0$，即不考虑应力敏感性时，裂缝系统的控制方程退化成 Warren-Root 双重介质模型中裂缝系统的控制方程。利用新模型，

可研究裂缝-孔隙型油藏中考虑应力敏感性的诸多问题，如应力敏感性对油井不稳定渗流和产能递减的影响等。

2. 模型的求解及典型曲线

为求解数学模型，定义以下无量纲量。

无因次压力：

$$p_{\mathrm{jD}} = \frac{2\pi k_{\mathrm{f}} h}{Q\mu B_{\mathrm{o}}}\left(p_{\mathrm{i}} - p_{\mathrm{j}}\right) \quad (j = \mathrm{m}, \mathrm{f})$$

无因次半径：

$$r_{\mathrm{D}} = \frac{r}{r_{\mathrm{w}}}$$

无因次地层半径：

$$r_{\mathrm{eD}} = \frac{r_{\mathrm{e}}}{r_{\mathrm{w}}}$$

无因次时间：

$$t_{\mathrm{D}} = \frac{k_{\mathrm{f}} t}{\mu r_{\mathrm{w}}^{2}\left(\phi_{\mathrm{m}} C_{\mathrm{m}} + \phi_{\mathrm{f}} C_{\mathrm{f}}\right)}$$

双重介质裂缝系统储容比：

$$\omega = \frac{\phi_{\mathrm{f}} C_{\mathrm{f}}}{\phi_{\mathrm{m}} C_{\mathrm{m}} + \phi_{\mathrm{f}} C_{\mathrm{f}}}$$

双重介质窜流系数：

$$\lambda = \frac{S k_{\mathrm{m}} r_{\mathrm{w}}^{2}}{k_{\mathrm{f}}}$$

无因次应力敏感系数：

$$S_{\mathrm{D}} = \frac{Q\mu B_{\mathrm{o}}}{2\pi k_{\mathrm{f}} h} S_{\mathrm{f}}$$

将以上无量纲定义代入数学模型式(4.87)～式(4.91)，可得如下无量纲数学模型：

$$\begin{cases}\dfrac{\partial^2 p_{\mathrm{fD}}}{\partial r_{\mathrm{D}}^2}+\dfrac{1}{r_{\mathrm{D}}}\dfrac{\partial p_{\mathrm{fD}}}{\partial r_{\mathrm{D}}}-S_{\mathrm{D}}\left(\dfrac{\partial p_{\mathrm{fD}}}{\partial r_{\mathrm{D}}}\right)^2=(1-\omega)\dfrac{\partial p_{\mathrm{mD}}}{\partial t_{\mathrm{D}}}+\omega\dfrac{\partial p_{\mathrm{fD}}}{\partial t_{\mathrm{D}}}\\(1-\omega)\dfrac{\partial p_{\mathrm{mD}}}{\partial t_{\mathrm{D}}}=\lambda\left(p_{\mathrm{fD}}-p_{\mathrm{mD}}\right)\\p_{\mathrm{mD}}\left(t_{\mathrm{D}}=0\right)=p_{\mathrm{fD}}\left(t_{\mathrm{D}}=0\right)=0\\\left(\dfrac{\partial p_{\mathrm{fD}}}{\partial r_{\mathrm{D}}}\right)_{r_{\mathrm{D}}=1}=-1\\r_{\mathrm{D}}\dfrac{\partial p_{\mathrm{fD}}}{\partial r_{\mathrm{D}}}\Big|_{r_{\mathrm{D}}=r_{\mathrm{eD}}}=0\end{cases}\tag{4.92}$$

无量纲数学模型方程组(4.92)中存在 3 个特征参数：①双重介质裂缝系统储容比ω，反映裂缝系统中的储量占整个油藏储量的比例；②双重介质窜流系数λ，反映基岩系统中流体向裂缝系统窜流的能力；③无因次应力敏感系数S_{D}，反映裂缝压缩变形和基岩弹性伸缩造成的裂缝闭合及相应的应力敏感性。Warren-Root 双重介质模型只包括ω和λ，属于双孔双参数模型，而考虑应力敏感的模型包括ω、λ和S_{D}，属于双孔三参数模型。

由于考虑了储层应力敏感性，裂缝系统的控制方程具有极强的非线性，给模型求解带来很大的困难。同上节类似，利用 Pedrosa 变换来降低方程组的非线性，Pedrosa 提出了如下形式的变换式来处理非线性方程[88]：

$$p_{\mathrm{fD}}=-\frac{1}{S_{\mathrm{D}}}\ln\left[1-S_{\mathrm{D}}\eta_{\mathrm{fD}}\left(r_{\mathrm{D}},t_{\mathrm{D}}\right)\right]\tag{4.93}$$

式中，η_{fD}为 Pedrosa 变换中间函数。

利用式(4.93)，可得到 Pedrosa 变换后的无量纲数学模型：

$$\begin{cases}\dfrac{\partial^2 \eta_{\mathrm{fD}}}{\partial r_{\mathrm{D}}^2}+\dfrac{1}{r_{\mathrm{D}}}\dfrac{\partial \eta_{\mathrm{fD}}}{\partial r_{\mathrm{D}}}=(1-\omega)\left(1-S_{\mathrm{D}}\eta_{\mathrm{fD}}\right)\dfrac{\partial p_{\mathrm{mD}}}{\partial t_{\mathrm{D}}}+\omega\dfrac{\partial \eta_{\mathrm{fD}}}{\partial t_{\mathrm{D}}}\\(1-\omega)\dfrac{\partial p_{\mathrm{mD}}}{\partial t_{\mathrm{D}}}=\lambda\left(p_{\mathrm{fD}}-p_{\mathrm{mD}}\right)\\p_{\mathrm{mD}}\left(t_{\mathrm{D}}=0\right)=\eta_{\mathrm{fD}}\left(t_{\mathrm{D}}=0\right)=0\\\left(\dfrac{1}{1-S_{\mathrm{D}}\eta_{\mathrm{fD}}}\dfrac{\partial \eta_{\mathrm{fD}}}{\partial r_{\mathrm{D}}}\right)_{r_{\mathrm{D}}=1}=-1\\\dfrac{\partial \eta_{\mathrm{fD}}}{\partial r_{\mathrm{D}}}\Big|_{r_{\mathrm{D}}=r_{\mathrm{eD}}}=0\end{cases}\tag{4.94}$$

通过 Pedrosa 变换，模型中裂缝系统的控制方程的非线性被弱化，可进一步利用摄动变换求取模型的近似解[88]，根据摄动原理，有以下近似关系式：

$$\eta_{\mathrm{fD}}=\eta_{\mathrm{fD0}}+\varepsilon_{\mathrm{D}}\eta_{\mathrm{fD1}}+\varepsilon_{\mathrm{D}}^{2}\eta_{\mathrm{fD2}}+\cdots \tag{4.95}$$

式中，ε_{D} 为变换函数 η_{fD} 展开项系数；$\eta_{\mathrm{fD}i}$ 为变换函数 η_{fD} 展开第 i 项级数，$i=0,1,2,\cdots$。

当无因次应力敏感系数 S_{D} 较小时，式(4.95)右侧的高阶项非常小，工程上可以忽略不计，此时零阶摄动解就足以满足计算的精度要求。考虑零阶情形，无量纲数学模型进一步简化成：

$$\begin{cases}\dfrac{\partial^{2}\eta_{\mathrm{fD0}}}{\partial r_{\mathrm{D}}^{2}}+\left(\dfrac{1}{r_{\mathrm{D}}}\right)\dfrac{\partial\eta_{\mathrm{fD0}}}{\partial r_{\mathrm{D}}}=(1-\omega)\dfrac{\partial p_{\mathrm{mD}}}{\partial t_{\mathrm{D}}}+\omega\dfrac{\partial\eta_{\mathrm{fD0}}}{\partial t_{\mathrm{D}}}\\ (1-\omega)\dfrac{\partial p_{\mathrm{mD}}}{\partial t_{\mathrm{D}}}=\lambda\left(p_{\mathrm{fD}}-p_{\mathrm{mD}}\right)\\ p_{\mathrm{mD}}\left(t_{\mathrm{D}}=0\right)=\eta_{\mathrm{fD0}}\left(t_{\mathrm{D}}=0\right)=0\\ \left(\dfrac{\partial\eta_{\mathrm{fD0}}}{\partial r_{\mathrm{D}}}\right)_{r_{\mathrm{D}}=1}=-1\\ \dfrac{\partial\eta_{\mathrm{fD0}}}{\partial r_{\mathrm{D}}}\bigg|_{r_{\mathrm{D}}=r_{\mathrm{eD}}}=0\end{cases} \tag{4.96}$$

对以上模型进行如下 Laplace 变换：

$$\tilde{p}_{\mathrm{D}}\left(r_{\mathrm{D}},u\right)=\int_{0}^{\infty}p_{\mathrm{D}}\left(r_{\mathrm{D}},t_{\mathrm{D}}\right)\mathrm{e}^{-ut_{\mathrm{D}}}\mathrm{d}t_{\mathrm{D}} \tag{4.97}$$

则数学模型(4.96)变换为

$$\begin{cases}\dfrac{\partial^{2}\tilde{\eta}_{\mathrm{fD0}}}{\partial r_{\mathrm{D}}^{2}}+\left(\dfrac{1}{r_{\mathrm{D}}}\right)\dfrac{\partial\tilde{\eta}_{\mathrm{fD0}}}{\partial r_{\mathrm{D}}}=(1-\omega)u\tilde{p}_{\mathrm{mD}}+\omega u\tilde{\eta}_{\mathrm{fD0}}\\ (1-\omega)u\tilde{p}_{\mathrm{mD}}=\lambda\left(\tilde{p}_{\mathrm{fD}}-\tilde{p}_{\mathrm{mD}}\right)\\ \left(\dfrac{\partial\tilde{\eta}_{\mathrm{fD0}}}{\partial r_{\mathrm{D}}}\right)_{r_{\mathrm{D}}=1}=-\dfrac{1}{u}\\ \dfrac{\partial\tilde{\eta}_{\mathrm{fD0}}}{\partial r_{\mathrm{D}}}\bigg|_{r_{\mathrm{D}}=r_{\mathrm{eD}}}=0\end{cases} \tag{4.98}$$

式中，$\tilde{\eta}_{\mathrm{fD0}}$ 为 η_{fD0} 在 Laplace 空间对应的变换量。

进一步简化方程组(4.98)中的前两式得

$$\begin{cases}\dfrac{\partial^2 \tilde{\eta}_{\mathrm{fD0}}}{\partial r_{\mathrm{D}}^2}+\left(\dfrac{1}{r_{\mathrm{D}}}\right)\dfrac{\partial \tilde{\eta}_{\mathrm{fD0}}}{\partial r_{\mathrm{D}}}=\dfrac{(1-\omega)\lambda u}{(1-\omega)u+\lambda}\tilde{p}_{\mathrm{fD}}+\omega u\tilde{\eta}_{\mathrm{fD0}} \\ \left(\dfrac{\partial \tilde{\eta}_{\mathrm{fD0}}}{\partial r_{\mathrm{D}}}\right)_{r_{\mathrm{D}}=1}=-\dfrac{1}{u} \\ \dfrac{\partial \tilde{\eta}_{\mathrm{fD0}}}{\partial r_{\mathrm{D}}}\Big|_{r_{\mathrm{D}}=r_{\mathrm{eD}}}=0\end{cases} \tag{4.99}$$

对 Pedrosa 变换式(4.93)进行泰勒展开，可得到

$$p_{\mathrm{fD}}=-\frac{1}{S_{\mathrm{D}}}\ln\left[1-S_{\mathrm{D}}\eta_{\mathrm{fD}}\left(r_{\mathrm{D}},t_{\mathrm{D}}\right)\right]=\eta_{\mathrm{fD0}}+\frac{1}{2}S_{\mathrm{D}}\eta_{\mathrm{fD0}}^2+\cdots \tag{4.100}$$

当无因次应力敏感系数 S_{D} 较小时，式(4.100)的泰勒展开的第一项足以满足精度要求，因而在 Laplace 空间有

$$\tilde{p}_{\mathrm{fD}}\approx\tilde{\eta}_{\mathrm{fD0}} \tag{4.101}$$

将式(4.101)代入式(4.99)中，则无因次数学模型可写为

$$\begin{cases}\dfrac{\partial^2 \tilde{\eta}_{\mathrm{fD0}}}{\partial r_{\mathrm{D}}^2}+\left(\dfrac{1}{r_{\mathrm{D}}}\right)\dfrac{\partial \tilde{\eta}_{\mathrm{fD0}}}{\partial r_{\mathrm{D}}}=u\dfrac{\lambda+(1-\omega)\omega u}{(1-\omega)u+\lambda}\tilde{\eta}_{\mathrm{fD0}} \\ \left(\dfrac{\partial \tilde{\eta}_{\mathrm{fD0}}}{\partial r_{\mathrm{D}}}\right)_{r_{\mathrm{D}}=1}=-\dfrac{1}{u} \\ \dfrac{\partial \tilde{\eta}_{\mathrm{fD0}}}{\partial r_{\mathrm{D}}}\Big|_{r_{\mathrm{D}}=r_{\mathrm{eD}}}=0\end{cases} \tag{4.102}$$

方程组(4.102)中的第一式为零阶修正 Bessel 方程，结合 Bessel 方程的通解和边界条件，可得考虑应力敏感的数学模型的零阶摄动解析解为

$$\tilde{\eta}_{\mathrm{fD0}}\left(r_{\mathrm{D}},u\right)=\frac{1}{u\sqrt{uf(u)}}\frac{\mathrm{K}_1\left[r_{\mathrm{eD}}\sqrt{uf(u)}\right]\mathrm{I}_0\left[r_{\mathrm{D}}\sqrt{uf(u)}\right]+\mathrm{I}_1\left[r_{\mathrm{eD}}\sqrt{uf(u)}\right]\mathrm{K}_0\left[r_{\mathrm{D}}\sqrt{uf(u)}\right]}{\mathrm{K}_1\left(\sqrt{uf(u)}\right)\mathrm{I}_1\left(r_{\mathrm{eD}}\sqrt{uf(u)}\right)-\mathrm{K}_1\left(r_{\mathrm{eD}}\sqrt{uf(u)}\right)\mathrm{I}_1\left(\sqrt{uf(u)}\right)} \tag{4.103}$$

式中，$f(u)=\dfrac{\lambda+(1-\omega)\omega u}{(1-\omega)u+\lambda}$。

对式(4.103)进行 Stehfest 数值反演，可得到实空间中的解 $\eta_{\mathrm{fD0}}(r_{\mathrm{D}},t_{\mathrm{D}})$，然后代入 Pedrosa 变换式(4.100)即可得到考虑应力敏感条件下渗流数学模型在实空间的近似解析解。当无因次半径 $r_{\mathrm{D}}=1$ 时，即可得到无因次井底压力值。

当 $S_{\mathrm{D}}=0$ 时，储层不考虑应力敏感性，上述模型退化成经典的 Warren-Root 模型。图 4.17 为考虑应力敏感效应与 Warren-Root 模型下所得到的无因次井底压力及无因次井底压力导数对比图，从图中可以看出无因次应力敏感系数等于零时得到的无因次井底压力与无因次井底压力导数与 Warren-Root 模型得到的值基本一致，说明该模型准确可靠。

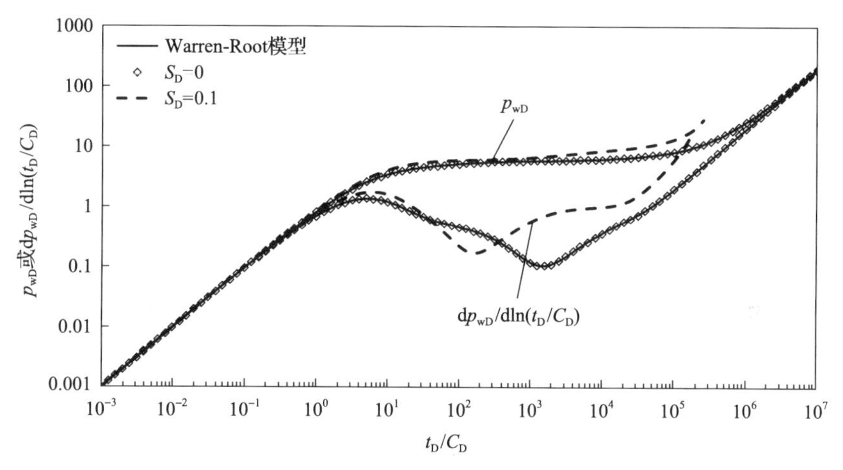

图 4.17　考虑应力敏感效应与 Warren-Root 模型下所得到的无因次井底压力及无因次井底压力导数对比图

图 4.18 为不同无因次应力敏感系数下无因次井底压力及无因次井底压力导数随时间的变化关系曲线。从图 4.17 和图 4.18 可以看出，考虑储层应力敏感性并不会影响双重介质试井曲线的整体形态。整体上，曲线可以分为四段，对应着四个不同的流动阶段：第Ⅰ阶段为井筒存储及表皮效应阶段，双对数坐标系中无因次井底压力及无因次井底压力导数初期表现为重合的直线，直线的长短与井筒存储系数的大小有关，随着无因次时间的增大，无因次井底压力增幅达到最大，无因次井底压力导数出现最大峰值，峰值的大小与井筒存储及表皮效应有关；第Ⅱ阶段为裂缝系统流动阶段，无因次井底压力同样表现为一直线，并且考虑应力敏感时的无因次井底压力要比不考虑时的大，

直线特征与应力敏感系数及双重介质裂缝系统储容比等参数有关，由于前期受井筒存储及表皮效应的影响，该阶段往往并不能很明显地表现出来；第Ⅲ阶段为裂缝系统向基岩系统流动的过渡阶段，无因次井底压力表现为一直线，无因次井底压力导数表现为一凹形曲线；第Ⅳ阶段为裂缝系统和基岩系统整体作用阶段，由于封闭边界的影响，无因次井底压力及无因次井底压力导数都表现为上翘的曲线，曲线上翘程度与边界大小及储层应力敏感性有关。

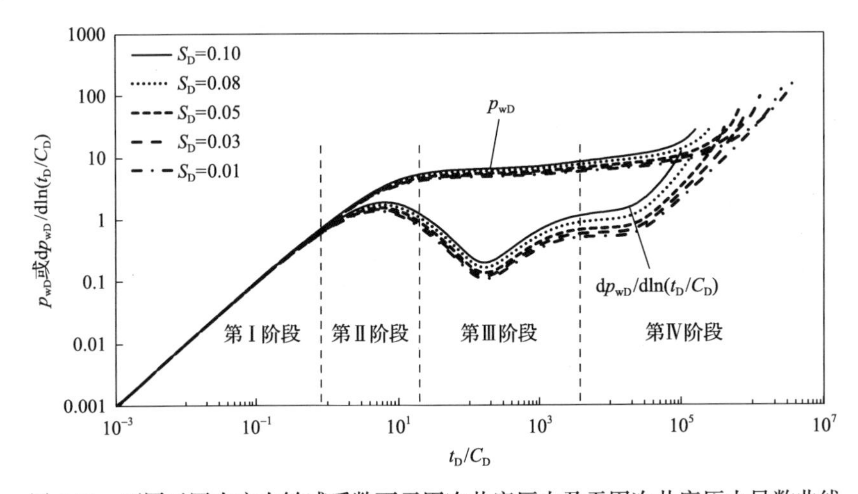

图 4.18　不同无因次应力敏感系数下无因次井底压力及无因次井底压力导数曲线

此外，无因次应力敏感系数越大，储层应力敏感性越强，无因次井底压力及无因次井底压力导数越大，这是因为裂缝渗透率在地层压力下降过程中受损严重，导致储层渗流能力变差，生产相同的流体时，需要消耗更多的能量。

第五章 高速非线性稳定渗流模型分析

本章将基于达西稳定渗流计算的产量、压力等分别与基于 Forchheimer 二项式方程和指数式方程描述非线性稳定渗流的计算结果在相同生产条件下进行比较，从而分析非线性渗流的规律及其对实际生产的影响。设有一水平均质等厚的圆形地层，地层边缘上有充足的流体供给，其中心有一口井。已知地层及流体物性等参数：地层半径为r_e，井半径为r_w，边界压力为p_e，油井的井底压力为p_w，井产量为Q，储层厚度为h，地层渗透率为k，流体黏度为μ，流体密度为ρ。

第一节 达西线性渗流

达西线性公式的微分形式：

$$v=\frac{k}{\mu}\frac{\mathrm{d}p}{\mathrm{d}r} \tag{5.1}$$

井产量为

$$Q=2\pi hr\frac{k}{\mu}\frac{\mathrm{d}p}{\mathrm{d}r} \tag{5.2}$$

将式(5.2)分离变量并利用边界条件积分得到平面径向稳定达西线性渗流的产量与井底压力的关系式为

$$Q=\frac{2\pi kh\left(p_e-p_w\right)}{\mu\ln\frac{r_e}{r_w}} \tag{5.3}$$

通过距离井中心半径r处的渗流截面的渗流速度为

$$v=\frac{Q}{2\pi hr} \tag{5.4}$$

当油井定产量Q生产时，井底压力为

$$p_{\mathrm{w}}=p_{\mathrm{e}}-\frac{Q\mu}{2\pi kh}\ln\frac{r_{\mathrm{e}}}{r_{\mathrm{w}}} \tag{5.5}$$

达西线性渗流时地层中任意一点的压力梯度为

$$\frac{\mathrm{d}p}{\mathrm{d}r}=\frac{Q\mu}{2\pi khr} \tag{5.6}$$

结合外边界条件对式(5.6)积分得到达西线性渗流时地层中任意一点的压力为

$$p(r)=p_{\mathrm{e}}-\frac{Q\mu}{2\pi kh}\ln\frac{r_{\mathrm{e}}}{r} \tag{5.7}$$

当油井定井底压力 p_{w} 生产时，井产量表达式为式(5.3)，此时地层中各点的渗流速度为

$$v=\frac{k\left(p_{\mathrm{e}}-p_{\mathrm{w}}\right)}{r\mu\ln\dfrac{r_{\mathrm{e}}}{r_{\mathrm{w}}}} \tag{5.8}$$

达西线性渗流时地层中任意一点的压力梯度为

$$\frac{\mathrm{d}p}{\mathrm{d}r}=\frac{p_{\mathrm{e}}-p_{\mathrm{w}}}{r\ln\dfrac{r_{\mathrm{e}}}{r_{\mathrm{w}}}} \tag{5.9}$$

结合外边界条件对式(5.9)积分得到达西线性渗流时地层中任意一点的压力为

$$p(r)=p_{\mathrm{e}}-\frac{p_{\mathrm{e}}-p_{\mathrm{w}}}{\ln\dfrac{r_{\mathrm{e}}}{r_{\mathrm{w}}}}\ln\frac{r_{\mathrm{e}}}{r} \tag{5.10}$$

第二节　二项式非线性渗流

对于高产井，渗流速度很高，惯性力不能忽略，达西定律不能准确地描述高速非线性效应，因此其不再适用。本节基于 Forchheimer 二项式方程[37]，

求出单井高产下产量与压力之间的关系。

由 Forchheimer 二项式方程：

$$\frac{\mathrm{d}p}{\mathrm{d}r}=\frac{\mu}{k}v+\beta\rho v^2 \tag{5.11}$$

将式(5.4)代入 Forchheimer 二项式方程中分离变量并利用边界条件积分得到井底压力和井产量的关系：

$$p_{\mathrm{e}}-p_{\mathrm{w}}=\frac{Q\mu}{2\pi kh}\ln\frac{r_{\mathrm{e}}}{r_{\mathrm{w}}}+\frac{Q^2\beta\rho}{4\pi^2h^2}\left(\frac{1}{r_{\mathrm{w}}}-\frac{1}{r_{\mathrm{e}}}\right) \tag{5.12}$$

当油井定产量 Q 生产时，达西和非线性渗流地层中任意一点的渗流速度相等，此时井底压力由式(5.12)得到

$$p_{\mathrm{w}}=p_{\mathrm{e}}-\frac{Q\mu}{2\pi kh}\ln\frac{r_{\mathrm{e}}}{r_{\mathrm{w}}}+\frac{Q^2\beta\rho}{4\pi^2h^2}\left(\frac{1}{r_{\mathrm{w}}}-\frac{1}{r_{\mathrm{e}}}\right) \tag{5.13}$$

将式(5.4)代入式(5.11)得到非线性渗流时地层中任意一点的压力梯度为

$$\frac{\mathrm{d}p}{\mathrm{d}r}=\frac{\mu}{k}\frac{Q}{2\pi hr}+\beta\rho\left(\frac{Q}{2\pi hr}\right)^2 \tag{5.14}$$

结合边界条件将式(5.14)积分，得到非线性渗流时地层中任意一点的压力：

$$p(r)=p_{\mathrm{e}}-\frac{Q\mu}{2\pi kh}\ln\frac{r_{\mathrm{e}}}{r}-\frac{Q^2\beta\rho}{4\pi^2h^2}\left(\frac{1}{r}-\frac{1}{r_{\mathrm{e}}}\right) \tag{5.15}$$

当油井定井底压力 p_{w} 生产时，式(5.12)为一个关于 Q 的一元二次方程，并且考虑生产井产量 Q 大于零，则基于 Forchheimer 二项式方程的稳定渗流产量公式为

$$Q=\frac{-\frac{\mu}{2\pi kh}\ln\frac{r_{\mathrm{e}}}{r_{\mathrm{w}}}+\sqrt{\left(\frac{\mu}{2\pi kh}\ln\frac{r_{\mathrm{e}}}{r_{\mathrm{w}}}\right)^2+\frac{\beta\rho}{\pi^2h^2}\left(\frac{1}{r_{\mathrm{w}}}-\frac{1}{r_{\mathrm{e}}}\right)(p_{\mathrm{e}}-p_{\mathrm{w}})}}{\frac{\beta\rho}{2\pi^2h^2}\left(\frac{1}{r_{\mathrm{w}}}-\frac{1}{r_{\mathrm{e}}}\right)} \tag{5.16}$$

由式(5.4)和式(5.7)得到非线性渗流时地层中任意一点的渗流速度：

$$v=\frac{1}{r}\frac{-\frac{\mu}{2\pi kh}\ln\frac{r_{\mathrm{e}}}{r_{\mathrm{w}}}+\sqrt{\left(\frac{\mu}{2\pi kh}\ln\frac{r_{\mathrm{e}}}{r_{\mathrm{w}}}\right)^2+\frac{\beta\rho}{\pi^2h^2}\left(\frac{1}{r_{\mathrm{w}}}-\frac{1}{r_{\mathrm{e}}}\right)(p_{\mathrm{e}}-p_{\mathrm{w}})}}{\frac{\beta\rho}{\pi h}\left(\frac{1}{r_{\mathrm{w}}}-\frac{1}{r_{\mathrm{e}}}\right)} \tag{5.17}$$

将式(5.17)代入式(5.11)得到地层中任意一点的压力梯度为

$$\frac{\mathrm{d}p}{\mathrm{d}r}=\frac{\mu}{k}\frac{1}{r}A+\beta\rho\frac{1}{r^2}A^2 \tag{5.18}$$

式中，

$$A=\frac{-\frac{\mu}{2\pi kh}\ln\frac{r_{\mathrm{e}}}{r_{\mathrm{w}}}+\sqrt{\left(\frac{\mu}{2\pi kh}\ln\frac{r_{\mathrm{e}}}{r_{\mathrm{w}}}\right)^2+\frac{\beta\rho}{\pi^2h^2}\left(\frac{1}{r_{\mathrm{w}}}-\frac{1}{r_{\mathrm{e}}}\right)(p_{\mathrm{e}}-p_{\mathrm{w}})}}{\frac{\beta\rho}{\pi h}\left(\frac{1}{r_{\mathrm{w}}}-\frac{1}{r_{\mathrm{e}}}\right)}$$

结合外边界条件对式(5.18)积分得到达西线性渗流时地层中任意一点的压力为

$$p(r)=p_{\mathrm{e}}-\frac{\mu}{k}A\ln\frac{r_{\mathrm{e}}}{r}-A^2\beta\rho\left(\frac{1}{r}-\frac{1}{r_{\mathrm{e}}}\right) \tag{5.19}$$

第三节　指数式非线性渗流

本节基于指数式方程描述高速非线性渗流，求出产量与压力的关系式。指数式方程为

$$\frac{\mathrm{d}p}{\mathrm{d}r}=cv^n \tag{5.20}$$

联合式(5.4)和式(5.20)，并利用边界条件积分求得井底压力和产量的关系式为

$$p_{\mathrm{e}} - p_{\mathrm{w}} = \frac{c}{n-1}\left(\frac{Q}{2\pi h}\right)^n \left(r_{\mathrm{w}}^{1-n} - r_{\mathrm{e}}^{1-n}\right) \tag{5.21}$$

当油井定产量Q生产时，由式(5.21)求得井底压力为

$$p_{\mathrm{w}} = p_{\mathrm{e}} - \frac{c}{n-1}\left(\frac{Q}{2\pi h}\right)^n \left(r_{\mathrm{w}}^{1-n} - r_{\mathrm{e}}^{1-n}\right) \tag{5.22}$$

由式(5.4)和式(5.20)求得地层中任意一点的压力梯度为

$$\frac{\mathrm{d}p}{\mathrm{d}r} = c\left(\frac{Q}{2\pi h r}\right)^n \tag{5.23}$$

由式(5.23)及外边界条件得到地层中任意一点的压力为

$$p = p_{\mathrm{e}} - \frac{c}{n-1}\left(\frac{Q}{2\pi h}\right)^n \left(r^{1-n} - r_{\mathrm{e}}^{1-n}\right) \tag{5.24}$$

当油井定井底压力p_{w}生产时，由式(5.21)求得井产量为

$$Q = 2\pi h\left[\frac{n-1}{c\left(r_{\mathrm{w}}^{1-n} - r_{\mathrm{e}}^{1-n}\right)}\left(p_{\mathrm{e}} - p_{\mathrm{w}}\right)\right]^{1/n} \tag{5.25}$$

因此由式(5.20)求得地层中任意一点的渗流速度为

$$v = \frac{1}{r}\left[\frac{n-1}{c\left(r_{\mathrm{w}}^{1-n} - r_{\mathrm{e}}^{1-n}\right)}\left(p_{\mathrm{e}} - p_{\mathrm{w}}\right)\right]^{1/n} \tag{5.26}$$

于是地层中任意一点的压力梯度为

$$\frac{\mathrm{d}p}{\mathrm{d}r} = \frac{1}{r^n}\left[\frac{n-1}{r_{\mathrm{w}}^{1-n} - r_{\mathrm{e}}^{1-n}}\left(p_{\mathrm{e}} - p_{\mathrm{w}}\right)\right] \tag{5.27}$$

结合外边界条件对式(5.27)积分得到达西线性渗流时地层中任意一点的压力为

$$p = p_{\mathrm{e}} - \frac{p_{\mathrm{e}} - p_{\mathrm{w}}}{r_{\mathrm{w}}^{1-n} - r_{\mathrm{e}}^{1-n}}\left(r^{1-n} - r_{\mathrm{e}}^{1-n}\right) \tag{5.28}$$

第四节　达西线性渗流与高速非线性渗流计算结果对比

一般油井的生产工作制度为定产量和定井底压力生产，因此，本节分别讨论两种情况下在相同物性条件下达西线性渗流和高速非线性渗流计算出的生产指标，寻找高速非线性渗流和达西线性渗流之间存在的差异，分析高速非线性渗流规律。

一、定产量生产

1. Forchheimer 二项式方程式

当油井定产量 Q 生产时，由式(5.4)可知，地层中各点的达西渗流速度和非线性渗流速度相等，此时比较达西线性渗流和 Forchheimer 式高速非线性渗流时井底压力、地层压力和压力梯度的不同，从而分析非线性渗流规律和对生产的影响。

根据式(5.6)、式(5.7)、式(5.14)、式(5.15)及表 5.1 中的参数可以得到达西线性渗流和 Forchheimer 式高速非线性渗流时地层压力、压力梯度及地层中任一点与边界的压差分布，计算结果如表 5.2 及图 5.1～图 5.4 所示。

表 5.1　定产量生产时计算参数及取值

井产量 $Q/(cm^3/s)$	井半径 r_w/cm	地层半径 r_e/cm	边界压力 $p_e/10^{-1}MPa$	储层厚度 h/cm	渗透率 $k/10^{-3}\mu m^2$	孔隙度 ϕ	流体黏度 $\mu/(mPa\cdot s)$	流体密度 $\rho/(g/cm^3)$
1000	10	15000	200	200	1	0.2	10	0.85

注：1D=0.986923×$10^{-12}m^2$。

表 5.2　达西线性渗流和 Forchheimer 式高速非线性渗流时地层不同位置的压力和压力梯度分布(定产量)

半径/m	达西线性渗流			Forchheimer 式高速非线性渗流		
	地层压力 $/10^{-1}MPa$	压力梯度 $/(10^{-1}MPa/m)$	压差 $/10^{-1}MPa$	地层压力 $/10^{-1}MPa$	压力梯度 $/(10^{-1}MPa/m)$	压差 $/10^{-1}MPa$
0.1	139.5	79.618	60.5	120.7	267.872	79.3
0.2	145.5	37.231	54.5	136.7	78.397	63.3
0.5	151.6	17.410	48.4	147.5	26.412	52.5

续表

半径/m	达西线性渗流			Forchheimer 式高速非线性渗流		
	地层压力/10^{-1}MPa	压力梯度/(10^{-1}MPa/m)	压差/10^{-1}MPa	地层压力/10^{-1}MPa	压力梯度/(10^{-1}MPa/m)	压差/10^{-1}MPa
1.0	157.6	8.141	42.4	155.7	10.110	44.3
2.1	163.7	3.807	36.3	162.8	4.238	37.2
4.5	169.7	1.780	30.3	169.3	1.874	30.7
9.6	175.8	0.833	24.2	175.6	0.853	24.4
20.5	181.8	0.389	18.2	181.8	0.394	18.2
43.7	187.9	0.182	12.1	187.9	0.183	12.1
93.5	193.9	0.085	6.1	193.9	0.085	6.1
200.0	200.0	0.040	0.0	200.0	0.040	0.0

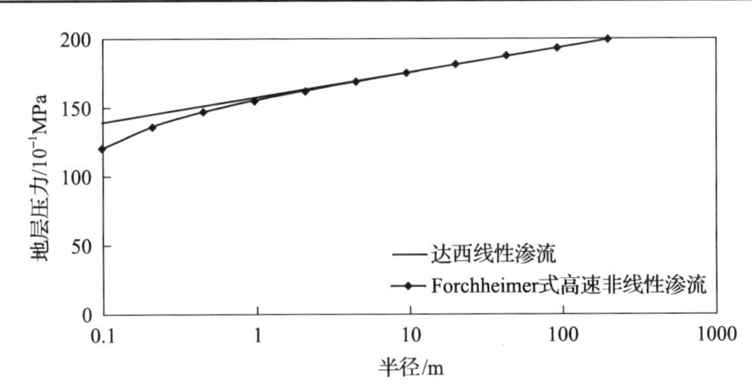

图5.1　定产量生产时达西线性渗流和Forchheimer式高速非线性渗流地层压力分布对比图

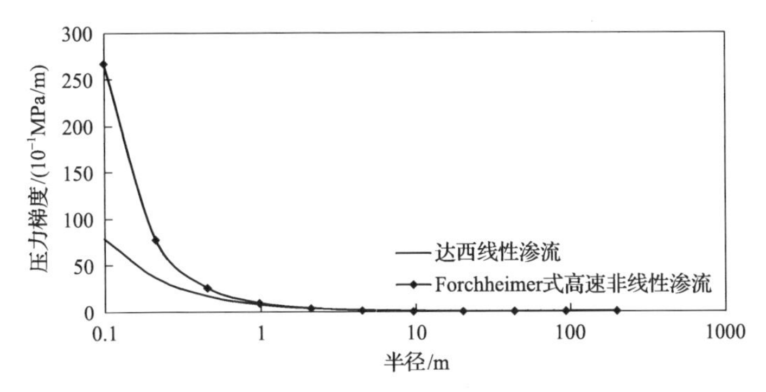

图 5.2　定产量生产时达西线性渗流和 Forchheimer 式高速非线性渗流压力梯度分布对比图(半对数)

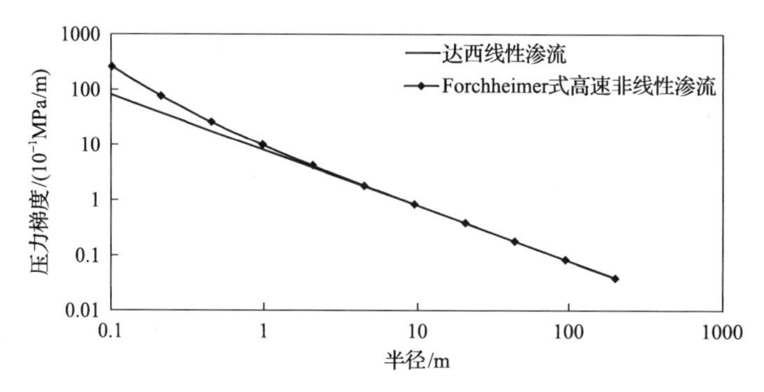

图 5.3　定产量生产时达西线性渗流和 Forchheimer 式高速非线性渗流压力梯度分布对比图(双对数)

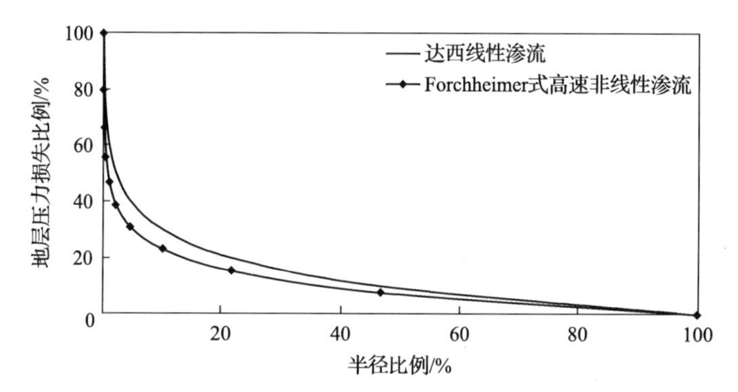

图 5.4　定产量生产时达西线性渗流和 Forchheimer 式高速非线性渗流地层压力损失比例对比图

从表 5.2 和图 5.1～图 5.3 可以看出，油井定产量生产时，达西线性渗流时的地层压力要比 Forchheimer 式高速非线性渗流时的高，而压力梯度要小。此外，由式(5.4)可知，地层中同一位置的渗流速度在达西线性渗流和 Forchheimer 式高速非线性渗流情况下相等，但是地层压力和压力梯度不同，并且离井底越近，这种差异越大，井底的差异最大。这是因为在井附近，油藏的渗流速度很大，流体运动的惯性阻力较大，不能忽略，正如 Forchheimer 二项式方程所描述的那样，方程右边的第二项由渗流速度等组成的惯性力占据了主要作用，惯性力消耗的能量不能忽略，此时黏滞阻力与压力梯度之间的线性关系被破坏，达西线性规律不再适用，因此就出现如图 5.1 和图 5.2 所描述的 Forchheimer 式高速非线性渗流和达西线性渗流之间存在的差异，此时表明 Forchheimer 式高速非线性渗流产生了额外的压力降，Forchheimer 二项式方程能更好地描述地层渗流规律。同时随着半径的增大，渗流速度逐渐减少，由于渗流速度所带来的惯性阻力也逐渐变弱，直至井半径达到一定值后，惯性阻力几乎不起作用，此时 Forchheimer 二项式方程所描述的非线性渗流趋近于达西线性渗流。通过对比可以看出，在距离井底大于 5m 的地方，通过非线性渗流计算的地层压力和压力梯度与达西线性渗流下计算的相差很少，此时达西线性渗流和 Forchheimer 式高速非线性渗流都能很好地描述。

图 5.4 为不同流态下，距离井底不同位置地层压力损失比例对比图。从图 5.4 中可以看出，无论是达西线性渗流还是 Forchheimer 式高速非线性渗流，地层压力的损失主要集中在近井周围，距离井底越近，压力损失的幅度越大，曲线的斜率绝对值越大，随着距离的增大，曲线变得越平缓，压力损失的幅度变小。

2. 指数式方程

当油井定产量 Q 生产时，由式(5.4)可知，地层中各点的达西渗流速度和非线性渗流速度相等，此时比较达西线性渗流和指数式高速非线性渗流时井底压力、地层压力和压力梯度的不同。

根据式(5.6)、式(5.7)和式(5.24)、式(5.25)及表 5.1 中的参数得到达西线性渗流和指数式高速非线性渗流时地层不同位置的压力和压力梯度如表 5.3 及图 5.5～图 5.8 所示。

表 5.3　达西线性渗流和指数式高速非线性渗流时地层不同位置的压力和压力梯度分布(定产量)

半径/m	达西线性渗流压力/10^{-1}MPa	指数式高速非线性渗流压力/10^{-1}MPa			达西线性渗流压力梯度/(10^{-1}MPa/m)	指数式高速非线性渗流压力梯度/(10^{-1}MPa/m)		
		n=1.1	n=1.3	n=1.5		n=1.1	n=1.3	n=1.5
0.1	181.9	180.0	176.9	169.1	23.873	37.609	77.139	158.218
0.2	183.7	182.7	182.2	179.1	11.164	16.300	28.717	50.594
0.5	185.5	185.3	186.3	185.9	5.220	7.064	10.691	16.179
1.0	187.3	187.6	189.7	190.6	2.441	3.062	3.980	5.174
2.1	189.1	189.8	192.3	193.8	1.142	1.327	1.482	1.654
4.5	190.9	191.9	194.4	196.0	0.534	0.575	0.552	0.529
9.6	192.7	193.8	196.1	197.5	0.250	0.249	0.205	0.169
20.5	194.6	195.5	197.4	198.5	0.117	0.108	0.076	0.054
43.7	196.4	197.1	198.5	199.2	0.055	0.047	0.028	0.017
93.5	198.2	198.6	199.3	199.7	0.026	0.020	0.011	0.006
200.0	200.0	200.0	200.0	200.0	0.012	0.009	0.004	0.002

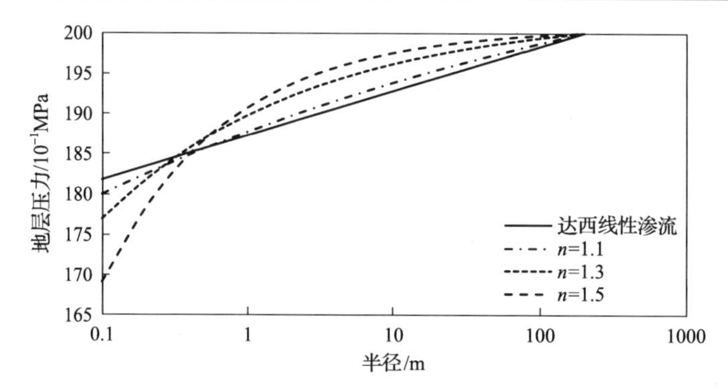

图 5.5　定产量生产时达西线性渗流和指数式高速非线性渗流地层压力分布对比图

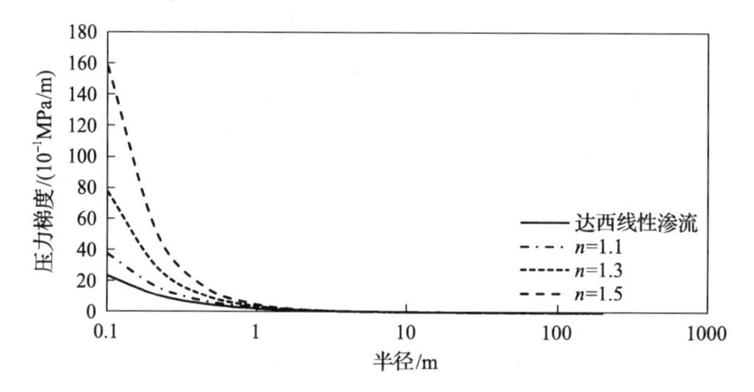

图 5.6　定产量生产时达西线性渗流和指数式高速非线性渗流压力梯度分布对比图(半对数)

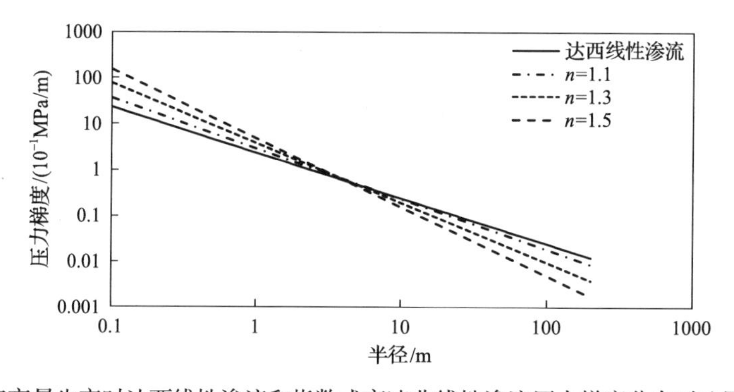

图 5.7　定产量生产时达西线性渗流和指数式高速非线性渗流压力梯度分布对比图(双对数)

从表 5.3 和图 5.5～图 5.7 可以看出，在距离井底附近的区域，指数式高速非线性渗流时的地层压力要比达西线性渗流时的低，而压力梯度正好相反，指数式高速非线性渗流时的压力梯度要比达西线性渗流时的要大，并且渗流指数 n 越大，不同流态下的地层压力及压力梯度差别越大；随着距离的增大，

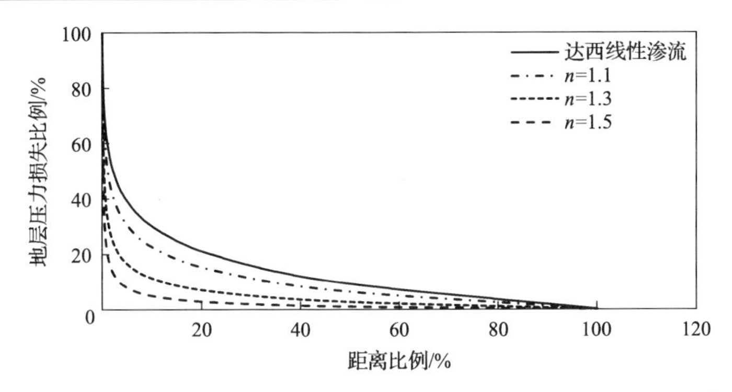

图 5.8　定产量生产时达西线性渗流和指数式高速非线性渗流压力损失比例对比图

指数式高速非线性渗流时的地层压力及压力梯度逐渐接近达西线性渗流，当距离达到一定值之后，指数式高速非线性渗流时的地层压力大于达西线性渗流时的地层压力，压力梯度要小于达西线性渗流时的压力梯度，并且渗流指数 n 越大，两种流态下压力梯度相等所需的距离越短。这是因为渗流指数 n 越大，体现了非线性渗流程度越强。此外由于近井地带渗流速度较大，产生的惯性阻力也大，并占据重要部分，当距离不断增大时，渗流速度逐渐下降，产生的惯性阻力逐渐减弱，惯性阻力影响很微弱，甚至可以忽略不计。需要特别说明的一点是，当距离达到一定的值之后，指数式高速非线性渗流时的地层压力梯度比达西线性渗流时的要小，并且渗流指数 n 越大，压力梯度越小，这和常理是相悖的，原因在于地层中渗流速度随距离的增大而减小，特别是距离达到一定值之后，流体渗流速度很小，如果地层中流体的渗流还用一个定非线性指数来描述，会使计算结果误差更大，这也就说明只有在靠近井底的区域才存在高速非线性渗流。因此，我们在用指数式方程描述地层中流体高速非线性渗流时，一方面要考虑高速非线性渗流区域，并不是所有区域都用指数式非线性渗流表达式来描述流体流动；另一方面不同位置处的渗流指数应该为不同的值，而不是整个非线性区域用一个固定的渗流指数。

图 5.8 为不同渗流指数下，距离井底不同位置地层压力损失比例对比图。从图 5.8 中可以看出，无论是达西线性渗流还是指数式高速非线性渗流，地层压力的损失主要集中在近井周围，距离井底越近，压力损失的幅度越大，曲线的斜率绝对值越大，随着距离的增大，曲线变得越平缓，压力损失的幅度变小。渗流指数越大，井底附近压力损失越严重，当渗流指数为 1.5 时，在距离井底 5%的区域内压力损失占整个压力损失的 90%。

二、定井底压力生产

1. 达西线性渗流和 Forchheimer 式高速非线性渗流

当油井定井底压力 p_w 生产时，由式(5.3)和式(5.16)可知，达西线性渗流和Forchheimer式高速非线性渗流下井产量不同，同时地层中各点的渗流速度、地层压力及压力梯度分布也不尽相同。此时比较达西线性渗流和 Forchheimer 式高速非线性渗流井产量、渗流速度、地层压力和压力梯度分布的差异，从而分析高速非线性渗流规律。

由式(5.3)和式(5.17)可以得到定井底压力时达西线性渗流和 Forchheimer 式高速非线性渗流时井产量分别为 $74.2m^3/d$ 和 $60.5m^3/d$。根据上述表达式及表 5.4 中的参数可以分别得到定井底压力时达西线性渗流和 Forchheimer 式高速非线性渗流时地层中压力、压力梯度及渗流速度分布。

表 5.4 定井底压力生产时计算参数及取值

参数	数值
井半径 r_w/cm	10
地层半径 r_e/cm	20000
井底压力 $p_w/10^{-1}$MPa	150
边界压力 $p_e/10^{-1}$MPa	200
储层厚度 h/cm	200
渗透率 $k/10^{-3}\mu m^2$	1
孔隙度 ϕ	0.2
流体黏度 μ/(mPa · s)	10
流体密度 $\rho/(g/cm^3)$	0.85

根据式(5.8)～式(5.10)、式(5.17)～式(5.19)及表 5.4 中的参数可以得到达西线性渗流和 Forchheimer 式高速非线性渗流时地层中渗流速度、压力梯度以及地层压力分布，计算结果如表 5.5 及图 5.9～图 5.13 所示。

从表 5.5 和图 5.9～图 5.12 可以看出，油井定井底压力生产时，达西线性渗流时流体的渗流速度要比 Forchheimer 式高速非线性渗流时的高，地层压力比 Forchheimer 式高速非线性渗流时要小。而地层中压力梯度在近井地带

Forchheimer 式高速非线性渗流时比达西线性渗流时的要大，当距离增加到一定值后，Forchheimer 式高速非线性渗流时的压力梯度要比达西线性渗流时的小。这是因为在近井地带，流体渗流速度较大，流体惯性阻力占据主要地位，地层压力的损失主要由流体渗流速度大而产生的惯性阻力所致；随着距离

表 5.5 达西线性渗流和 Forchheimer 式高速非线性渗流时地层不同位置的渗流速度、压力梯度及地层压力分布(定井底压力)

半径/m	达西线性渗流			Forchheimer 式高速非线性渗流		
	渗流速度/(cm/s)	压力梯度/(10^{-1}MPa/cm)	地层压力/10^{-1}MPa	渗流速度/(cm/s)	压力梯度/(10^{-1}MPa/cm)	地层压力/10^{-1}MPa
0.1	0.0947	94.37	150.0	0.0683	206.99	150.0
0.2	0.0557	55.56	155.0	0.0402	88.28	159.3
0.3	0.0328	32.71	160.0	0.0237	40.34	166.3
0.5	0.0193	19.25	165.0	0.0139	19.71	171.9
0.8	0.0114	11.33	170.0	0.0082	10.21	176.7
1.4	0.0067	6.67	175.0	0.0048	5.52	181.0
2.4	0.0039	3.93	180.0	0.0028	3.08	185.0
4.1	0.0023	2.31	185.0	0.0017	1.76	188.9
6.9	0.0014	1.36	190.0	0.0010	1.01	192.6
11.8	0.0008	0.80	195.0	0.0006	0.59	196.3
20.0	0.0005	0.47	200.0	0.0003	0.35	200.0

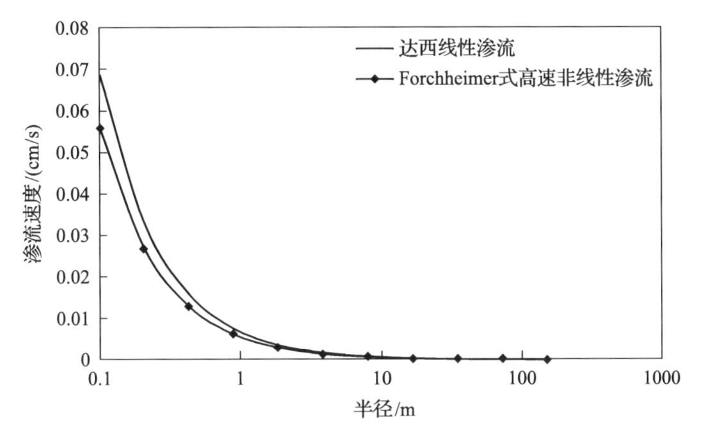

图 5.9 定井底压力生产时达西线性渗流和 Forchheimer 式高速非线性渗流的渗流速度分布对比图(半对数)

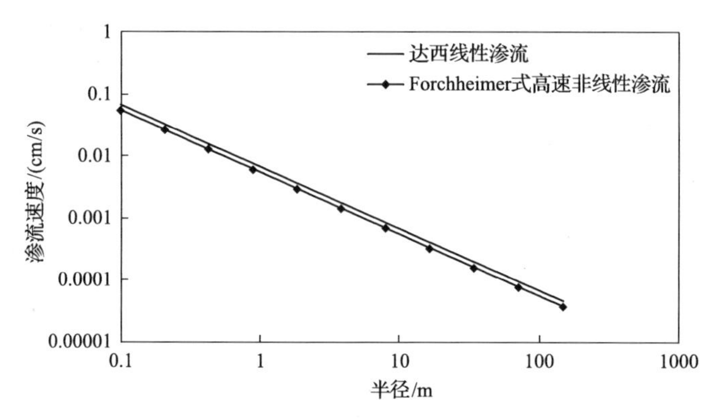

图 5.10 定井底压力生产时达西线性渗流和 Forchheimer 式高速非线性渗流的渗流速度分布对比图(双对数)

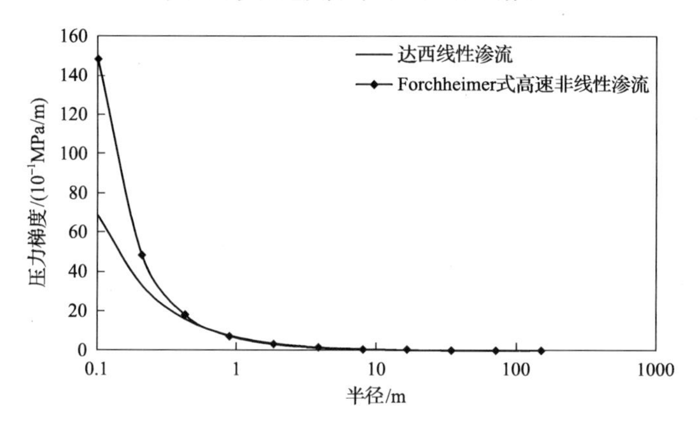

图 5.11 定井底压力生产时达西线性渗流和 Forchheimer 式高速非线性渗流压力梯度分布对比图(半对数)

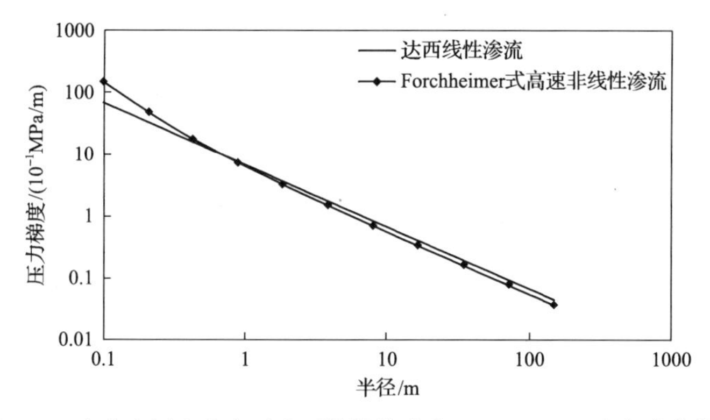

图 5.12 定井底压力生产时达西线性渗流和 Forchheimer 式高速非线性渗流压力梯度分布对比图(双对数)

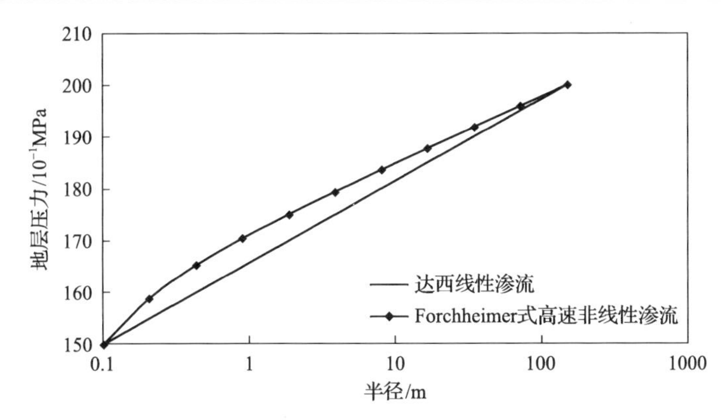

图 5.13　定井底压力生产时达西线性渗流和 Forchheimer 式高速非线性渗流地层压力分布对比图

增大，渗流速度减小，惯性阻力效应逐渐减弱，当距离增加到一定值时，渗流速度很小，惯性阻力几乎可以忽略不计，地层压力的损失主要来自黏滞阻力，此时 Forchheimer 式高速非线性渗流运动退化为达西线性渗流，而达西线性渗流时的渗流速度大于 Forchheimer 式高速非线性渗流时的渗流速度，因此此时达西线性渗流的压力梯度要大。

从图 5.9 和图 5.10 可以看出，达西线性渗流与 Forchheimer 式高速非线性渗流时地层流体渗流速度的差异随着距离(与井的距离)的增大而逐渐变小，在井底差异最大。在双对数坐标系中，两种流态下的渗流速度为两条平行线。

从图 5.11 和图 5.12 可以看出，在井底附近，Forchheimer 式高速非线性渗流时的压力梯度是达西线性渗流时的 2.2 倍，此时地层压力的损失主要来自渗流速度大而产生的惯性效应。随着距离的增大，渗流速度降低，惯性影响逐渐变弱，地层压力的损失由惯性损耗变为由黏滞阻力产生的损耗。

由图 5.13 及计算产量可以看出，虽然边界与井底的压力差相同，但是达西线性渗流时的产量比 Forchheimer 式高速非线性渗流时的产量多了 23%，从而导致达西线性渗流时各点的地层压力要比 Forchheimer 式高速非线性渗流时低。这是由于虽然 Forchheimer 式高速非线性渗流时近井地带区域的压力梯度比达西线性渗流要大，即压力损耗大，但是 Forchheimer 式高速非线性渗流的影响区域相对整个地层要小得多，多产出流体需要消耗更多的地层压力。

图 5.14 为不同流态下，井定井底压力生产时，距离井底不同位置地层压力损失比例对比图。从图 5.14 中可以看出，无论是达西线性渗流还是 Forchheimer 式高速非线性渗流，地层压力的损失主要集中在近井周围，距离井底越近，压力损失的幅度越大，曲线的斜率绝对值越大，随着距离的增大，

曲线变得平缓，压力损失的幅度变小。

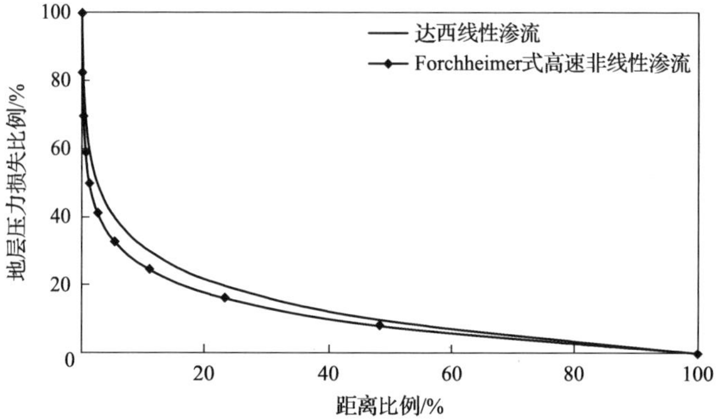

图 5.14 定井底压力生产时达西线性渗流和 Forchheimer 式高速非线性渗流压力损失比例分布对比图

2. 达西线性渗流和指数式高速非线性渗流

当油井定井底压力 p_w 生产时，由式(5.3)、式(5.26)及表 5.6 可以得到达西线性渗流和指数式高速非线性渗流时不同渗流指数下的井产量：达西线性渗流时井产量为 61.7m^3/d，渗流指数分别为 1.1、1.3 和 1.5 时对应的井产量分别为 51.5m^3/d、40.6m^3/d 和 30.8m^3/d。同时地层中各点的渗流速度、地层压力及压力梯度分布也不尽相同。根据本章第一节、第三节中的相关公式及表 5.6 中的参数可以得到定井底压力生产时达西线性渗流和指数式高速非线性渗流不同渗流指数下地层压力、压力梯度及渗流速度分布等数据，具体见表 5.6、表 5.7 及图 5.15～图 5.20。

表 5.6 达西线性渗流和指数式高速非线性渗流时地层不同位置的压力及压力梯度分布(定井底压力)

半径/m	达西线性渗流地层压力/10^{-1}MPa	指数式高速非线性渗流地层压力/10^{-1}MPa			达西线性渗流压力梯度/(10^{-1}MPa/m)	指数式高速非线性渗流压力梯度/(10^{-1}MPa/m)		
		n=1.1	n=1.3	n=1.5		n=1.1	n=1.3	n=1.5
0.1	150	150.0	150.0	150.0	65.782	93.919	167.086	255.718
0.2	155	156.9	161.4	166.2	30.761	40.704	62.202	81.772
0.5	160	163.2	170.4	177.2	14.385	17.641	23.156	26.149
1.0	165	169.1	177.6	184.8	6.727	7.646	8.621	8.362
2.1	170	174.6	183.3	190.0	3.146	3.314	3.209	2.674

续表

半径/m	达西线性渗流地层压力/10^{-1}MPa	指数式高速非线性渗流地层压力/10^{-1}MPa			达西线性渗流压力梯度/(10^{-1}MPa/m)	指数式高速非线性渗流压力梯度/(10^{-1}MPa/m)		
		n=1.1	n=1.3	n=1.5		n=1.1	n=1.3	n=1.5
4.5	175	179.7	187.9	193.5	1.471	1.436	1.195	0.855
9.6	180	184.4	191.5	195.9	0.688	0.622	0.445	0.273
20.5	185	188.8	194.4	197.6	0.322	0.270	0.166	0.087
43.7	190	197.1	198.5	199.2	0.055	0.047	0.028	0.017
93.5	195	198.6	199.3	199.7	0.026	0.020	0.011	0.006
200.0	200	200.0	200.0	200.0	0.012	0.009	0.004	0.002

表 5.7　达西线性渗流和指数式高速非线性渗流时地层不同位置的生产压差分布(定井底压力)

半径/m	达西线性渗流生产压差/10^{-1}MPa	指数式非线性渗流生产压差/10^{-1}MPa		
		n=1.1	n=1.3	n=1.5
0.1	50.0	50.0	50.0	50.0
0.2	45.0	43.1	38.6	33.8
0.5	40.0	36.8	29.6	22.8
1.0	35.0	30.9	22.4	15.2
2.1	30.0	25.4	16.7	10.0
4.5	25.0	20.3	12.1	6.5
9.6	20.0	15.6	8.5	4.1
20.5	15.0	11.2	5.6	2.4
43.7	10.0	7.2	3.3	1.3
93.5	5.0	3.5	1.5	0.5
200	0.0	0.0	0.0	0.0

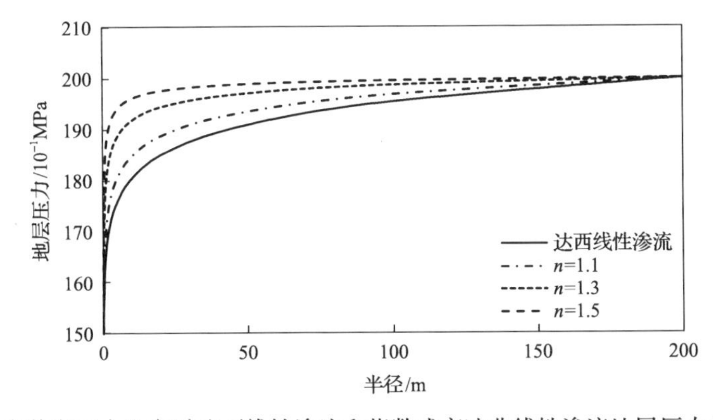

图 5.15　定井底压力生产时达西线性渗流和指数式高速非线性渗流地层压力分布对比图

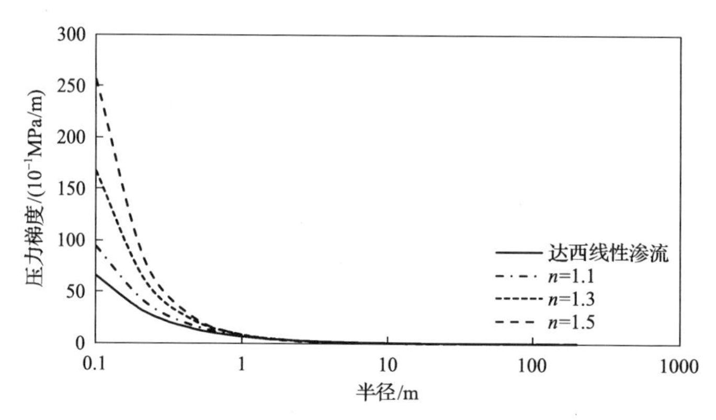

图 5.16　定井底压力生产时达西线性渗流和指数式非线性渗流压力梯度分布对比图(半对数)

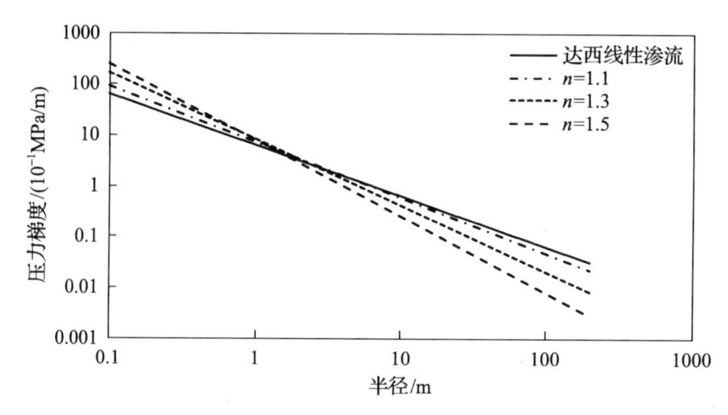

图 5.17　定井底压力生产时达西线性渗流和指数式非线性渗流压力梯度分布对比图(双对数)

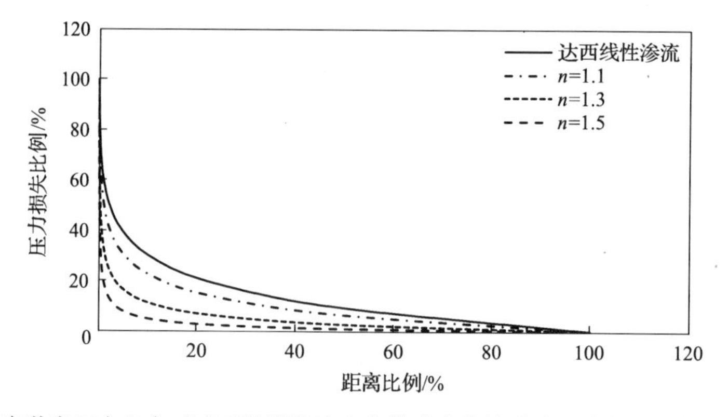

图 5.18　定井底压力生产时达西线性渗流和指数式非线性渗流压力损失比例分布对比图

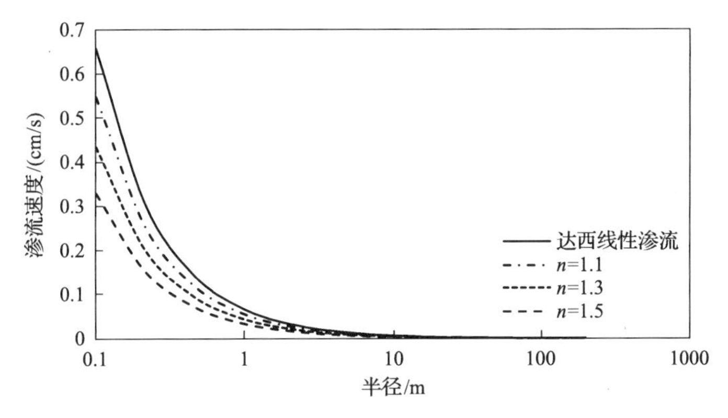

图 5.19　定井底压力生产时达西线性渗流和指数式非线性渗流的渗流速度分布对比图

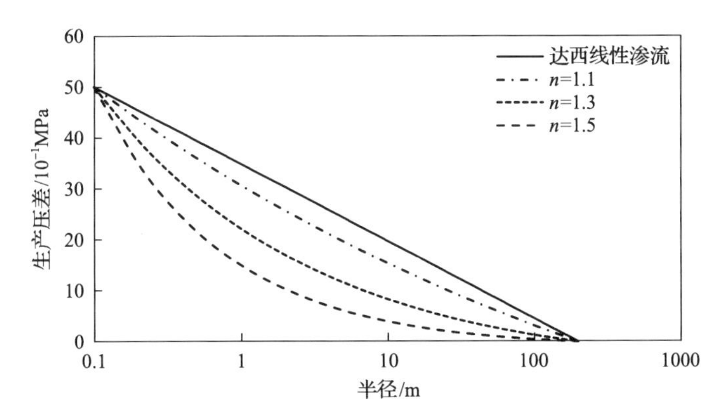

图 5.20　定井底压力生产时达西线性渗流和指数式非线性渗流生产压差分布对比图

由表 5.6 及图 5.15～图 5.19 可以看出，达西线性渗流与指数式高速非线性渗流的地层压力、压力梯度、压力损失比例及渗流速度分布规律与前面论述的达西线性渗流及 Forchheimer 式高速非线性渗流的规律基本一致，只是渗流指数 n 越大，达西线性渗流与指数式高速非线性渗流之间的差异越明显，因此不再重复描述。

图 5.20 为不同渗流指数与达西线性渗流时地层各点与边界的生产压差分布图。从图 5.20 中可以看出，在半对数坐标系中，达西线性渗流情况下，生产压差与半径呈线性关系，而指数式高速非线性渗流时生产压差为凹形曲线，生产压差随半径的增大逐渐变小，并且渗流指数越大，曲线下凹得越厉害。这是因为渗流指数越大，反映非线性越强，压力损耗越大。

第六章　高速非线性不稳定渗流试井分析

基于前述章节的论述，地层中流体流动只考虑一种流态会带来较大误差，因此本章重点研究近井区域为高速非线性渗流，而远离井区域为达西线性渗流的复合区域试井曲线形态，并且非线性区域的流动分别基于 Forchheimer 二项式和指数式运动方程，同时结合初边值条件建立关于高速非线性渗流的定解问题，将定解问题无因次化，通过解析及数值方法对模型进行求解，得到无因次井底压力及无因次井底压力导数表达式和典型试井曲线，同时讨论储层及流体性质等参数对非线性渗流试井曲线的影响。

第一节　指数式高速非线性渗流模型

一、指数式高速非线性渗流模型的建立

1. 物理模型的建立

根据油气渗流数学模型的原则做以下物理模型假设。

(1) 单相微可压缩液体在地层中作平面径向渗流，整个地层划分为达西线性渗流区域 $\left(r>r_{\mathrm{c}}\right)$ 和高速非线性渗流区域 $\left(r_{\mathrm{w}}\leqslant r\leqslant r_{\mathrm{c}}\right)$；线性渗流区域内渗流运动服从达西定律，非线性渗流区域内渗流运动服从指数式高速非线性渗流[27] (图 6.1)。

(2) 初始地层压力相等且为 p_{i}。

(3) 地层中只有一种介质，且均匀分布在地层中。

(4) 不考虑毛细管压力 p_{c} 和重力对渗流的影响。

(5) 地层为无限大定压边界，油井以定产量 Q 生产。

2. 数学模型的建立

由物理模型假设得到连续性方程为

$$\frac{\partial v(r,t)}{\partial r}+\frac{1}{r}v(r,t)=C_{\mathrm{t}}\frac{\partial p(r,t)}{\partial t} \tag{6.1}$$

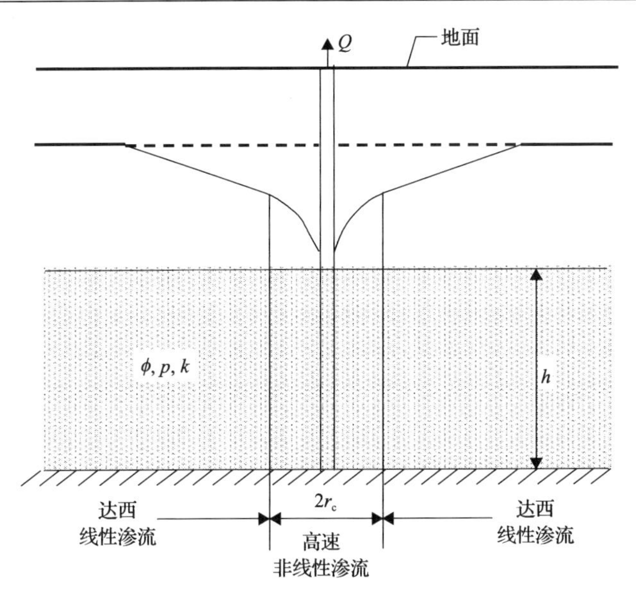

图 6.1 两种流态井流示意图

运动方程为非线性指数形式，地层压力导数写为

$$\frac{\partial p(r,t)}{\partial r}=cv^{n}(r,t) \quad (1<n\leqslant 2) \tag{6.2}$$

由式(6.1)、式(6.2)及初边值条件得到如下数学模型：

$$\begin{cases}\dfrac{\partial v_i(r,t)}{\partial r}+\dfrac{1}{r}v_i(r,t)=C_{\mathrm{t}}\dfrac{\partial p_i(r,t)}{\partial t} \quad (i=1,2)\\ \dfrac{\partial p_1(r,t)}{\partial r}=cv_1^{\,n}(r,t) \quad (1<n\leqslant 2, r_{\mathrm{w}}\leqslant r\leqslant r_{\mathrm{c}})\\ \dfrac{\partial p_2(r,t)}{\partial r}=\dfrac{\mu}{k}v_2(r,t) \quad (r>r_{\mathrm{c}})\\ p_1(r,t=0)=p_{\mathrm{i}} \qquad \text{初始条件}\\ p_2(r,t=0)=p_{\mathrm{i}}\\ v_1(r=r_{\mathrm{w}},t)=Q/(2\pi hr_{\mathrm{w}}) \qquad \text{内边界条件}\\ v_1(r=r_{\mathrm{c}},t)=v_2(r=r_{\mathrm{c}},t) \qquad \text{衔接条件}\\ p_2(r=\infty,t)=p_{\mathrm{i}} \qquad \text{外边界条件}\end{cases} \tag{6.3}$$

引入无因次化公式如下：

$$\begin{cases} p_{1D} = \dfrac{k}{r_w v_w \mu}(p_i - p_1), p_{2D} = \dfrac{k}{r_w v_w \mu}(p_i - p_2) \\ t_D = \dfrac{kt}{\phi\mu C_t r_w^2} \\ r_D = \dfrac{r}{r_w} \\ v_{1D} = \dfrac{v_1}{v_w}, v_{2D} = \dfrac{v_2}{v_w} \\ F_D = \dfrac{k v_w^{n-1} c}{\mu} \end{cases} \tag{6.4}$$

则无因次数学模型变为

$$\begin{cases} \dfrac{\partial v_{iD}(r_D,t_D)}{\partial r_D} + \dfrac{1}{r_D} v_{iD}(r_D,t_D) = -\dfrac{\partial p_{iD}(r_D,t_D)}{\partial t_D} \quad (i=1,2) \\ \dfrac{\partial p_{1D}(r_D,t_D)}{\partial r_D} = -F_D v_{1D}^n(r_D,t_D) \quad (1<n\leqslant 2, 1\leqslant r_D\leqslant r_{cD}) \\ \dfrac{\partial p_{2D}(r_D,t_D)}{\partial r_D} = -v_{2D}(r_D,t_D) \quad (r_D > r_{cD}) \\ p_{1D}(r_D,t_D=0)=0 \\ p_{2D}(r_D,t_D=0)=0 \end{cases} \quad \text{初始条件}$$

$$\begin{cases} v_{1D}(r_D=1,t_D)=1 & \text{内边界条件} \\ v_{1D}(r_D=r_{cD},t_D)=v_{2D}(r_D=r_{cD},t_D) & \text{衔接条件} \\ p_{2D}(r_D=\infty,t_D)=0 & \text{外边界条件} \end{cases} \tag{6.5}$$

二、指数式高速非线性渗流模型的解析解

对以上无因次数学模型引入 Boltzmann 变换：

$$\eta = \frac{r_D}{2t_D^{1/2}} \tag{6.6}$$

将式(6.6)分别代入式(6.5)中前两个方程可以得到指数式高速非线性渗流控制方程为

$$\frac{\mathrm{d}v_{\mathrm{D}}(\eta)}{\mathrm{d}\eta}+\frac{1}{\eta}v_{\mathrm{D}}(\eta)=-2\eta F_{\mathrm{D}}v_{\mathrm{D}}^{n}(\eta) \tag{6.7}$$

进行如下变量代换:

$$z=v_{\mathrm{D}}^{1-n}(\eta) \tag{6.8}$$

则式(6.7)变为

$$\frac{\mathrm{d}z}{\mathrm{d}\eta}=-\frac{1}{\eta}(1-n)z-2\eta F_{\mathrm{D}}(1-n) \tag{6.9}$$

以η为自变量的非齐次方程式(6.9)的通解为

$$z=\eta^{n-1}\left(c_1+2F_{\mathrm{D}}\frac{n-1}{3-n}\eta^{3-n}\right) \tag{6.10}$$

将式(6.8)代入式(6.10)得

$$v_{\mathrm{D}}(\eta)=\frac{1}{\eta}\left(c_1+2F_{\mathrm{D}}\frac{n-1}{3-n}\eta^{3-n}\right)^{\frac{1}{1-n}} \tag{6.11}$$

考虑到Boltzmann逆变换,即用原始变量r_{D}、t_{D}表示式(6.11)中的变量η,则有

$$v_{\mathrm{D}}(r_{\mathrm{D}},t_{\mathrm{D}})=\frac{2t_{\mathrm{D}}^{1/2}}{r_{\mathrm{D}}}\left[c_1+2F_{\mathrm{D}}\frac{n-1}{3-n}\left(\frac{r_{\mathrm{D}}}{2t_{\mathrm{D}}^{1/2}}\right)^{3-n}\right]^{\frac{1}{1-n}} \tag{6.12}$$

由渗流模型内边界条件$v_{1\mathrm{D}}(r_{\mathrm{D}}=1,t_{\mathrm{D}})=1$得

$$1=2t_{\mathrm{D}}^{1/2}\left[c_1+2F_{\mathrm{D}}\frac{n-1}{3-n}\left(\frac{1}{2t_{\mathrm{D}}^{1/2}}\right)^{3-n}\right]^{\frac{1}{1-n}} \tag{6.13}$$

解得 c_1 为

$$c_1 = \left(2t_D^{1/2}\right)^{n-1} - 2F_D \frac{n-1}{3-n}\left(\frac{1}{2t_D^{1/2}}\right)^{3-n} \tag{6.14}$$

将式(6.14)代入式(6.12)，得到非线性区域内 r_D 处 t_D 时刻无因次渗流速度 $v_D\left(r_D,t_D\right)$ 的表达式为

$$v_D\left(r_D,t_D\right) = \frac{1}{r_D}\left[1 + 2F_D \frac{n-1}{3-n}\frac{1}{2t_D}\left(r_D^{3-n} - 1\right)\right]^{\frac{1}{1-n}} \tag{6.15}$$

同理达西线性渗流区域内也引入 Boltzmann 变换，化简得到达西线性渗渗流的无因次渗流速度 $v_D\left(r_D,t_D\right)$ 的表达式为

$$v_D\left(r_D,t_D\right) = \frac{2t_D^{1/2}c_2}{r_D}\mathrm{e}^{-\frac{r_D^2}{4t_D}} \tag{6.16}$$

由衔接条件 $v_{1D}\left(r_D = r_{cD},t_D\right) = v_{2D}\left(r_D = r_{cD},t_D\right)$ 得

$$c_2 = \frac{1}{2t_D^{1/2}}\mathrm{e}^{\frac{r_{cD}^2}{4t_D}}\left[1 + F_D \frac{n-1}{3-n}\frac{1}{2t_D}\left(r_{cD}^{3-n} - 1\right)\right]^{\frac{1}{1-n}} \tag{6.17}$$

将式(6.17)代入式(6.16)，得到地层中 r_D 处 t_D 时刻无因次渗流速度 $v_D\left(r_D,t_D\right)$ 的表达式：

$$v_D\left(r_D,t_D\right) = \frac{1}{r_D}\mathrm{e}^{\frac{r_{cD}^2 - r_D^2}{4t_D}}\left[1 + F_D \frac{n-1}{3-n}\frac{1}{2t_D}\left(r_{cD}^{3-n} - 1\right)\right]^{\frac{1}{1-n}} \tag{6.18}$$

在线性渗流区域 $\left(r_D > r_{cD}\right)$ 内，由达西渗流运动方程可得无因次压力梯度为

$$\frac{\partial p_D\left(r_D,t_D\right)}{\partial r_D} = -\frac{1}{r_D}\mathrm{e}^{\frac{r_{cD}^2 - r_D^2}{4t_D}}\left[1 + F_D \frac{n-1}{3-n}\frac{1}{2t_D}\left(r_{cD}^{3-n} - 1\right)\right]^{\frac{1}{1-n}} \tag{6.19}$$

将式(6.19)两边进行积分，加上外边界条件 $p_{2D}(r_D=\infty,t_D)=0$ 可得达西线性区域内无因次压力分布函数为

$$p_D(r_D,t_D)=\int_{r_D}^{\infty}\frac{1}{r_D}e^{\frac{r_{cD}^2-r_D^2}{4t_D}}\left[1+F_D\frac{n-1}{3-n}\frac{1}{2t_D}\left(r_{cD}^{3-n}-1\right)\right]^{\frac{1}{1-n}}dr_D \tag{6.20}$$

在非线性渗流区域$\left(1\leqslant r_D\leqslant r_{cD}\right)$内，将渗流速度方程式(6.15)代入指数式高速非线性渗流运动方程中得到无因次压力梯度为

$$\frac{\partial p_D\left(r_D,t_D\right)}{\partial r_D}=-F_D\frac{1}{r_D^n}\left[1+F_D\frac{n-1}{3-n}\frac{1}{2t_D}\left(r_D^{3-n}-1\right)\right]^{\frac{n}{1-n}} \tag{6.21}$$

在非线性渗流区域$\left(1\leqslant r_D\leqslant r_{cD}\right)$内，压力降由两部分组成：一部分为在线性渗流区域$\left(r_D>r_{cD}\right)$内由于线性渗流引起的压力降；另一部分为非线性渗流区域内由于非线性渗流而引起的压力降，即非线性渗流区域中压力应为

$$\begin{aligned}p(r_D,t_D)=&\int_{r_{cD}}^{r_{eD}}\frac{1}{r_D}e^{\frac{r_{cD}^2-r_D^2}{4t_D}}\left[1+F_D\frac{n-1}{3-n}\frac{1}{2t_D}\left(r_{cD}^{3-n}-1\right)\right]^{\frac{1}{1-n}}dr_D\\&+\int_{r_D}^{r_{cD}}F_D\frac{1}{r_D^n}\left[1+F_D\frac{n-1}{3-n}\frac{1}{2t_D}\left(r_D^{3-n}-1\right)\right]^{\frac{n}{1-n}}dr_D\end{aligned} \tag{6.22}$$

令 $r_D=1$，代入式(6.22)即可得到井底压力：

$$\begin{aligned}p_D(1,t_D)=&\int_{1}^{r_{cD}}F_D\frac{1}{r_D^n}\left[1+F_D\frac{n-1}{3-n}\frac{1}{2t_D}\left(r_D^{3-n}-1\right)\right]^{\frac{n}{1-n}}dr_D\\&+\int_{r_{cD}}^{r_{eD}}\frac{1}{r_D}e^{\frac{r_{cD}^2-r_D^2}{4t_D}}\left[1+F_D\frac{n-1}{3-n}\frac{1}{2t_D}\left(r_{cD}^{3-n}-1\right)\right]^{\frac{1}{1-n}}dr_D\end{aligned} \tag{6.23}$$

根据初始条件 $p_D(1,t_D=0)=0$，可以得到任意第 i 时间步的井底压力导数为

$$\frac{\partial p_{\mathrm{D}}\left(1,t_{i\mathrm{D}}\right)}{\partial t_{\mathrm{D}}}=\frac{p_{\mathrm{D}}\left(1,t_{i\mathrm{D}}\right)-p_{\mathrm{D}}\left(1,t_{(i-1)\mathrm{D}}\right)}{\Delta t_i}\quad(i=1,2,\cdots)\tag{6.24}$$

式中，$t_{i\mathrm{D}}$ 为第 i 无因次时间点(其中 $t_{0\mathrm{D}}$ 为无因次初始时间)；Δt_i 为第 i 个无因次时间与第 i–1 个无因次时间差。

三、指数式高速非线性渗流模型的数值解

将式(6.3)化简得到复合流态的数学模型为

$$\begin{cases}\dfrac{\partial^2 p_1}{\partial r^2}+\dfrac{n}{r}\dfrac{\partial p_1}{\partial r}=\dfrac{nC_{\mathrm{t}}}{c}\left(\dfrac{1}{c}\dfrac{\partial p_1}{\partial r}\right)^{(n-1)/n}\dfrac{\partial p_1}{\partial t} & (1<n\leqslant 2,r_{\mathrm{w}}\leqslant r\leqslant r_{\mathrm{c}})\\ \dfrac{\partial^2 p_2}{\partial r^2}+\dfrac{1}{r}\dfrac{\partial p_2}{\partial r}=\dfrac{\mu C_{\mathrm{t}}}{k}\dfrac{\partial p_2}{\partial t} & (r>r_{\mathrm{c}})\\ 2\pi h r_{\mathrm{w}}\left(c\dfrac{\partial p_1}{\partial r}\right)^{1/n}\Big|_{r=r_{\mathrm{w}}}=Q & \text{内边界条件}\\ p_2\left(r=\infty,t\right)=p_{\mathrm{i}} & \text{外边界条件}\\ p_1\left(r_{\mathrm{c}},t\right)=p_2\left(r_{\mathrm{c}},t\right) & \text{衔接条件}\\ \dfrac{2\pi hrk}{\mu}\left(\dfrac{\partial p_2}{\partial r}\right)\Big|_{r=r_{\mathrm{c}}}=2\pi hr\left(c\dfrac{\partial p_1}{\partial r}\right)^{1/n}\Big|_{r=r_{\mathrm{c}}} & \\ p_1\left(r,t=0\right)=p_{\mathrm{i}} & \text{初始条件}\\ p_2\left(r,t=0\right)=p_{\mathrm{i}} & \end{cases}\tag{6.25}$$

引入无因次化公式如下：

$$\begin{cases}p_{\mathrm{D}}=\dfrac{2\pi kh}{Q\mu}\left(p_{\mathrm{i}}-p\right)\\ t_{\mathrm{D}}=\dfrac{kt}{\phi\mu C_{\mathrm{t}}r_{\mathrm{w}}^2}\\ r_{\mathrm{D}}=\dfrac{r}{r_{\mathrm{w}}}\\ F_{\mathrm{D}}=\left(\dfrac{ck}{\mu}\right)^{1/n}\left(\dfrac{Q}{2\pi r_{\mathrm{w}}h}\right)^{(n-1)/n}\end{cases}\tag{6.26}$$

则式(6.25)变为

$$
\begin{cases}
\dfrac{\partial^2 p_{1D}}{\partial {r_D}^2}+\dfrac{n}{r_D}\dfrac{\partial p_{1D}}{\partial r_D}=nF_D\left(-\dfrac{\partial p_{1D}}{\partial r_D}\right)^{(n-1)/n}\dfrac{\partial p_{1D}}{\partial t_D} \quad (1<n\leqslant 2,1\leqslant r_D\leqslant r_{cD}) \\
\dfrac{\partial^2 p_{2D}}{\partial r^2}+\dfrac{1}{r_D}\dfrac{\partial p_{2D}}{\partial r_D}=\dfrac{\partial p_{2D}}{\partial t_D} \quad (r_D>r_{cD}) \\
\dfrac{1}{F_D}\left(-\dfrac{\partial p_{1D}}{\partial r_D}\right)^{1/n}\bigg|_{r_D=1}=1 \quad \text{内边界条件} \\
p_{2D}(r_D=\infty,t_D)=0 \quad \text{外边界条件} \\
p_{1D}(r_{cD},t_D)=p_{2D}(r_{cD},t_D) \quad \text{衔接条件} \\
-F_D\left(\dfrac{\partial p_{2D}}{\partial r_D}\right)\bigg|_{r_D=r_{cD}}=\left(-\dfrac{\partial p_{1D}}{\partial r_D}\right)^{1/n}\bigg|_{r_D=r_{cD}} \\
p_{1D}(r_D,t_D=0)=0 \quad (1\leqslant r_D\leqslant r_{cD}) \\
p_{2D}(r_D,t_D=0)=0 \quad (r_D>r_{cD}) \quad \text{初始条件}
\end{cases}
\tag{6.27}
$$

1. 非等距径向网格系统划分

对于径向流，液体从边缘到井底，渗流断面在变化，越靠近井底，渗流断面越小，当流量一定时，渗流速度或压力梯度在井筒附近变化较大，而在远离井筒的地方压力梯度变化较小。为了能够比较准确、合理地描述泄油区内的压力分布，可以对径向坐标采用非等距网格划分[89]。

由于径向渗流的压力分布呈漏斗形，可以将非等距径向网格变换成等距网格系统，即令 $x_D=\ln r_D$，则有

$$
\frac{\partial p_D}{\partial r_D}=e^{-x_D}\frac{\partial p_D}{\partial x_D},\quad \frac{\partial^2 p_D}{\partial r_D^2}=e^{-2x_D}\left(\frac{\partial^2 p_D}{\partial x_D^2}-\frac{\partial p_D}{\partial x_D}\right)
$$

假设 $x_{iD}=i\Delta x_D$，当非等距径向网格以 $r_{iD}=e^{i\Delta x_D}$ 关系变化时，对应于坐标 x_D 为等距网格系统，且等距网格为 Δx_D，如图 6.2 所示。

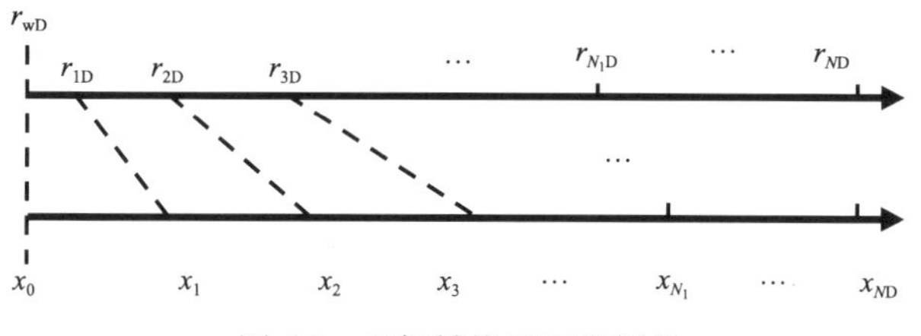

图 6.2　坐标转换及网格剖分

2. 数学模型变换

通过坐标变换式(6.27)变为

$$\begin{cases}\dfrac{\partial^2 p_{1D}}{\partial x_D^2}+(n-1)\dfrac{\partial p_{1D}}{\partial x_D}=nF_D e^{\frac{(n+1)x_D}{n}}\left(-\dfrac{\partial p_{1D}}{\partial x_D}\right)^{\frac{n-1}{n}}\dfrac{\partial p_{1D}}{\partial t_D} \quad (1<n\leqslant 2, 0\leqslant x_D\leqslant x_{cD}) \\ \dfrac{\partial^2 p_{2D}}{\partial x_D^2}=e^{2x_D}\dfrac{\partial p_{2D}}{\partial t_D} \quad (x_D>x_{cD}) \\ \dfrac{1}{F_D}\left(-\dfrac{\partial p_{1D}}{\partial x_D}\right)^{1/n}\Big|_{x_D=0}=1 & \text{内边界条件} \\ p_{2D}(x_D=\infty,t_D)=0 & \text{外边界条件} \\ p_{1D}(x_{cD},\partial t_D)=p_{2D}(x_{cD},t_D) & \text{衔接条件} \\ \dfrac{\partial p_{1D}}{\partial x_D}\Big|_{x_D=x_{cD}}=-F_D^n e^{(1-n)x_D}\left(-\dfrac{\partial p_{2D}}{\partial x_D}\right)^{n-1}\dfrac{\partial p_{2D}}{\partial x_D}\Big|_{x_D=x_{cD}} \\ p_{1D}(x_D,t_D=0)=0 & \text{初始条件} \\ p_{2D}(x_D,t_D=0)=0 \end{cases} \tag{6.28}$$

3. 模型求解

在泄油区范围内取 $N+1$ 个节点，其中高速非线性渗流区域内 $(r_{wD}\leqslant r_D\leqslant r_{cD})$ 有 N_1+1 个节点，在达西线性渗流区域内 $(r_D>r_{cD})$ 有 $N-N_1$ 个节点，两个区域内的节点间距分别为

$$\Delta x_{1D}=x_{cD}/N_1,\quad \Delta x_{2D}=(x_{eD}-x_{cD})/(N-N_1) \tag{6.29}$$

式中，Δx_{1D} 为高速非线性渗流区域内两节点无因次距离差；Δx_{2D} 为达西线性渗流区域内两节点无因次距离差；x_{cD} 为无因次临界半径 r_{cD} 对应的变换值；x_{eD} 为无因次地层半径 r_{eD} 对应的变换值。

采用点中心网格系统，利用隐式差分格式对方程进行差分，则式(6.28)的第一式差分形式为

$$\frac{p_{\mathrm{D}(i-1)}^{k+1}-2p_{\mathrm{D}i}^{k+1}+p_{\mathrm{D}(i+1)}^{k+1}}{\Delta x_{1\mathrm{D}}^2}+(n-1)\frac{p_{\mathrm{D}(i+1)}^{k+1}-p_{\mathrm{D}(i-1)}^{k+1}}{2\Delta x_{1\mathrm{D}}}$$
$$=nF_{\mathrm{D}}\mathrm{e}^{(n+1)i\Delta x_{1\mathrm{D}}/n}\left(-\frac{p_{\mathrm{D}(i+1)}^{k}-p_{\mathrm{D}(i-1)}^{k}}{2\Delta x_{1\mathrm{D}}}\right)^{(n-1)/n}\frac{p_{\mathrm{D}i}^{k+1}-p_{\mathrm{D}i}^{k}}{\Delta t_{\mathrm{D}}} \tag{6.30}$$

式中，$p_{\mathrm{D}i}^{k}$ 为差分后第 i 个节点第 k 个时间点的无因次压力。

整理式(6.30)得

$$a_i p_{\mathrm{D}(i-1)}^{k+1}+b_i p_{\mathrm{D}i}^{k+1}+c_i p_{\mathrm{D}(i+1)}^{k+1}=d_i \tag{6.31}$$

式中，

$$\begin{cases} a_i=\dfrac{1}{\Delta x_{1\mathrm{D}}^2}-(n-1)\dfrac{1}{2\Delta x_{1\mathrm{D}}} \\ b_i=-(a_i+c_i)-e_i g_i \\ c_i=\dfrac{1}{\Delta x_{1\mathrm{D}}^2}+(n-1)\dfrac{1}{2\Delta x_{1\mathrm{D}}} \\ d_i=-e_i g_i p_{\mathrm{D}i}^{k} \\ e_i=nF_{\mathrm{D}}\mathrm{e}^{(n+1)i\Delta x_{1\mathrm{D}}/n}/\Delta t_{\mathrm{D}} \\ g_i=\left(\dfrac{p_{\mathrm{D}(i-1)}^{k}-p_{\mathrm{D}(i+1)}^{k}}{2\Delta x_{1\mathrm{D}}}\right)^{(n-1)/n} \end{cases} \quad (i=1,2,\cdots,N_1-1)$$

式(6.28)的第二式差分形式为

$$\frac{p_{\mathrm{D}(i-1)}^{k+1}-2p_{\mathrm{D}i}^{k+1}+p_{\mathrm{D}(i+1)}^{k+1}}{\Delta x_{2\mathrm{D}}^2}=\mathrm{e}^{2\left[(i-N_1)\Delta x_{2\mathrm{D}}+x_{\mathrm{cD}}\right]}\frac{p_{\mathrm{D}i}^{k+1}-p_{\mathrm{D}i}^{k}}{\Delta t_{\mathrm{D}}} \tag{6.32}$$

将式(6.32)整理成式(6.31)的表达形式。

式中，

$$\begin{cases} a_i=c_i=\dfrac{1}{\Delta x_{2\mathrm{D}}^2} \\ b_i=-(a_i+c_i)-e_i \\ d_i=-e_i p_{\mathrm{D}i}^{k} \\ e_i=\mathrm{e}^{2\left[(i-N_1)\Delta x_{2\mathrm{D}}+x_{\mathrm{cD}}\right]}/\Delta t_{\mathrm{D}} \end{cases} \quad (i=N_1+1,N_1+2,\cdots,N-1)$$

在外边界即当 $i=N$ 时，$p_{\mathrm{D}(N+1)}=0$，代入式(6.33)得到

$$a_N p_{\mathrm{D}(N-1)}^{k+1}+b_N p_{\mathrm{D}N}^{k+1}=d_N \tag{6.33}$$

式中，

$$\begin{cases}a_N=\dfrac{1}{\Delta x_{2\mathrm{D}}^2}\\ b_N=-2a_N-e_N\\ d_N=-e_N p_{DN}^k\\ e_N=\mathrm{e}^{2\left[(N-N_1)\Delta x_{2\mathrm{D}}+x_{\mathrm{cD}}\right]}/\Delta t_{\mathrm{D}}\end{cases}$$

在内边界即当 $i=0$ 时，式(6.28)中的内边界条件和式(6.31)可以分别变换为

$$\begin{cases}\dfrac{p_{\mathrm{D}1}^{k+1}-p_{\mathrm{D}0}^{k+1}}{\Delta x_1}=-\left(F_{\mathrm{D}}\right)^n\\ a_0 p_{\mathrm{D}-1}^{k+1}+b_0 p_{\mathrm{D}0}^{k+1}+c_0 p_{\mathrm{D}1}^{k+1}=d_0\end{cases} \tag{6.34}$$

式中，

$$\begin{cases}a_0=0\\ b_0=-\dfrac{1}{\Delta x_{1\mathrm{D}}}\\ c_0=\dfrac{1}{\Delta x_{1\mathrm{D}}}\\ d_0=-\left(F_{\mathrm{D}}\right)^n\end{cases}$$

在交界面处即当 $i=N_1$ 时，式(6.28)中的衔接条件变为

$$a_{N_1} p_{\mathrm{D}(N_1-1)}^{k+1}+b_{N_1} p_{\mathrm{D}N_1}^{k+1}+c_{N_1} p_{\mathrm{D}(N_1+1)}^{k+1}=d_{N1} \tag{6.35}$$

式中，

$$\begin{cases} a_{N_1} = 1 \\ b_{N_1} = -\left(a_{N_1} + c_{N_1}\right) \\ c_{N_1} = -e_{N_1} g_{N_1} \\ d_{N_1} = 0 \\ e_{N_1} = \dfrac{\Delta x_{1\text{D}}}{\Delta x_{2\text{D}}} F_{\text{D}}^{n} \mathrm{e}^{(1-n)N_1 \Delta x_{1\text{D}}} \\ g_{N_1} = \left(\dfrac{p_{\text{D}(N_1-1)}^{k} - p_{\text{D}(N_1+1)}^{k}}{2\Delta x_{2\text{D}}} \right)^{n-1} \end{cases}$$

初始条件即 $t_{\text{D}} = 0$ 时，式(6.28)中的初始条件变为

$$p_{\text{D}i}^{0} = 0 \quad (i = 0,1,\cdots,N) \tag{6.36}$$

由式(6.31)、式(6.33)、式(6.34)、式(6.35)和式(6.36)构成一封闭方程组,其矩阵形式如式(6.38)所示,再加上初始条件式(6.36),可用追赶法求解。

$$\begin{bmatrix} b_0 & c_0 & & & & & & & \\ a_1 & b_1 & c_1 & & & & & & \\ & a_2 & b_2 & c_2 & & & & & \\ & & \ddots & \ddots & \ddots & & & & \\ & & & a_{N_1-1} & b_{N_1-1} & c_{N_1-1} & & & \\ & & & & a_{N_1} & b_{N_1} & c_{N_1} & & \\ & & & & & a_{N_1+1} & b_{N_1+1} & c_{N_1+1} & \\ & & & & & & \ddots & \ddots & \ddots \\ & & & & & & a_{N-1} & b_{N-1} & c_{N-1} \\ & & & & & & & a_N & b_N \end{bmatrix} \begin{bmatrix} p_{\text{D}0}^{k+1} \\ p_{\text{D}1}^{k+1} \\ p_{\text{D}2}^{k+1} \\ \vdots \\ p_{\text{D}(N_1-1)}^{k+1} \\ p_{\text{D}N_1}^{k+1} \\ p_{\text{D}(N_1+1)}^{k+1} \\ \vdots \\ p_{\text{D}(N-1)}^{k+1} \\ p_{\text{D}N}^{k+1} \end{bmatrix} = \begin{bmatrix} d_0 \\ d_1 \\ d_2 \\ \vdots \\ d_{N_1-1} \\ d_{N_1} \\ d_{N_1+1} \\ \vdots \\ d_{N-1} \\ d_N \end{bmatrix} \quad (k = 0,1,2,\cdots) \tag{6.37}$$

四、结果与讨论

通过以上解析算法，可以得到无因次井底压力及无因次井底压力导数曲线，以及各参数对无因次井底压力及无因次井底压力导数曲线的影响。

图 6.3 为渗流指数 n 不同时，在双对数坐标系中无因次井底压力和无因次

井底压力导数随无因次时间的变化曲线。从图 6.3 中可以看出，存在高速非线性渗流时无因次井底压力及无因次井底压力导数都要比达西线性渗流时大，渗流指数 n 越大，无因次井底压力越大，并且渗流指数 n 越大，无因次井底压力增加的幅度也越大，即无因次井底压力导数越大。这是由于渗流指数 n 越大，体现的高速非线性渗流的程度越大，产生的附加阻力越大。在前期，高速非线性渗流无因次井底压力导数比达西线性渗流时大，且都存在一个峰值，渗流指数 n 越大，无因次井底压力导数的峰值也越大；随着无因次时间的延长，高速非线性渗流无因次井底压力导数开始逐渐接近达西线性渗流，即高速非线性渗流下无因次井底压力的变化幅度逐渐接近达西线性渗流情况下的无因次井底压力的变化幅度。

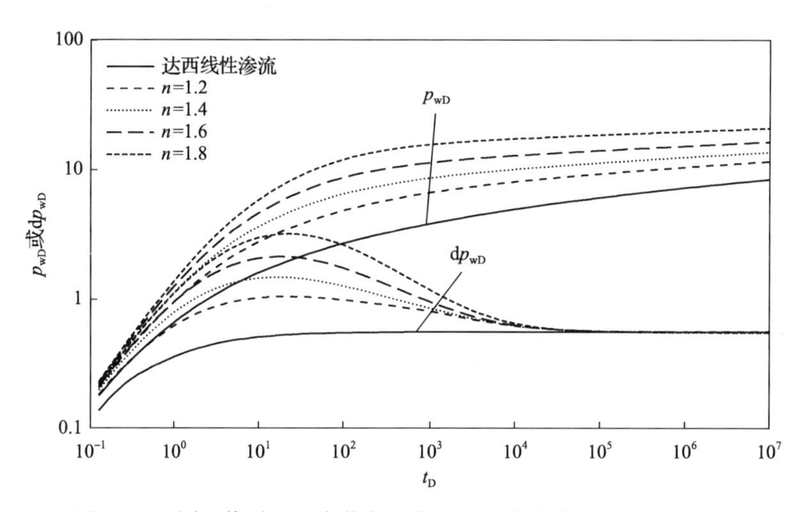

图 6.3　不同 n 值时无因次井底压力及无因次井底压力导数曲线图

由于流体在多孔介质中发生高速非线性渗流和储层、流体的物性及工作制度有关，以下讨论储层和流体的性质、无因次非线性综合系数等参数对无因次井底压力和无因次井底压力导数的影响。

图 6.4 为不同渗透率时，在双对数坐标系中无因次井底压力和无因次井底压力导数随无因次时间的变化曲线。从图 6.4 中可以看出，存在高速非线性渗流时无因次井底压力及无因次井底压力导数都要比达西线性渗流时大，渗流指数 n 一定 ($n=1.5$) 时，渗透率越大，无因次井底压力越大。这是因为渗透率越大，流体就越容易流过多孔介质，井底压力一定的情况下，渗流速度越大，从而产生的惯性阻力就越大。在前期，高速非线性渗流无因次井底

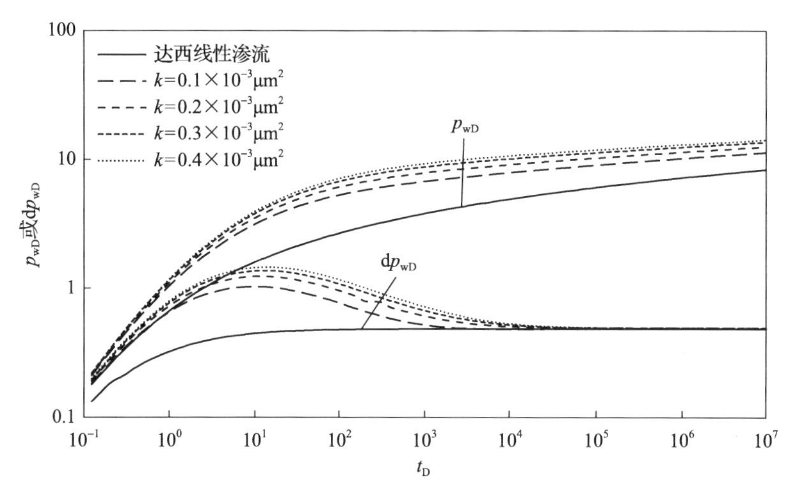

图 6.4　不同渗透率时无因次井底压力及无因次井底压力导数曲线图(n=1.5)

压力导数比达西线性渗流时大，且都存在一个峰值，渗透率越大，无因次井底压力导数的峰值也越大；随着无因次时间的延长，高速非线性渗流无因次井底压力导数开始逐渐接近达西线性渗流，即高速非线性渗流下无因次井底压力的变化幅度逐渐接近达西线性渗流情况下无因次井底压力的变化幅度，该特征为高速非线性渗流所共有的特征。

图 6.5 为不同孔隙度时，双对数坐标系中无因次井底压力和无因次井底压力导数随无因次时间的变化曲线。从图 6.5 中可以看出，存在高速非线性

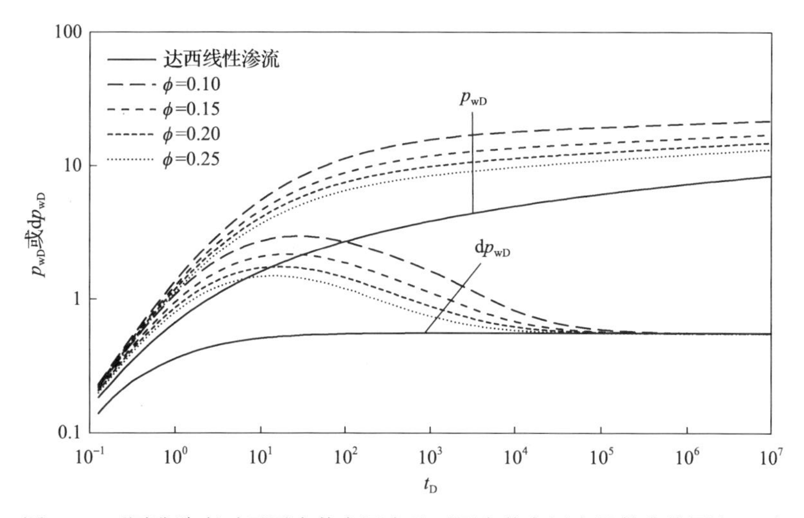

图 6.5　不同孔隙度时无因次井底压力及无因次井底压力导数曲线图(n=1.5)

渗流时无因次井底压力及无因次井底压力导数都要比达西线性渗流时大，渗流指数 n 一定（n=1.5）时，孔隙度越大，无因次井底压力越小。这是因为孔隙度越大，流量一定的情况下，渗流速度越小，从而产生的惯性阻力就越小。在前期，高速非线性渗流无因次井底压力导数比达西线性渗流时大，且都存在一个峰值，孔隙度越大，无因次井底压力导数的峰值越小；随着无因次时间的延长，高速非线性渗流无因次井底压力导数开始逐渐接近达西线性渗流，即高速非线性渗流下无因次井底压力的变化幅度逐渐接近达西线性渗流情况下无因次井底压力的变化幅度。

图 6.6 为不同流体黏度时，双对数坐标系中无因次井底压力和无因次井底压力导数随无因次时间的变化曲线。从图 6.6 中可以看出，存在高速非线性渗流时无因次井底压力及无因次井底压力导数都要比达西线性渗流时大，渗流指数 n 一定（n=1.5）时，流体黏度越小，无因次井底压力越大。这是因为流体黏度越小，流体就越容易流过多孔介质，井底压力一定的情况下，渗流速度越大，从而产生的惯性阻力就越大，反之亦然。流体黏度对无因次井底压力导数的影响与孔隙度相同。

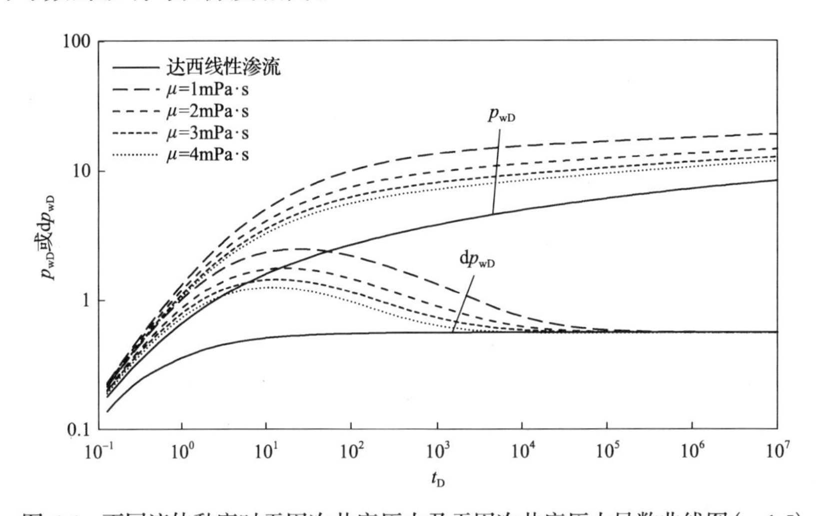

图 6.6　不同流体黏度时无因次井底压力及无因次井底压力导数曲线图（n=1.5）

图 6.7 为不同井产量时，双对数坐标系中无因次井底压力和无因次井底压力导数随无因次时间的变化曲线。从图 6.7 中可以看出，存在高速非线性渗流时无因次井底压力及无因次井底压力导数都要比达西线性渗流时大，渗流指数 n 一定（n=1.5）时，井产量越大，无因次井底压力越大。这是因为井产

量越大，渗流速度越大，从而产生的惯性阻力就越大。井产量对无因次井底压力导数的影响与渗透率相似。

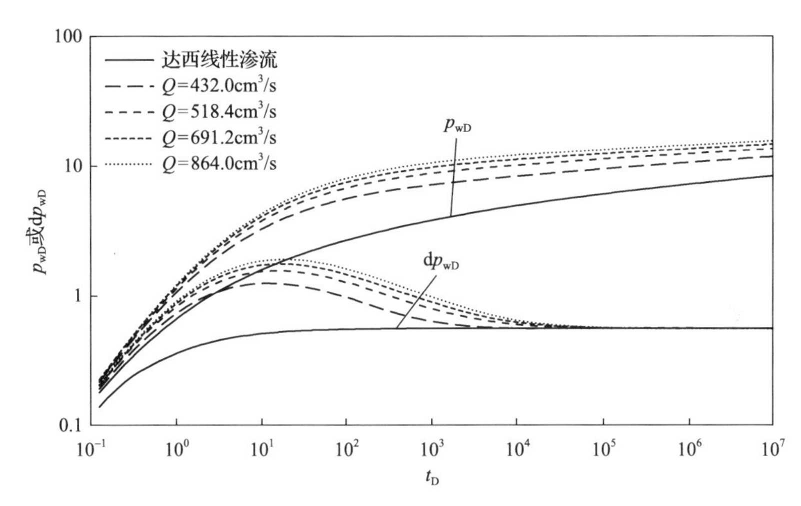

图 6.7　不同井产量时无因次井底压力及无因次井底压力导数曲线图(n=1.5)

无因次非线性综合系数是一个反映储层、流体物性及产量等参数的综合系数，其表达式见式(6.4)。图 6.8 为无因次非线性综合系数不同时，在双对数坐标系中无因次井底压力和无因次井底压力导数随无因次时间的变化曲线。从图 6.8 中可以看出，在双对数坐标系中，高速非线性渗流无因次井底压力及

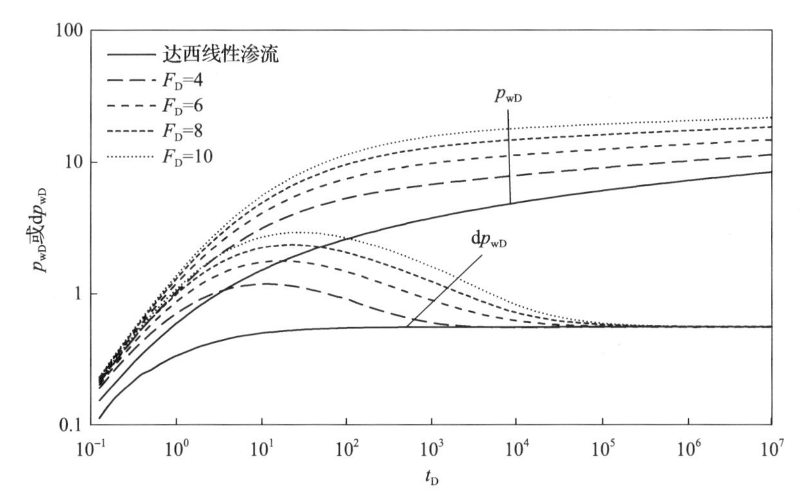

图 6.8　不同无因次非线性综合系数时无因次井底压力及无因次井底压力导数曲线图(n=1.5)

无因次井底压力导数都要比达西线性渗流时大。无因次非线性综合系数越大，无因次井底压力越大；在前期，高速非线性渗流时无因次井底压力导数都要比达西线性渗流时大，且都存在一个峰值，无因次非线性综合系数越大，无因次井底压力导数的峰值也越大。随着无因次时间的延长，高速非线性渗流时无因次井底压力导数开始逐渐接近达西线性渗流，即高速非线性渗流下无因次井底压力的变化幅度逐渐接近达西线性渗流情况下无因次井底压力的变化幅度。

第二节　Forchheimer 二项式高速非线性渗流模型

一、渗流模型的建立

对定解问题做以下物理假设。

(1) 油藏为单相渗流，符合 Forchheimer 二项式高速非线性渗流规律[90,91]。

(2) 油藏中岩石可压缩且均质。

(3) 油藏初始地层压力为 p_{i}，不考虑毛细管压力和重力的影响。

(4) 油井以定产量 Q 生产。

根据 Forchheimer 二项式方程，压力导数与渗流速度关系可以写为

$$\frac{\partial p}{\partial r}=\frac{\mu}{k}v(r,t)+\beta\rho v^{2}(r,t) \tag{6.38}$$

结合状态方程及初边值条件得到如下数学模型：

$$\begin{cases}\dfrac{\partial v(r,t)}{\partial r}+\dfrac{1}{r}v(r,t)=-C_{\mathrm{t}}\dfrac{\partial p(r,t)}{\partial t}\\[2mm] \dfrac{\partial p}{\partial r}=\dfrac{\mu}{k}v(r,t)+\beta\rho v^{2}(r,t)\\[2mm] p(r,t=0)=p_{\mathrm{i}} & \text{初始条件}\\ v(r,t=0)=0 & \\ v(r=r_{\mathrm{w}},t)=Q/(2\pi h r_{\mathrm{w}}) & \text{内边界条件}\\ p(r=\infty,t)=p_{\mathrm{i}} & \text{外边界条件}\end{cases} \tag{6.39}$$

引入无因次化公式如下：

$$\begin{cases} p_D = \dfrac{k}{r_w v_w \mu}(p_i - p) \\ t_D = \dfrac{kt}{\phi \mu C_t r_w^2} \\ r_D = \dfrac{r}{r_w} \\ v_D = \dfrac{v}{v_w} \\ \beta_D = \dfrac{k\beta\rho v_w}{\mu} \end{cases} \tag{6.40}$$

则基于 Forchheimer 式高速非线性渗流的无因次数学模型变为

$$\begin{cases} \dfrac{\partial v_D(r_D,t_D)}{\partial r_D} + \dfrac{1}{r_D} v_D(r_D,t_D) = \dfrac{\partial p_D(r_D,t_D)}{\partial t_D} \\ \dfrac{\partial p_D(r_D,t_D)}{\partial r_D} = -v_D(r_D,t_D) - \beta_D v_D^2(r_D,t_D) \\ p_D(r_D,t_D=0)=0 \\ v_D(r_D,t_D=0)=0 \\ v_D(r_D=1,t_D)=1 \\ p_D(r_D=\infty,t_D)=0 \end{cases} \tag{6.41}$$

二、模型的求解

引入 Boltzmann 变换式[式(2.96)]，则得 Forchheimer 式高速非线性渗流的控制方程为

$$\frac{\mathrm{d}v_D(\eta)}{\mathrm{d}\eta} + \left(-2\eta + \frac{1}{\eta}\right) v_D(\eta) - 2\beta_D v_D^2(\eta)\eta = 0 \tag{6.42}$$

微分方程(6.42)为一个 Bernoulli 方程，引入如下变量代换：

$$z = \frac{1}{v_D(\eta)} \tag{6.43}$$

则式(6.42)变为

$$-\frac{\mathrm{d}z}{\mathrm{d}\eta}+\left(\frac{1}{\eta}-2\eta\right)z-2\beta_{\mathrm{D}}\eta=0 \tag{6.44}$$

式(6.44)为以 z 为函数、η 为自变量的一阶线性非齐次方程，其通解为

$$z=\eta \mathrm{e}^{-\eta^2}\left(c_1-2\beta_{\mathrm{D}}\int_0^{\eta}\mathrm{e}^{\eta^2}\mathrm{d}\eta\right) \tag{6.45}$$

将式(6.44)代入式(6.43)得

$$v_{\mathrm{D}}(\eta)=\eta^{-1}\mathrm{e}^{\eta^2}\left(c_1-2\beta_{\mathrm{D}}\int_0^{\eta}\mathrm{e}^{\eta^2}\mathrm{d}\eta\right)^{-1} \tag{6.46}$$

考虑到 Boltzmann 变换式的逆变换，即利用原始变量 r_{D}、t_{D} 表示式(6.46)中的变量 η，则有

$$v_{\mathrm{D}}(r_{\mathrm{D}},t_{\mathrm{D}})=\frac{2t_{\mathrm{D}}^{1/2}}{r_{\mathrm{D}}}\mathrm{e}^{\frac{r_{\mathrm{D}}^2}{4t_{\mathrm{D}}}}\left(c_1-2\beta_{\mathrm{D}}\int_0^{\eta}\mathrm{e}^{\eta^2}\mathrm{d}\eta\right)^{-1} \tag{6.47}$$

将无因次化模型中的内边界条件代入式(6.47)得

$$c_1=2t_{\mathrm{D}}^{1/2}\mathrm{e}^{\frac{1}{4t_{\mathrm{D}}}}-\frac{1}{2}\beta_{\mathrm{D}}\int_0^{\frac{1}{4t}}\mathrm{e}^{\frac{1}{4t}}\frac{1}{t^{3/2}}\mathrm{d}t \tag{6.48}$$

将式(6.48)代入式(6.47)，得到 r_{D} 处的渗流速度 $v_{\mathrm{D}}(r_{\mathrm{D}},t_{\mathrm{D}})$ 的表达式为

$$v_{\mathrm{D}}(r_{\mathrm{D}},t_{\mathrm{D}})=\frac{2t_{\mathrm{D}}^{1/2}}{r_{\mathrm{D}}}\mathrm{e}^{\frac{r_{\mathrm{D}}^2}{4t_{\mathrm{D}}}}\left(2t_{\mathrm{D}}^{1/2}\mathrm{e}^{\frac{1}{4t_{\mathrm{D}}}}-\frac{1}{2}\beta_{\mathrm{D}}\int_0^{\frac{1}{4t_{\mathrm{D}}}}\mathrm{e}^{\frac{1}{4t_{\mathrm{D}}}}\frac{1}{t_{\mathrm{D}}^{3/2}}\mathrm{d}t-2\beta_{\mathrm{D}}\int_0^{\eta}\mathrm{e}^{\eta^2}\mathrm{d}\eta\right)^{-1} \tag{6.49}$$

式(6.49)即 Forchheimer 式高速非线性渗流速度无因次化的解析解。

由 Forchheimer 二项式运动方程得 r_{D} 处的压力梯度为

$$\begin{aligned}\frac{\partial p_{\mathrm{D}}(r_{\mathrm{D}},t_{\mathrm{D}})}{\partial r_{\mathrm{D}}}=&-\frac{2t_{\mathrm{D}}^{1/2}}{r_{\mathrm{D}}}\mathrm{e}^{\frac{r_{\mathrm{D}}^2}{4t_{\mathrm{D}}}}\left[2t_{\mathrm{D}}^{1/2}\mathrm{e}^{\frac{1}{4t_{\mathrm{D}}}}-\frac{1}{2}\beta_{\mathrm{D}}\int_0^{\frac{1}{4t_{\mathrm{D}}}}\mathrm{e}^{\frac{1}{4t_{\mathrm{D}}}}\frac{1}{t_{\mathrm{D}}^{3/2}}\mathrm{d}t-2\beta_{\mathrm{D}}\int_0^{\eta}\mathrm{e}^{\eta^2}\mathrm{d}\eta\right]^{-1}\\&-\beta_{\mathrm{D}}\frac{4t_{\mathrm{D}}}{r_{\mathrm{D}}^2}\mathrm{e}^{\frac{r_{\mathrm{D}}^2}{2t_{\mathrm{D}}}}\left[2t_{\mathrm{D}}^{1/2}\mathrm{e}^{\frac{1}{4t_{\mathrm{D}}}}-\frac{1}{2}\beta_{\mathrm{D}}\int_0^{\frac{1}{4t_{\mathrm{D}}}}\mathrm{e}^{\frac{1}{4t_{\mathrm{D}}}}\frac{1}{t_{\mathrm{D}}^{3/2}}\mathrm{d}t-2\beta_{\mathrm{D}}\int_0^{\eta}\mathrm{e}^{\eta^2}\mathrm{d}\eta\right]^{-2}\end{aligned} \tag{6.50}$$

将式(6.50)两边积分，加上外边界条件 $p_{\mathrm{D}}(r_{\mathrm{D}}=\infty,t_{\mathrm{D}})=0$ 得到的压力分布函数为

$$p_{\mathrm{D}}=-\int_{r_{\mathrm{D}}}^{\infty}\frac{\partial p_{\mathrm{D}}\left(r_{\mathrm{D}},t_{\mathrm{D}}\right)}{\partial r_{\mathrm{D}}}\mathrm{d}r_{\mathrm{D}} \tag{6.51}$$

将 $r_{\mathrm{D}}=1$ 代入式(6.51)即得到无因次井底压力

$$p_{\mathrm{wD}}=-\int_{1}^{\infty}\frac{\partial p_{\mathrm{D}}\left(r_{\mathrm{D}},t_{\mathrm{D}}\right)}{\partial r_{\mathrm{D}}}\mathrm{d}r_{\mathrm{D}} \tag{6.52}$$

根据初始条件 $p_{\mathrm{D}}(1,t_{\mathrm{D}}=0)=0$，于是第 i 时间步 $t_{\mathrm{D}i}$ 的无因次井底压力导数为

$$\frac{\partial p_{\mathrm{D}}\left(1,t_{\mathrm{D}i}\right)}{\partial t_{\mathrm{D}}}=\frac{p_{\mathrm{D}}\left(1,t_{\mathrm{D}i}\right)-p_{\mathrm{D}}\left(1,t_{\mathrm{D}i-1}\right)}{\Delta t_{i}}\quad(i=1,2,\cdots) \tag{6.53}$$

通过以上方法求解，可以得到不同条件下无因次井底压力及无因次井底压力导数与无因次时间的变化关系。

三、结果与讨论

通过对模型的求解，可以得到无因次井底压力及无因次井底压力导数曲线，以及储层和流体的性质、无因次非线性综合系数等参数对无因次井底压力和无因次井底压力导数的影响。

图 6.9 为不同渗透率时，在双对数坐标系中无因次井底压力和无因次井底压力导数随无因次时间的变化曲线。从图 6.9 中可以看出，渗透率越大，无因次井底压力越大；在初期，Forchheimer 二项式高速非线性渗流时无因次井底压力导数都要比达西线性渗流时大，且都存在一个峰值，渗透率越大，无因次井底压力导数的峰值也越大。随着无因次时间的延长，无因次井底压力开始呈现线性变化，并且变化幅度逐渐接近达西线性渗流时无因次井底压力的变化幅度。

图 6.10 为不同孔隙度时，在双对数坐标系中无因次井底压力和无因次井底压力导数随无因次时间的变化曲线。从图 6.10 中可以看出，Forchheimer 二项式高速非线性渗流时无因次井底压力都要比达西线性渗流时大，孔隙度越大，无因次井底压力越小。在初期，Forchheimer 二项式高速非线性渗流时无因次井底压力导数都要比达西线性渗流时大，且都存在一个峰值，渗透率

越大，无因次井底压力导数的峰值越小。随着无因次时间的延长，即在后期，无因次井底压力开始呈现线性变化，并且变化幅度逐渐接近达西线性渗流时无因次井底压力的变化幅度。

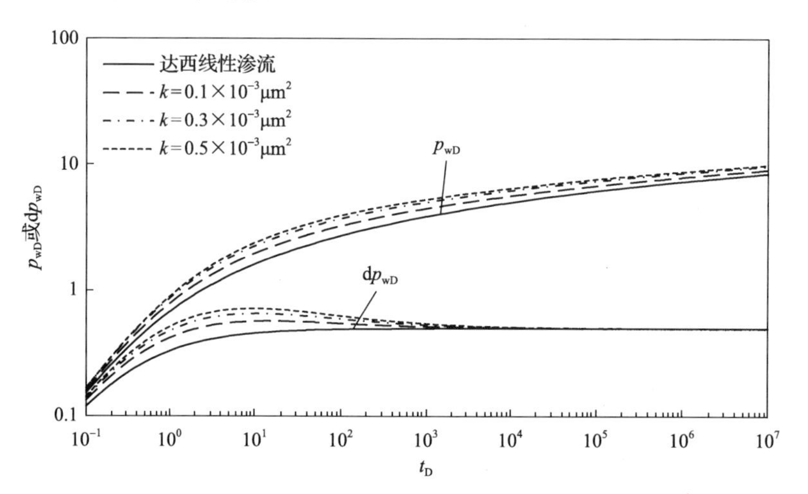

图 6.9　Forchheimer 二项式高速非线性渗流不同渗透率时无因次井底压力及无因次井底压力导数曲线图

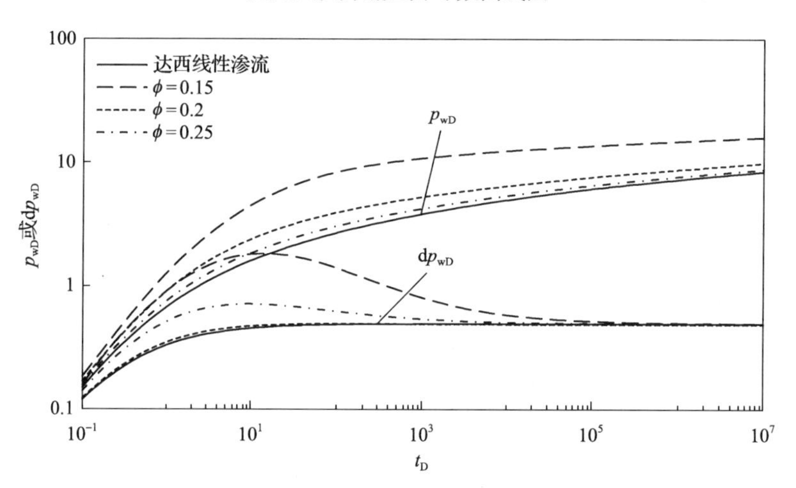

图 6.10　Forchheimer 二项式高速非线性渗流不同孔隙度时无因次井底压力及无因次井底压力导数曲线图

图 6.11 为不同流体黏度时，在双对数坐标系中无因次井底压力和无因次井底压力导数随无因次时间的变化曲线。从图 6.11 中可以看出，Forchheimer 二项式高速非线性渗流时无因次井底压力都要比达西线性渗流时大；流体黏

度越大，无因次井底压力越小。在初期，Forchheimer 二项式高速非线性渗流时无因次井底压力导数都要比达西线性渗流时大，且都存在一个峰值，流体黏度越大，无因次井底压力导数的峰值越小。随着无因次时间的延长，无因次井底压力开始呈现线性变化，并且变化幅度逐渐接近达西线性渗流时无因次井底压力的变化幅度。

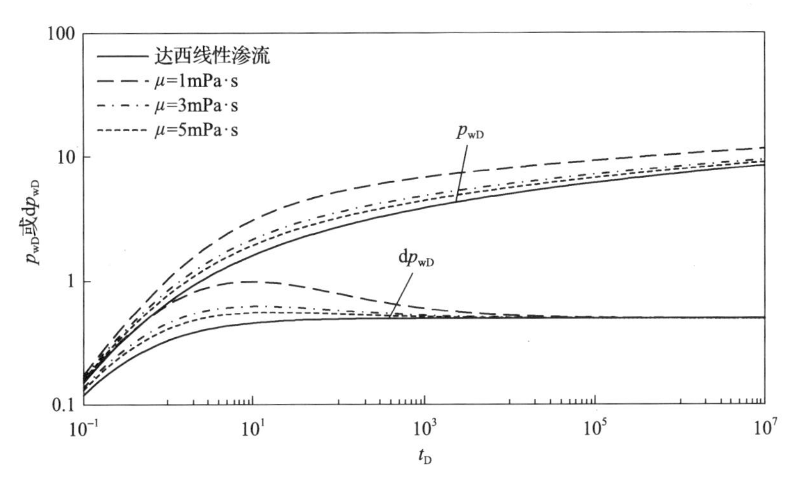

图 6.11　Forchheimer 二项式高速非线性渗流不同流体黏度时无因次井底压力及无因次井底压力导数曲线图

图 6.12 为不同井产量时，在双对数坐标系中无因次井底压力和无因次井

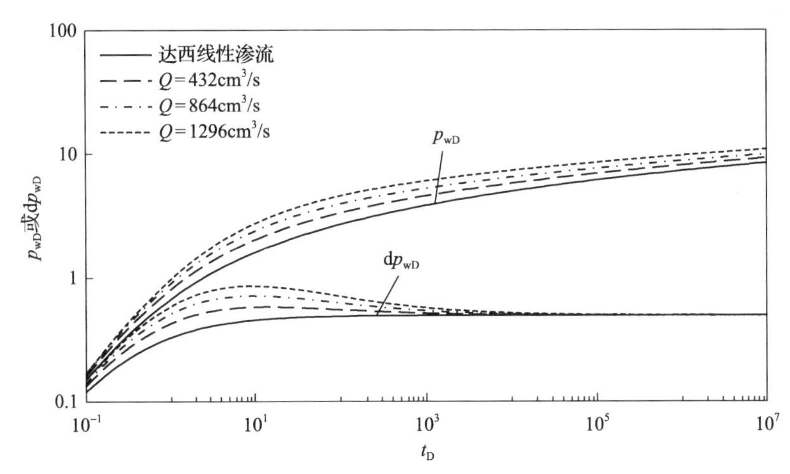

图 6.12　Forchheimer 二项式高速非线性渗流不同井产量时无因次井底压力及无因次井底压力导数曲线图

底压力导数随无因次时间的变化曲线。从图 6.12 中可以看出，Forchheimer 二项式高速非线性渗流时无因次井底压力都要比达西线性渗流时大；井产量越大，无因次井底压力越大。在初期，Forchheimer 二项式高速非线性渗流时无因次井底压力导数都要比达西线性渗流时大，且都存在一个峰值，井产量越大，无因次井底压力导数的峰值越大。随着无因次时间的延长，无因次井底压力开始呈线性变化，并且变化幅度逐渐接近达西线性渗流时无因次井底压力的变化幅度。

图 6.13 为不同无因次非线性渗流系数时，在双对数坐标系中无因次井底压力和无因次井底压力导数随无因次时间的变化曲线。从图 6.13 中可以看出，Forchheimer 二项式高速非线性渗流时无因次井底压力都要比达西线性渗流时大；无因次非线性渗流系数越大，无因次井底压力越大。在前期，Forchheimer 二项式高速非线性渗流时无因次井底压力导数都要比达西线性渗流时大，且都存在一个峰值，无因次非线性渗流系数越大，无因次井底压力导数的峰值也越大。随着无因次时间的延长，无因次井底压力开始呈现线性变化，并且 Forchheimer 二项式高速非线性渗流无因次井底压力的变化幅度逐渐接近达西线性渗流时无因次井底压力的变化幅度。

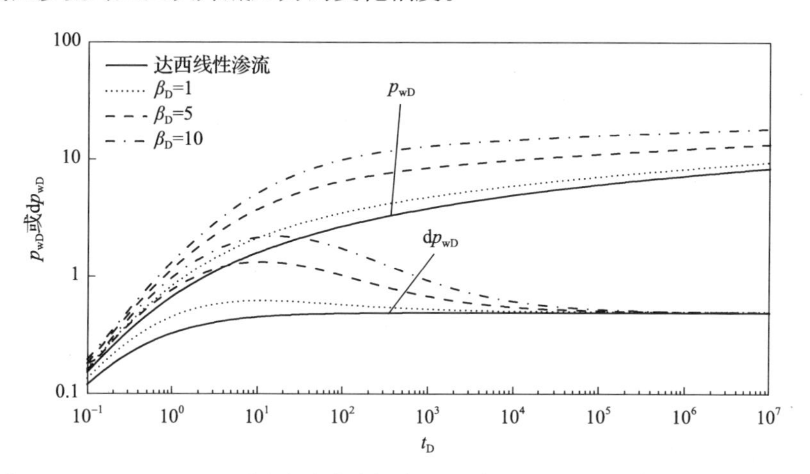

图 6.13　Forchheimer 二项式高速非线性渗流不同无因次非线性渗流系数时无因次井底压力及无因次井底压力导数曲线图

第七章 动边界高速非线性不稳定渗流试井分析

本章基于指数式描述高速非线性渗流的运动方程，考虑非线性渗流与达西线性渗流的临界半径随时间和空间变化，以及非线性渗流区域内的流态也随时间和空间变化，结合初边值条件建立关于高速非线性渗流的定解问题，得到无因次井底压力及无因次井底压力导数的典型试井曲线同时对储层及流体性质等参数对非线性渗流试井曲线的影响进行了讨论。

第一节 模型条件假设

由于模型求解困难，目前处理非线性渗流和达西线性渗流时大多是将临界半径作为一个固定值考虑，或者只是将临界半径作为空间的一个函数，如常安定等[92]在水力学中研究非线性渗流时，将临界半径作为径向流半径的一个线性函数关系式。然而非线性渗流区域的半径不仅与储层和流体的物性有关，而且在不同时刻，高速非线性渗流区域的半径也不同，为了提高模型的求解精度，做如下物理模型假设。

(1) 均质地层中单相微可压缩液体作平面径向渗流，渗流区域分为达西线性渗流区域$\left(r>r_{\mathrm{c}}\right)$和非线性渗流区域$\left(r_{\mathrm{w}}\leqslant r\leqslant r_{\mathrm{c}}\right)$；线性渗流区域内的渗流运动服从达西线性渗流关系，非线性渗流区域内的渗流运动服从非线性指数式渗流关系，且渗流指数n不为定值(图 7.1)。

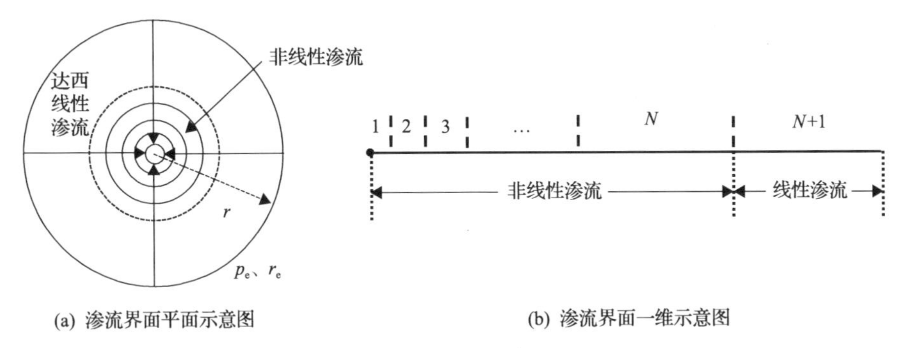

(a) 渗流界面平面示意图

(b) 渗流界面一维示意图

图 7.1 渗流示意图

(2) 初始地层压力为 p_{i}，不考虑毛细管压力和重力对渗流的影响。

(3) 地层为无限大定压边界，油井以定产量 Q 生产。

第二节　数学模型建立及求解

由物理模型假设得连续性方程为

$$\frac{\partial v(r,t)}{\partial r}+\frac{1}{r}v(r,t)=C_{\mathrm{t}}\frac{\partial p(r,t)}{\partial t} \tag{7.1}$$

运动方程为指数式，压力导数写为

$$\frac{\partial p(r,t)}{\partial r}=cv^{n_i}(r,t)\quad(1<n_i\leqslant 2) \tag{7.2}$$

式中，n_i 为时间和空间的函数，$n_i=n(r,t)$。

由式(7.1)和式(7.2)及初边值条件得到的数学模型如下：

$$\begin{cases}\dfrac{\partial v_i(r,t)}{\partial r}+\dfrac{1}{r}v_i(r,t)=C_{\mathrm{t}}\dfrac{\partial p_i(r,t)}{\partial t}\\ \dfrac{\partial p_j(r,t)}{\partial r}=cv_j^{n_i}(r,t)\quad(1<n_i\leqslant 2,r_{\mathrm{w}}\leqslant r\leqslant r_{\mathrm{c}})\\ \dfrac{\partial p_{N+1}(r,t)}{\partial r}=\dfrac{\mu}{k}v_{N+1}(r,t)\quad(r>r_{\mathrm{c}})\\ p_i(r,t=0)=p_{\mathrm{i}} & \text{初始条件}\\ v_1(r=r_{\mathrm{w}},t)=Q/(2\pi hr_{\mathrm{w}}) & \text{内边界条件}\\ v_j(r=r_j,t)=v_{j+1}(r=r_j,t) & \text{衔接条件}\\ p_{N+1}(r=\infty,t)=p_{\mathrm{i}} & \text{外边界条件}\\ i=1,2,\cdots,N+1;j=1,2,\cdots,N\end{cases} \tag{7.3}$$

引入无因次化公式如下：

$$\begin{cases} p_{\mathrm{D}}=\dfrac{k}{r_{\mathrm{w}}v_{\mathrm{w}}\mu}(p_{\mathrm{i}}-p) \\ t_{\mathrm{D}}=\dfrac{kt}{\mu C_{\mathrm{t}}r_{\mathrm{w}}^{2}} \\ r_{\mathrm{D}}=\dfrac{r}{r_{\mathrm{w}}} \\ v_{\mathrm{D}}=\dfrac{v}{v_{\mathrm{w}}} \\ F_{\mathrm{D}}=\dfrac{kv_{\mathrm{w}}^{n_i-1}c}{\mu} \end{cases} \tag{7.4}$$

则无因次数学模型变为

$$\begin{cases} \dfrac{\partial v_{i\mathrm{D}}(r_{\mathrm{D}},t_{\mathrm{D}})}{\partial r_{\mathrm{D}}}+\dfrac{1}{r_{\mathrm{D}}}v_{i\mathrm{D}}(r_{\mathrm{D}},t_{\mathrm{D}})=-\dfrac{\partial p_{i\mathrm{D}}(r_{\mathrm{D}},t_{\mathrm{D}})}{\partial t_{\mathrm{D}}} \\ \dfrac{\partial p_{j\mathrm{D}}(r_{\mathrm{D}},t_{\mathrm{D}})}{\partial r_{\mathrm{D}}}=-F_{\mathrm{D}j}v_{j\mathrm{D}}^{n_i}(r_{\mathrm{D}},t_{\mathrm{D}}) \quad (1<n_i\leqslant 2,1\leqslant r_{\mathrm{D}}\leqslant r_{\mathrm{cD}}) \\ \dfrac{\partial p_{(N+1)\mathrm{D}}(r_{\mathrm{D}},t_{\mathrm{D}})}{\partial r_{\mathrm{D}}}=-v_{(N+1)\mathrm{D}}(r_{\mathrm{D}},t_{\mathrm{D}}) \quad (r_{\mathrm{D}}>r_{\mathrm{cD}}) \\ p_{\mathrm{D}i}(r_{\mathrm{D}},t_{\mathrm{D}}=0)=0 \quad \text{初始条件} \\ v_{1\mathrm{D}}(r_{\mathrm{D}}=1,t_{\mathrm{D}})=1 \quad \text{内边界条件} \\ v_{j\mathrm{D}}(r_{\mathrm{D}}=r_{\mathrm{D}j},t_{\mathrm{D}})=v_{(j+1)\mathrm{D}}(r_{\mathrm{D}}=r_{\mathrm{D}j},t_{\mathrm{D}}) \quad \text{衔接条件} \\ p_{(N+1)\mathrm{D}}(r_{\mathrm{D}}=\infty,t_{\mathrm{D}})=0 \quad \text{外边界条件} \\ i=1,2,\cdots,N+1;j=1,2,\cdots,N \end{cases} \tag{7.5}$$

式(7.5)为动临界半径复合渗流不稳定模型的无因次化形式，为了提高模型的求解精度，尽可能地反映油藏中的真实情况，在第四章定临界半径的解法上进行改进，即在计算过程中每个时间点都增加一个压力梯度判据，求取该时刻的临界半径，然后利用该临界半径进行非线性和达西复合流态计算，其计算流程图如图 7.2 所示。

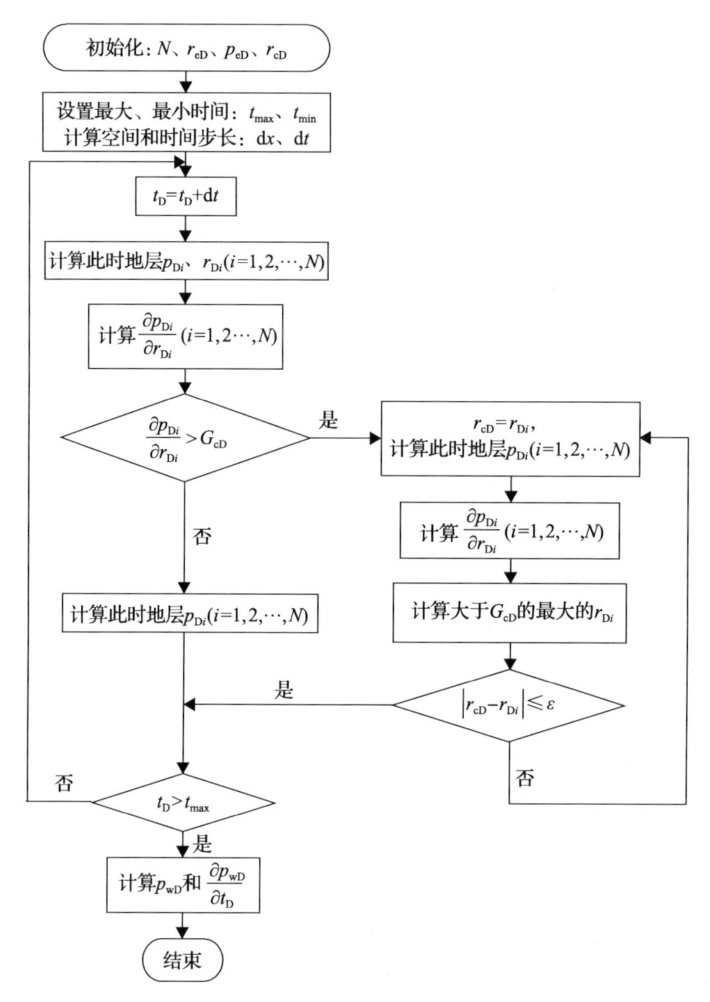

图 7.2　模型计算流程图

第三节　结果与讨论

通过计算，可以得到无因次井底压力及无因次井底压力导数曲线，无因次临界半径的变化及各参数对无因次井底压力及无因次井底压力导数曲线的影响。

图 7.3 为指数式非线性渗流动无因次临界半径和定无因次临界半径时无因次井底压力及无因次井底压力导数曲线图。由图 7.3 可知：无论是动无因

次临界半径还是定无因次临界半径非线性渗流所表现的特征相似，即非线性渗流无因次井底压力及无因次井底压力导数比达西线性渗流的要大，也就是说产生的压力降要大。同时，动无因次临界半径也表现出与定无因次临界半径不同的特征，即初期，定无因次临界半径和动无因次临界半径非线性渗流无因次井底压力及无因次井底压力导数相差不大；后期，由于不同渗流指数(流态)之间的距离越来越大，动无因次临界半径和定无因次临界半径无因次井底压力及无因次井底压力导数区别明显，即动无因次临界半径的变化趋势更缓慢。

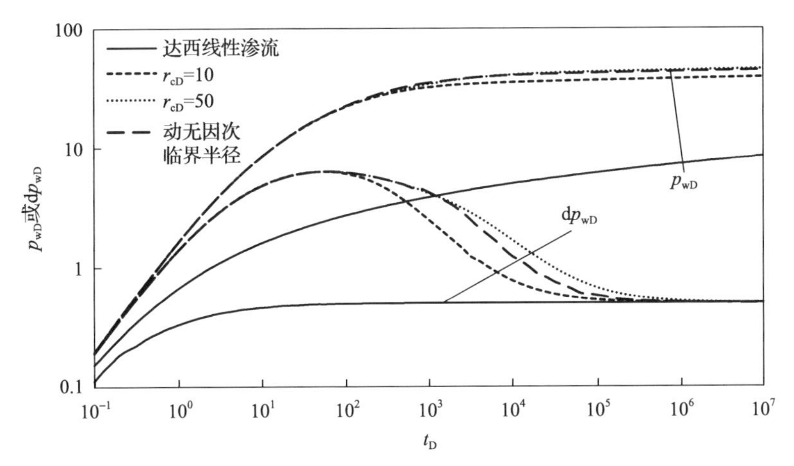

图 7.3　动无因次临界半径与定无因次临界半径无因次井底压力及无因次井底压力导数曲线对比图

图 7.4 为指数式非线性渗流动无因次临界半径和不同渗流指数时无因次井底压力及无因次井底压力导数曲线对比图。由图 7.4 可知：在初期，由于高速非线性渗流区域的范围较小，最大渗流指数和最小渗流指数之间的半径相差较小，此时主要是较大渗流指数对无因次井底压力导数曲线产生影响，因此动无因次临界半径非线性渗流时无因次井底压力及无因次井底压力导数和最大渗流指数时相差不大；随着无因次时间的增大，高速非线性渗流半径越来越大，最大渗流指数和最小渗流指数之间的半径相差增大，较小渗流指数产生的影响增大，此时动无因次临界半径非线性渗流的无因次井底压力及无因次井底压力导数为各个渗流指数的综合结果。

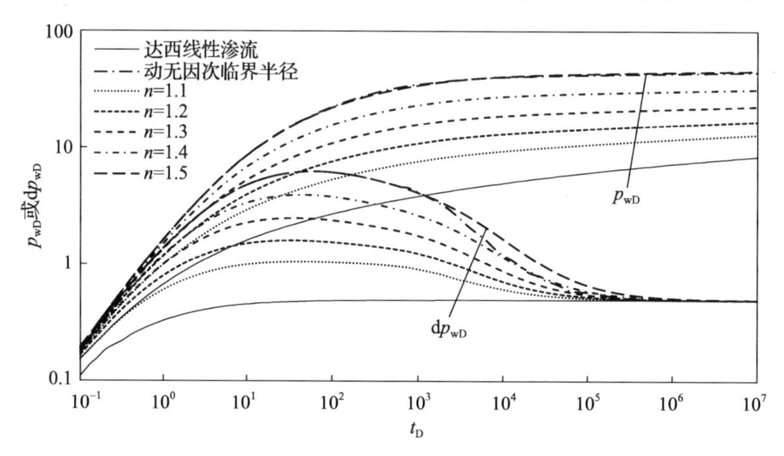

图 7.4　动无因次临界半径与不同渗流指数时无因次井底压力及无因次井底压力导数曲线对比图

图 7.5 为不同渗透率时，在双对数坐标系中无因次井底压力和无因次井底压力导数随无因次时间的变化曲线。图 7.5 中曲线表明：存在高速非线性渗流时无因次井底压力及无因次井底压力导数都要比达西线性渗流时大，渗透率越大，无因次井底压力越大。这是因为渗透率越大，流体就越容易流过多孔介质，井底压力一定的情况下，渗流速度越大，从而产生的惯性阻力就越大。

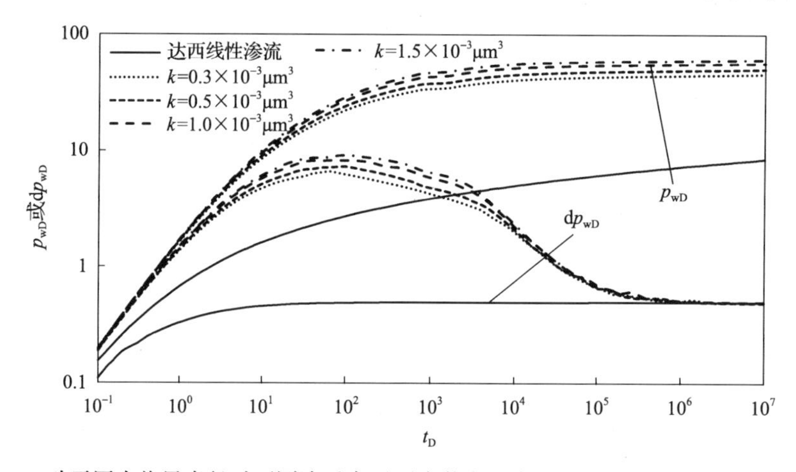

图 7.5　动无因次临界半径时不同渗透率无因次井底压力及无因次井底压力导数曲线图

图 7.6 为不同孔隙度时，双对数坐标系中无因次井底压力和无因次井底压力导数随无因次时间的变化曲线。从图 7.6 中可以看出：存在高速非线性渗流时无因次井底压力及无因次井底压力导数都要比达西线性渗流时大，孔

隙度越大，无因次井底压力越小。这是因为孔隙度越大，流量一定情况下，渗流速度越小，从而产生的惯性阻力就越小。

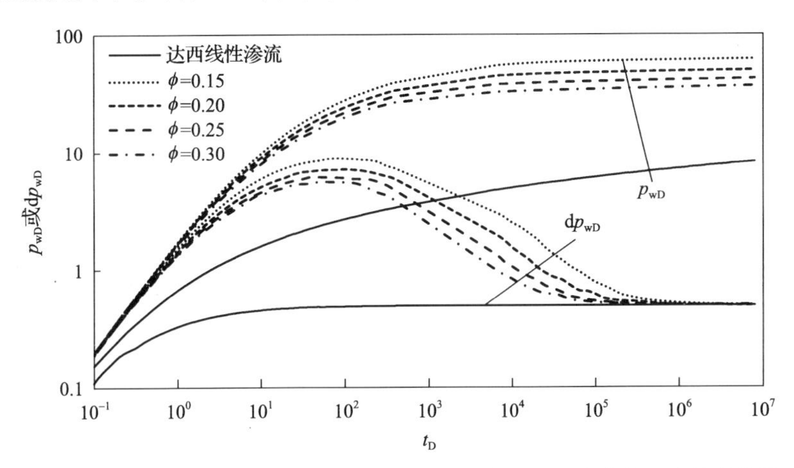

图 7.6　动无因次临界半径时不同孔隙度无因次井底压力及无因次井底压力导数曲线对比图

图 7.7 为不同流体黏度时，双对数坐标系中无因次井底压力和无因次井底压力导数随无因次时间的变化曲线。从图 7.7 中可以看出：存在高速非线性渗流时，无因次井底压力及无因次井底压力导数都要比达西线性渗流时大；流体黏度越小，无因次井底压力越大。这是因为流体黏度越小，流体就越容易流过多孔介质，井底压力一定的情况下，渗流速度越大，从而产生的惯性阻力就越大，反之亦然。

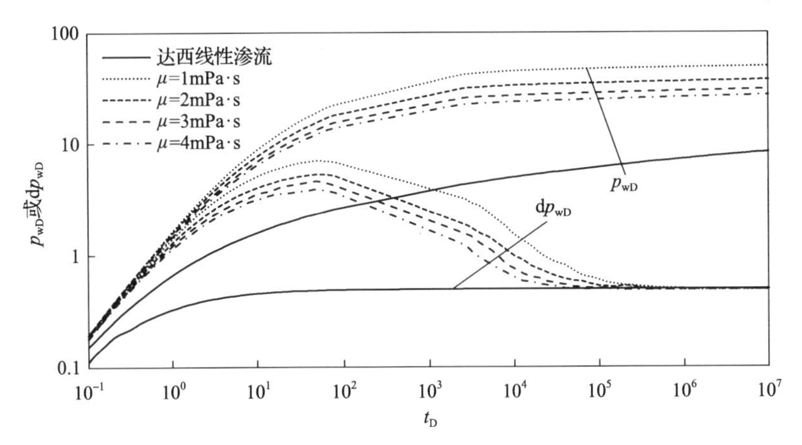

图 7.7　动无因次临界半径时不同流体黏度无因次井底压力及无因次井底压力导数曲线对比图

图 7.8 为不同井产量时，双对数坐标系中无因次井底压力和无因次井底压力导数随无因次时间的变化曲线。从图 7.8 中可以看出，存在高速非线性渗流时，无因次井底压力及无因次井底压力导数都要比达西线性渗流时大，井产量越大，无因次井底压力及无因次井底压力导数越大。这是因为井产量越大，渗流速度越大，从而产生的惯性阻力就越大。

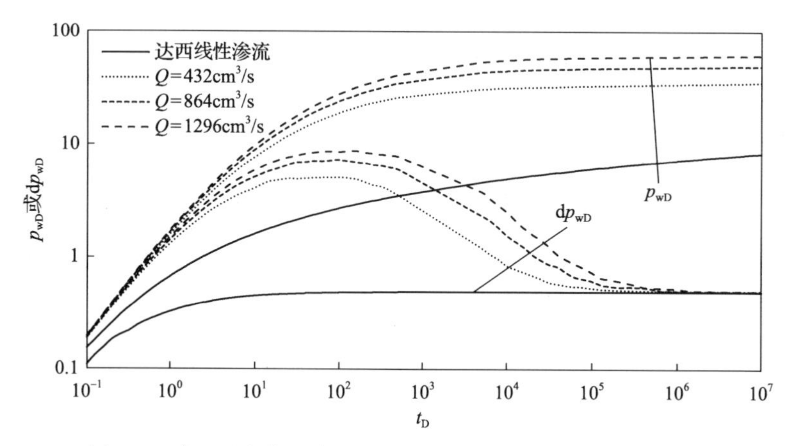

图 7.8　动无因次临界半径时不同井产量下无因次井底压力及无因次井底压力导数曲线对比图

无因次非线性综合系数是一个反映储层、流体物性及产量等参数的综合系数，其表达式见式(7.4)。图 7.9 为不同无因次非线性综合系数时，在双对数坐标系中无因次井底压力和无因次井底压力导数随无因次时间的变化曲线。

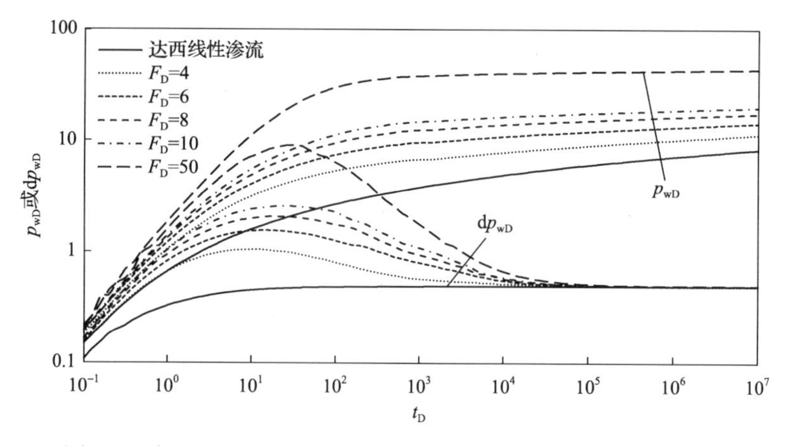

图 7.9　动无因次临界半径时不同无因次非线性综合系数时无因次井底压力及无因次井底导数曲线对比图

从图 7.9 中可以看出，在双对数坐标系中，高速非线性渗流时无因次井底压力及无因次井底压力导数都要比达西线性渗流时大；无因次非线性综合系数越大，无因次井底压力越大。在前期，高速非线性渗流时无因次井底压力导数都要比达西线性渗流时大，且都存在一个峰值，无因次非线性综合系数越大，无因次井底压力导数的峰值也越大。随着无因次时间的延长，高速非线性渗流时无因次井底压力导数开始逐渐接近达西线性渗流，即高速非线性渗流下无因次井底压力的变化幅度逐渐接近达西线性渗流情况下无因次井底压力的变化幅度。

参 考 文 献

[1] 黄延章. 低渗透油层渗流机理[M]. 北京: 石油工业出版社, 1998.

[2] 阎庆来, 何秋轩, 尉立岗, 等. 低渗透油层单相流体渗流特征的实验研究[J]. 西安石油学院学报, 1990, 5(2): 1-6.

[3] Dullien F A L. 多孔介质-流体渗移与空隙结构[M]. 杨富民, 黎用启, 译. 北京: 石油工业出版社, 1990.

[4] 薛定谔. 多孔介质中的渗流物理[M]. 王鸿勋, 张朝琛, 孙书琛, 译. 北京: 石油工业出版社, 1982.

[5] 黄延章. 低渗透油层非线性渗流特征[J]. 特种油气藏, 1997, 4(1): 9-14.

[6] 阮敏, 何秋轩. 低渗透非达西渗流综合判据初探[J]. 西安石油学院学报, 1999, 14(4): 46-48.

[7] 姚约东, 葛家理, 魏俊之. 低渗透油层渗流规律的研究[J]. 石油勘探与开发, 2001, 28(4): 73-75.

[8] 邓英尔, 刘慈群. 低渗油藏非线性渗流规律数学模型及其应用[J]. 石油学报, 2001, 4(22): 72-77.

[9] 艾爽. 低渗透油藏渗流特征及其试井分析[D]. 北京: 中国石油大学(北京), 2012.

[10] 杨清立, 杨正明, 王一飞, 等. 特低渗透油藏渗流理论研究[J]. 钻采工艺, 2007, 30(6): 52-54.

[11] 姜瑞忠, 李林凯, 徐建春, 等. 低渗油藏非线性渗流新模型及其试井分析[J]. 石油学报, 2012, 33(2): 72-77.

[12] Terzaghi K. Theoretical Soil Mechanics[M]. New York: Wiley, 1943.

[13] Biot M A, Willis D G. The elastic coefficients of the theory of consolidation[J]. Journal of Applied Mechanics, 1957, 24(2): 594-601.

[14] 李传亮. 多孔介质的有效应力及其应用研究[D]. 合肥: 中国科技大学, 2000.

[15] 罗瑞兰. 深层气藏介质变形渗流机理及气藏工程应用研究[D]. 北京: 中国石油大学(北京), 2006.

[16] Warpinski N R, Teufel L W. Determination of the effective stress law for permeability and in low-permeability rocks[C]. The 1990 SPE Annual Technical Conference and Exhibition, New Orleans, 1990.

[17] Jones F O, Owens W W. A laboratory study of low permeability gas sands[C]. The 1979 SPE Symposium on Low-permeability Gas Reservoirs, Denver, 1979.

[18] 苏玉亮, 栾志安, 张永高. 变形介质油藏开发特征[J]. 石油学报, 2000, 21(2): 51-55.

[19] Pedrosa O A Jr. Pressure transient response in stress sensitive formations[C]. The 56th California Regional Meeting, Oakland, 1986.

[20] 罗瑞兰, 程林松, 彭建春, 等. 确定低渗岩心渗透率随有效覆压变化关系的新方法[J]. 中国石油大学学报(自然科学版), 2007, 31(2): 87-90.

[21] Fatt I, Davis D H. Reduction in permeability with overburden pressure[J]. Journal of Petroleum Technology, 1952, 4(12): 34-41.

[22] 王厉强. 低渗透变形介质油藏流入动态关系及应用研究[D]. 成都: 成都理工大学, 2008.

[23] Jones S C. Two-Point determinations of permeability and PV vs. net confining stress[C]. The 56th California Regional Meeting, Oakland, 1986.

[24] 高旺来. 迪那 2 高压气藏岩石压缩系数应力敏感评价[J]. 石油地质与工程, 2007, 21(1): 75-76.

[25] Basak P. Analytical solutions for two-regime well flow problems[J]. Journal of Hydrology, 1978, 38: 147-159.

[26] 傅礼兵. 稀井高产下非达西渗流产能评价[D]. 北京: 中国石油大学(北京), 2010.

[27] Forchheimer P H. Movement of water through soil[J]. Journal of the Association of German Engineers, 1901, 49: 1736-1749.

[28] Muskat M. The Flow of Homogeneous Fluids Through Porous Media[M]. New York: McGraw-Hill, 1939.

[29] Rose H E. Fluid flow through beds of granular material[J]. Some Aspects of Fluid Flow, 1951, 160(1): 136-162.

[30] Polubarinova-Kochina P Y. Theory of Ground Water Movement[M]. Princeton: Princeton University, 1963.

[31] Izbash S V. O filtracii V Kropnozernstom Materiale[M]. Leningrad: USSR (in Russian), 1931.

[32] Escande L. Experiments concerning the filtration of water through a rock mass[D]. Minnesota: The Minnesota International Hydraulics Convention, The University of Minnesota, 1953.

[33] Wilkinson J K. The flow of water through rockfill and application to the design of dams[C]. Proceedings of the 2nd Australian-Newzealand Conference on Soil Mechanics and Foundation Engineering, Canterbury, 1956.

[34] Slepicka F. Hydraulic function of cylindrical well in an artisian aquifer with regard to new research on flow through porous media[C]. Proceedings of the 9th World Congress of the International Association of Hydraulic Research, Dubrovnik, 1961.

[35] 葛家理, 宁正福, 刘月田, 等. 现代油气层渗流力学原理[M]. 北京: 石油工业出版社, 2003.

[36] Ahmed N. Physical properties of porous media affecting laminar and turbulent flow water[D]. Fort Collins: Colorado State University, 1967.

[37] Whitaker S. The Forchheimer equation: A theoretical development[J]. Transport in Porous Media, 1996, 25:27-61.

[38] Irmay S. On the theoretical derivation of Darcy and Frochheimer formulas[J]. Transactions, 1958, 39: 702-707.

[39] Sorek S, Levi-Hevroni D, Levy A, et al. Extensions to the macoscopic Navier-Stokes equation[J]. Transport in Porous Media, 2005, 61: 215-233.

[40] Innocentini M D, Salvini V R, Pandolfelli V C, et al. Assessment of Forchheimer's equation to predict the permeability of ceramic foams[J]. Communications of the American Ceramic Society, 1999, 82(7): 1945-1948.

[41] Sidiropoulou M G, Moutsopoulos K N, Tsihrintzis V A. Determination of Forchheimer equation coefficients a and b[J]. Hydrological Processes, 2007, 21: 534-554.

[42] Bear J. Dynamics of Fluids in Porous Media[M]. New York: Dover Publications, 1972.

[43] Zekai S. Type curves for two-regime well flow[J]. Journal of Hydraulic Engineering, 1988, 114(12): 1461-1484.

[44] Ma H, Ruth D W. The microscopic analysis of high Forchheimer number flow in porous media[J]. Transport in Porous Media, 1993, 13: 139-160.

[45] Blick E F, Civan F. Porous media momentum equation for highly accelerated flow[J]. SPE Reservoir Evaluation & Engineering, 1988, 3(3): 1048-1052.

[46] Du Plessis J P, Masliyah J H. Mathematical modeling of flow through consolidated isotropic porous media[J]. Transport in Porous Media, 1988, 3: 145-161.

[47] Thauvin F, Mohanty K K. Network modeling of non-Darcy flow through porous media[J]. Transport in Porous Media, 1998, 31: 19-37.

[48] 张建国, 雷光伦, 张艳玉. 油气层渗流力学[M]. 东营: 中国石油大学出版社, 2006.

[49] Cornell D, Katz D L. Flow of gases through consolidated porous media[J]. Industrial and Engineering Chemistry, 1953, 45: 2145.

[50] Li D, Engler T W. Literature review on correlations of the non-Darcy coefficient[C]. Midland: The SPE Permian Basin Oil and Gas Recovery Conference, Society of Petroleum Engineers, 2001.

[51] Cooke C E Jr. Conductivity of fracture proppants in multiple layers[J]. Journal of Petroleum Technology, 1973: 1101-1107.

[52] Pascal H, Quillian R G, Kingston J. Analysis of vertical fracture length and non-Darcy flow coefficient using variable rate tests[C]. The 1980 SPE Annual Technical Conference and Exhibition, Dallas, 1980.

[53] Jones S C. Using the inertial coefficient, B, to characterize heterogeneity in reservoir rock[C]. The 1987 SPE Annual Technical Conference and Exhibition, New Orleans, 1987.

[54] Ergun S. Fluid flow through packed column[J]. Chemical Engineering Progress, 1952, 48(2): 89-94.

[55] Macdonald I F, El-Sayed M S, Mow K, et al. Flow through porous media-the Ergun equation revisited[J]. Industrial & Engineering Chemistry Research, 1979, 18(3): 199-208.

[56] Janicek J D, Katz D L. Applications of unsteady state gas flow calculations[C]. Proceedings of Michigan Research Conference, Michigan, 1955.

[57] Geertsma J. Estimating the coefficient of inertial resistance in fluid flow through porous media[J]. SPE Journal, 1974, 10: 445-450.

[58] Li D, Svec R K, Engler T W, et al. Modeling and simulation of the wafer non-Darcy flow experiments[C]. The 2001 SPE Western Regional Meeting, Bakersfield, 2001.

[59] Tek M R, Coats K H, Katz D L. The effect of turbulence on flow of natural gas through porous media[J]. Journal of Petroleum Technology, 1962, 7: 799-806.

[60] Liu X, Civan F, Evans R D. Correlation of the non-Darcy flow coefficient[J]. Journal of Canadian Petroleum Technoloty, 1995, 34(10): 50-54.

[61] Cooper J W, Wang X, Mohanty K K. Non-Darcy flow studies in anisotropic porous media[J]. SPE Journal, 1999, 4(4): 334-341.

[62] Coles M E, Hartman K J. Non-Darcy measurements in dry core and the effect of immobile liquid[C]. The 1998 SPE Gas Technology Symposium, Calgary, 1998.

[63] 姚约东, 葛家理. 石油渗流新的运动形态及其规律[J]. 重庆大学学报(自然科学版), 2000, 23: 150-153.

[64] 冯文光. 油气渗流力学基础[M]. 北京: 科学出版社, 2007.

[65] Lei Q, Xiong W, Yuan J R, et al. Behavior of flow through low-permeability reservoirs[C]. The Europec/EAGE Conference and Exhibition, Rome, 2008.

[66] 刘文超, 姚军, 陈掌星, 等. 低渗透多孔介质渗流动边界模型的解析与数值解[J]. 力学学报, 2015, 47(4): 605-612.

[67] 廖新维, 沈平平. 现代试井分析[M]. 北京: 石油工业出版社, 2002.

[68] Hao F, Cheng L S, Hassan O, et al. Threshold pressure gradient in ultra-low permeability reservoirs[J]. Petroleum Science and Technology, 2008, 26(9): 1024-1035.

[69] Liu W C, Yao J, Chen Z X. Analytical solution of a double moving boundary problem for nonlinear flows in one-dimensional semi-infinite long porous media with low permeability[J]. Acta Mechanica Sinica, 2014, 30(1): 50-58.

[70] Pascal H. Nonsteady flow through porous media in the presence of a threshold gradient[J]. Acta Mechanica, 1981, 4(39): 207-224.

[71] Prada A, Civan F. Modification of Darcy's law for the threshold pressure gradient[J]. Journal of Petroleum Science and Engineering, 1999, 22: 237-240.

[72] Lu J, Ghedan S. Pressure behavior of vertical wells in low-permeability reservoirs with threshold pressure gradient[J]. Special Topics and Reviews in Porous Media, 2011, 2(3): 157-169.

[73] Luo E H, Wang X D, Hu Y L, et al. Analytical solutions for non-Darcy transient flow with the threshold pressure gradient in multiple-porosity media[J]. Mathematical Problems in Engineering, 2019, 2: 1-13.

[74] 程林松. 高等渗流力学[M]. 北京: 石油工业出版社, 2018.

[75] 刘能强. 实用现代试井解释方法[M]. 北京: 石油工业出版社, 2008.

[76] Warren J E, Root P J. The behavior of naturally fractured reservoirs[J]. Society of Petroleum Engineers Journal, 1963, 3(3): 245-255.

[77] 冯文光, 葛家理. 单一介质、双重介质非达西低速渗流的压力曲线动态特征[J]. 石油勘探与开发, 1986, 5: 52-57.

[78] 杨满平. 油气储层多孔介质的变形理论及应用研究[D]. 成都: 西南石油大学, 2004.

[79] Zhang M Y. New insights in pressure-transient analysis for stress-sensitive reservoirs[C]. The SPE 69th Annual Technical Conference and Exhibition, New Orleans, 1994.

[80] Wu Y S, Press K. Integral solutions for transient fluid flow through a porous medium with pressure-dependent permeability[J]. International Journal of Rock Mechanics and Mining Sciences, 2000, 37: 51-61.

[81] 同登科, 姜东梅, 陈钦雷. 变形双重介质油藏动态特征[J]. 石油大学学报(自然科学版), 2001, 25(5): 53-56.

[82] 廖新维, 冯积累. 超高压低渗气藏应力敏感试井模型研究[J]. 天然气工业, 2005, 25(2): 110-112.

[83] Zhang L, Guo J, Liu Q. A well test model for stress-sensitive and heterogeneous reservoirs with non-uniform thickness[J]. Petroleum Science, 2010, 7: 524-529.

[84] 王巧云. 低渗透变形介质油藏渗流模型及计算方法研究[D]. 成都: 西南石油大学, 2009.

[85] Kazemi H. Pressure transient analysis of naturally fractured reservoirs with uniform fracture distribution[J]. Society of Petroleum Engineers Journal, 1969, 9(4): 451-462.

[86] Swaan O A. Analytic solutions for determining naturally fractured reservoir properties by well testing[J]. Society of Petroleum Engineers Journal, 1976, 16(3): 117-122.

[87] He J H. Homotopy perturbation technique[J]. Computer Methods in Applied Mechanics Engineering, 1999, 178, 257-262.

[88] 张德志. 复杂裂缝性低渗透油藏试井解释理论与方法研究[D]. 青岛: 中国石油大学(华东), 2006.

[89] 傅礼兵, 姚约东. 基于指数式非达西渗流模型的解析解[J]. 渗流力学与工程的创新与实践, 2011, 4: 12-16.

[90] Zhang W, Huang G H, Zhan H B. A numerical solution for non-Darcian flow to a well in a confined aquifer using the power law function[J]. Journal of Hydrology, 2009, 364: 99-106.

[91] Zeng F H, Zhao G. Semianalytical model for reservoirs with Forchheimer's non-Darcy flow[C]. SPE Gas Technology Symposium, Calgary, 2006.

[92] 常安定, 郭建青, 王洪胜. 两种流态区域条件下的井流问题的解析解[J]. 水利学报, 2000, 6: 49-53.

符 号 注 释

符号	物理含义	单位
a	常数	无量纲
A	系数	无量纲
A'	渗流截面积	cm^2
a_1	常数	无量纲
b	常数	无量纲
b_1	常数	无量纲
B	系数	无量纲
B_o	流体体积系数	无量纲
B_ϕ	孔隙压缩系数模量	1/0.1MPa
$B_{\phi D}$	无因次孔隙压缩系数模量	无量纲
c	常数	无量纲
c'	常数	无量纲
c_1、c_2、c_3	常数	无量纲
C	井筒存储系数	m^3/MPa
C_D	无因次井筒存储系数	无量纲
C_f	裂缝系统压缩系数	$10^{-1}MPa^{-1}$
C_L	流体压缩系数	$10^{-1}MPa^{-1}$
C_{LD}	无因次流体压缩系数	无量纲

续表

符号	物理含义	单位
C_m	基岩系统压缩系数	$10^{-1}MPa^{-1}$
C_ϕ	孔隙压缩系数	$10^{-1}MPa^{-1}$
C_t	综合压缩系数	$10^{-1}MPa^{-1}$
C_v	溶洞系统压缩系数	$10^{-1}MPa^{-1}$
$C_{\phi f}$	裂缝系统孔隙压缩系数	$10^{-1}MPa^{-1}$
$C_{\phi i}$	初始孔隙压缩系数	$10^{-1}MPa^{-1}$
$C_{\phi m}$	基岩系统孔隙压缩系数	$10^{-1}MPa^{-1}$
D	高速非线性效应因子	无量纲
D_c	高速非线性效应因子临界值	无量纲
E	杨氏模量	$10^{-1}MPa$
f	无因次阻力系数	无量纲
F_D	无因次非线性综合系数	无量纲
F_o	Forchheimer 数	无量纲
F_{oc}	Forchheimer 数临界值	无量纲
G	启动压力梯度	$10^{-1}MPa/cm$
G_b	拟启动压力梯度	$10^{-1}MPa/cm$
G_{cD}	无因次临界压力梯度	无量纲
G_D	无因次启动压力梯度	无量纲
h	储层厚度	cm
h_l	孔道内边界流体的厚度	cm
k	渗透率	$10^{-3}\mu m^2$

续表

符号	物理含义	单位
k_f	裂缝系统渗透率	$10^{-3}\mu m^2$
k_{fi}	裂缝系统初始渗透率	$10^{-3}\mu m^2$
k_i	初始渗透率	$10^{-3}\mu m^2$
k_m	基岩系统渗透率	$10^{-3}\mu m^2$
k_v	溶洞系统渗透率	$10^{-3}\mu m^2$
L	毛细管长度	cm
Δl	实验岩心长度	cm
m	常数	无量纲
n	渗流指数	无量纲
n'	毛细管根数	无量纲
n_s	应力敏感系数与初始渗透率关系系数	无量纲
N	划分网格数	无量纲
p	地层压力	10^{-1}MPa
Δp	生产压差	10^{-1}MPa
p_D	无因次压力	无量纲
$\tilde{p}_D$	Laplace 空间无因次压力	无量纲
p_e	边界压力	10^{-1}MPa
p_f	裂缝系统压力	10^{-1}MPa
p_{fD}	无因次裂缝系统压力	无量纲
$\tilde{p}_{fD}$	裂缝系统 Laplace 空间无因次压力	无量纲
p_{hv}	平面与垂向应力之比	无量纲

续表

符号	物理含义	单位
p_i	初始地层压力	10^{-1}MPa
p_r	平均地层压力	10^{-1}MPa
p_m	基岩系统压力	10^{-1}MPa
p_{mD}	无因次基岩系统压力	无量纲
$\tilde{p}_{mD}$	基岩系统 Laplace 空间无因次压力	无量纲
p_v	溶洞系统压力	10^{-1}MPa
p_{vD}	无因次溶洞系统压力	无量纲
$\tilde{p}_{vD}$	溶洞系统 Laplace 空间无因次压力	无量纲
p_w	井底压力	10^{-1}MPa
p_{wD}	无因次井底压力	无量纲
p_1	高速非线性渗流区域压力	10^{-1}MPa
p_{1D}	高速非线性渗流区域无因次压力	10^{-1}MPa
p_2	达西线性渗流区域压力	10^{-1}MPa
p_{2D}	达西线性渗流区域无因次压力	10^{-1}MPa
p_c	毛细管压力	10^{-1}MPa
q	单根毛细管的流量	cm^3/s
q_{mf}	双重介质中基岩系统往裂缝系统的窜流速度	cm^3/s
q_r	半径为 r 断面的流量	cm^3/s
q_1	三重介质中基岩系统往裂缝系统的流量	cm^3/s
q_2	三重介质中溶洞系统往裂缝系统的流量	cm^3/s
Q	井产量	cm^3/s

续表

符号	物理含义	单位
$Q_{n'}$	n'根毛细管的流量	cm^3/s
r	半径	cm
r_c	临界半径	cm
r_{cD}	无因次临界半径	cm
r_D	无因次半径	cm
r_e	地层半径	cm
r_{eD}	无因次地层半径	无量纲
r_f	压力移动半径	cm
r_{fD}	无因次压力移动半径	无量纲
$\tilde{r}_{fD}$	Laplace 空间无因次压力移动半径	无量纲
r_o	孔道半径	cm
r_w	油井半径	cm
Re	雷诺数	无量纲
R_{eD}	无因次判据系数	无量纲
S	应力敏感系数	无量纲
S_f	应力敏感参数	$10^{-1}MPa^{-1}$
S_D	无因次应力敏感系数	无量纲
Skin	表皮系数	无量纲
t	时间	s
t_D	无因次时间	无量纲

续表

符号	物理含义	单位
u	Laplace 空间变量	无量纲
v	渗流速度	cm/s
v_{D}	无因次渗流速度	无量纲
v_{f}	裂缝系统渗流速度	cm/s
v_{m}	基岩系统渗流速度	cm/s
v_{r}	半径 r 处的渗流速度	cm/s
v_2	达西线性渗流区域渗流速度	cm/s
$v_{2\mathrm{D}}$	达西线性渗流区域无因次渗流速度	无量纲
v_1	高速非线性渗流区域渗流速度	cm/s
$v_{1\mathrm{D}}$	高速非线性渗流区域无因次渗流速度	无量纲
V_{p}	孔隙体积	cm^3
v_{w}	井底流速	cm/s
x	x 坐标轴变量	无量纲
z	方程求解待变量	无量纲
α	形状因子	cm^{-2}
α_{mf}	基岩系统与裂缝系统间的窜流系数	无量纲
α_{p}	有效应力系数	无量纲
α_{vf}	溶洞系统与裂缝系统间的窜流系数	无量纲
β	非线性渗流系数	cm^{-1}
β_{D}	无因次非线性渗流系数	无量纲
δ	边界层厚度	cm

续表

符号	物理含义	单位
δ_{eff}	有效应力	10^{-1}MPa
δ_{effi}	初始有效应力	10^{-1}MPa
$\Delta\delta_{eff}$	有效应力的变化量	10^{-1}MPa
δ_{p}	上覆岩层压力	10^{-1}MPa
δ_{pi}	上覆岩层初始压力	10^{-1}MPa
δ_{ϕ}	多孔介质的特征尺度	无因次
ν	泊松比	无量纲
ϕ	孔隙度	小数
ϕ_{f}	裂缝系统孔隙度	小数
ϕ_{fi}	裂缝系统初始孔隙度	小数
ϕ_{i}	初始孔隙度	小数
ϕ_{m}	基岩系统孔隙度	小数
ϕ_{mi}	基岩系统初始孔隙度	小数
ϕ_{v}	溶洞系统孔隙度	小数
ϕ_{vi}	溶洞系统初始孔隙度	小数
γ	渗透率模量	1/0.1MPa
γ_{D}	无因次渗透率模量	无量纲
λ	双重介质窜流系数	无量纲
λ_{1}	三重介质裂缝基岩系统窜流系数	无量纲
λ_{2}	三重介质裂缝溶洞系统窜流系数	无量纲
μ	流体黏度	mPa·s

续表

符号	物理含义	单位
ρ	流体密度	g/cm^3
ρ_i	初始流体密度	g/cm^3
τ	迂曲度	无量纲
τ_0	屈服应力	$10^{-1}MPa$
τ_p	黏滞阻力	$10^{-1}MPa$
ω	双重介质裂缝系统储容比	无量纲
ω_1	三重介质基岩系统储容比	无量纲
ω_2	三重介质溶洞系统储容比	无量纲
$æ$	导压系数	cm^2/s

附录　虚宗量整数阶 Bessel 函数

1. $\mathrm{I}_0(x)$ 和 $\mathrm{I}_1(x)$ 为虚宗量第一类整数阶 Bessel 函数，计算方法如下。

(1) 当 $|x|<3.75$ 时，

$$\mathrm{I}_0(x)=a_0+a_1y+a_2y^2+a_3y^3+a_4y^4+a_5y^5+a_6y^6$$

$$\mathrm{I}_1(x)=x\left(b_0+b_1y+b_2y^2+b_3y^3+b_4y^4+b_5y^5+b_6y^6\right)$$

式中，$y=\left(\dfrac{x}{3.75}\right)^2$；且各系数分别为

a_0=1.0；　　b_0=0.5

a_1=3.5156229；　　b_1=0.87890594

a_2=3.0899424；　　b_2=0.51498869

a_3=1.2067492；　　b_3=0.15084934

a_4=0.2659732；　　b_4=0.02658773

a_5=0.0360768；　　b_5=0.00301532

a_6=0.0045813；　　b_6=0.00032411

(2) 当 $|x|\geqslant 3.75$ 时，

$$\mathrm{I}_0(x)=\frac{\mathrm{e}^{|x|}}{\sqrt{|x|}}C(y)$$

$$\mathrm{I}_1(|x|)=\frac{\mathrm{e}^{|x|}}{\sqrt{|x|}}D(y)$$

$$\mathrm{I}_1(-|x|)=-\mathrm{I}_1(|x|)$$

式中，$y=\dfrac{3.75}{|x|}$；且

$$C(y)=c_0+c_1y+c_2y^2+c_3y^3+c_4y^4+c_5y^5+c_6y^6+c_7y^7+c_8y^8$$

$$D(y)=d_0+d_1y+d_2y^2+d_3y^3+d_4y^4+d_5y^5+d_6y^6+d_7y^7+d_8y^8$$

其中，各系数分别为

c_0=0.39894228；　　d_0=0.39894228

c_1=0.01328592；　　d_1= –0.03988024

c_2=0.00225319；　　d_2= –0.00362018

c_3= –0.00157565；　　d_3=0.00163801

c_4=0.00916281；　　d_4= –0.01031555

c_5= –0.02057706；　　d_5=0.02282967

c_6=0.02635537；　　d_6= –0.02895312

c_7= –0.01647633；　　d_7=0.01787654

c_8=0.39894228；　　d_8= –0.00420059

2. $\mathrm{K}_0(x)$和$\mathrm{K}_1(x)$为虚宗量第二类整数阶 Bessel 函数，计算方法如下。

(1) 当$x \leqslant 2.0$时，

$$\mathrm{K}_0(x)=A(y)-\mathrm{I}_0(x)\ln\left(\frac{x}{2}\right)$$

$$\mathrm{K}_1(x)=\frac{1}{x}B(y)+\mathrm{I}_1(x)\ln\left(\frac{x}{2}\right)$$

式中，$y=\dfrac{x^2}{4}$；且

$$A(y)=a_0+a_1y+a_2y^2+a_3y^3+a_4y^4+a_5y^5+a_6y^6$$

$$B(y)=b_0+b_1y+b_2y^2+b_3y^3+b_4y^4+b_5y^5+b_6y^6$$

其中，各系数分别为

$a_0 = -0.57721565$;　　$b_0 = 1.0$

$a_1 = 0.42278420$;　　$b_1 = 0.15443144$

$a_2 = 0.23069756$;　　$b_2 = -0.67278579$

$a_3 = 0.03488590$;　　$b_3 = -0.18156897$

$a_4 = 0.00262698$;　　$b_4 = -0.01919402$

$a_5 = 0.00010750$;　　$b_5 = -0.00110404$

$a_6 = 0.0000076$;　　$b_6 = 0.00004686$

(2) 当 $x > 2.0$ 时,

$$\mathrm{K}_0(x) = \frac{\mathrm{e}^{-x}}{\sqrt{x}} C(y)$$

$$\mathrm{K}_1(x) = \frac{\mathrm{e}^{-x}}{\sqrt{x}} D(y)$$

式中, $y = \frac{x}{2}$; 且

$$C(y) = c_0 + c_1 y + c_2 y^2 + c_3 y^3 + c_4 y^4 + c_5 y^5 + c_6 y^6$$

$$D(y) = d_0 + d_1 y + d_2 y^2 + d_3 y^3 + d_4 y^4 + d_5 y^5 + d_6 y^6$$

其中，各系数分别为

$c_0 = 0.125331414$;　　$d_0 = 0.125331414$

$c_1 = -0.7832358$;　　$d_1 = 0.23498619$

$c_2 = 0.02189568$;　　$d_2 = -0.03655620$

$c_3 = -0.01062446$;　　$d_3 = 0.01504268$

$c_4 = 0.00587872$;　　$d_4 = -0.00780353$

$c_5 = -0.00251540$;　　$d_5 = 0.000325614$

$c_6 = 0.00053208$;　　$d_6 = -0.00068245$